U0352232

田野·社会丛书第二辑

晋南龙祠：黄土高原一个水利社区的结构与变迁

周亚 著

2018年·北京

图书在版编目（CIP）数据

晋南龙祠：黄土高原一个水利社区的结构与变迁 / 周亚著. — 北京：商务印书馆，2018
（田野·社会丛书）
ISBN 978-7-100-16226-5

Ⅰ.①晋… Ⅱ.①周… Ⅲ.①水利史－研究－临汾 Ⅳ.①TV-092

中国版本图书馆CIP数据核字（2018）第124945号

（田野·社会丛书）

晋南龙祠：黄土高原一个水利社区的结构与变迁

周亚 著

商 务 印 书 馆 出 版
（北京王府井大街36号 邮政编码 100710）
商 务 印 书 馆 发 行
三河市尚艺印装有限公司印刷
ISBN 978-7-100-16226-5

2018年7月第1版 开本 710×1000 1/16
2018年7月第1次印刷 印张 21 1/4

定价：65.00元

本研究得到2011年国家社科基金青年项目
“黄土高原水利社区的结构与时代转型研究（1949—1982）”
（编号11CZS048）资助

《田野·社会丛书》总序

走向田野与社会
——中国社会史研究的追求与实践

行　龙

人文社会科学领域的理论和概念总是不断出新，五花八门。回顾20世纪80年代以来中国社会史研究的发展历程，我们引进、接受了太多的西方人文社会科学的理论和概念。现代化理论、“中国中心观”、年鉴派史学、国家—社会理论、“过密化”、“权力的文化网络”、“地方性知识”、知识考古学、后现代史学，等等，林林总总。引进接受的过程既是一个目不暇接、眼花缭乱的过程，又是一个不断跟进让人疲惫的过程。在这样一个过程中，我们在不断地反思，也在不断地前行。中国社会史研究深受西方有关理论概念的影响，这是一个不争的事实。另一方面，我们又不时地听到或看到对西方理论概念盲目追求、一味模仿的批评，建立中国本土化的社会史概念理论的呼声在我们的耳畔不时响起。

这里的“走向田野与社会”，却不是什么新的概念，更不是什么理论之类。至多可以说，它是山西大学中国社会史研究中心三代学人从事社会史研究过程中的一种学术追求和实践。

“走向田野与社会”付诸文字，最早是在2002年。那一年，为庆祝山西大学建校100周年，校方组织出版了一批学术著作，其中一本是我主编的《近代山西社会研究》（中国社会科学出版社2002年版），此书有一个副标题就叫“走向田野与社会”，其实是我和自己培养的最初几届硕士研究生撰写的有关区域社会史的学术论文集。2007年我的另一本书将此副题移作正题，名曰《走向田野与社会》

（生活·读书·新知三联书店2007年版）。

忆记2004年9月的一个晚上，我在山西大学以“走向田野与社会”为题的讲座中谈到，这里的“田野”包含两层意思：一是相对于校园和图书馆的田地与原野，也就是基层社会和农村；二是人类学意义上的田野工作，也就是参与观察、实地考察的方法。这里的“社会”也有两层含义：一是现实的社会，我们必须关注现实社会，懂得从现在推延到过去或者由过去推延到现在；二是社会史意义上的社会，这是一个整体的社会，也是一个“自下而上”视角下的社会。

其实，走向田野与社会是中国历史学的一个悠久传统，也是一份值得深切体会和实践的学术资源。我们的老祖宗司马迁写《史记》的目的是“究天人之际，通古今之变，成一家之言”，为此他游历名山大川，了解风土民情，采访野夫乡老，搜集民间传说。一篇《河渠书》，太史公“南登庐山，观禹疏九江，遂至于会稽太湟，上姑苏，望五湖；东窥洛汭、大邳、迎河，行淮、泗、济、漯、洛渠；西瞻蜀之岷山及离碓；北自龙门至于朔方”，可谓足迹遍南北。及至晚近，“读万卷书，行万里路”几成中国传统知识文人治学的准则。

我的老师乔志强（1928—1998）先生辈，虽然不能把他们看作传统文人一代，但他们对中国传统文化的体认却比吾辈要深切许多。即使是在接连不断的政治运动环境下，他们也会在自己有限的学问范围内走出校园，走向田野。乔先生最早出版的一本书，是1957年由山西人民出版社出版的《曹顺起义史料汇编》，该书区区6万字，除抄录第一历史档案馆有关上谕、奏折、审讯记录稿本外，很重要的一部分就是他采访当事人后人及“访问其他当地老群众”，召开座谈会收集而来的民间传说。也是在20世纪50年代开始，他在教学之余，又开始留心搜集山西地区义和团史料。现在学界利用甚广的刘大鹏之《退想斋日记》、《潜园琐记》、《晋祠志》等重要资料，就是他在晋祠圣母殿侧廊看到刘大鹏的碑铭后，顺藤摸瓜，实地走访得来的。1980年，当人们还沉浸在“科学的春天”到来之际，乔志强先生就推出了《义和团在山西地区史料》（山西人民出版社1980年版）这部来自乡间田野的重要资料书，这批资料也成就了他对早年山西义和团的研究和辛亥革命前十年历史的研究。

20世纪80年代，乔志强先生以其敏锐的史家眼光，开始了社会史领域的钻研和探索。我们清楚地记得，他与研究生一起研读相关学科的基础知识，一起讨论提纲著书立说，一起参观考察晋祠、乔家大院、丁村民俗博物馆，一起走向田野访问乡老。一部《中国近代社会史》（人民出版社1992年版）被学界誉为中国社会史“由理论探讨走向实际操作的第一步”，成为中国社会史学科体系初步形成的一个最重要的标志。就是在该书的长篇导论中，他在最后一个部分专门谈“怎样研究社会史”，认为“历史调查可以说是社会史的主要研究方法”，举凡文献资料，包括正史、野史、私家著述、地方志、笔记、专书、日记、书信、年谱、家谱、回忆录、文学作品；文物，包括金石、文书、契约、图像、器物；调查访问，包括访谈、问卷、观察等等，不厌其烦，逐一道来，其中列举的山西地区铁铸古钟鼎文和石刻碑文等都是他多年的切身体验和辛苦所得。

乔志强先生对历史调查和田野工作的理解是非常朴实的，其描述的文字也是平淡无华的，关于“调查访问”中的“观察”，他这样写道：

> 现实的社会生活，往往留有以往社会的痕迹，有时甚至很多传统，特别如民俗、人际关系、生活习惯，这些就可以借助于观察。另外还可以借助于到交通不便或是人际关系较为简单的地区去观察调查，因为它们还可能保留有较多的过去的风俗习惯、人际往来等方面的痕迹，对于理解历史是有用处的。(《中国近代社会史》，人民出版社1992年版，第30—31页)

二十多年后重温先生朴实无华的教诲，回想当年跟随先生走村过镇的往事，我们为学有所本亲炙教诲感到欣慰。

走向田野与社会，又是由社会史的学科特性所决定的。20世纪之后兴起的西方新史学，尤其是法国年鉴学派史学在批判实证史学的基础上异军突起，年鉴派史学“所要求的历史不仅是政治史、军事史和外交史，而且还是经济史、人口史、技术史和习俗史；不仅是君王和大人物的历史，而且还是所有人的历史；这是结构的历史，而不仅仅是事件的历史；这是有演进的、变革地运动着的历史，不是停滞的、描述性的历史；是有分析的、有说明的历史，而不再是纯叙述性的历史；总之是一种总体的历史”。100年前，梁启超在中国倡导的“新史学”与西方有异曲同工之妙，20世纪80年代恢复后的中国社会史研究更以其“把历史的内容还给历史”的雄心登坛亮相。长期以来以阶级斗争为主线的历史研究使得历史变得干瘪枯燥，以大人物和大事件组成的历史难以反映历史的真实，全面地准确地认识国情、把握国情，需要我们全面地系统地认识历史、认识社会，需要我们还历史以有血有肉丰富多彩的全貌。可以说，中国社会史在顺应中国社会变革和时代潮流中得以恢复，又在关注社会现实的过程中得以演进。

因此，社会史意义上的“社会”，又不仅是历史的社会，同时也是现实的社会。通过过去而理解现在，通过现在而理解过去，此为年鉴派史学方法论的核心，第三代年鉴学派的重要人物勒高夫曾宣称，年鉴派史学是一种“史学家带着问题去研究的史学”，“它比任何时候都更重视从现时出发来探讨历史问题”。

很有意思的是，半个世纪以前，钱穆先生在香港某学术机构做演讲，有一讲即为“如何研究社会史”，他尤其强调：

> 要研究社会史，应该从当前亲身所处的现实社会着手。历史传统本是以往社会的记录，当前社会则是此下历史的张本。历史中所有是既往的社会，社会上所有则是先前的历史，此两者本应联系合一来看。
>
> 要研究社会史，决不可关着门埋头在图书馆中专寻文字资料所能胜任，主要乃在能从活的现实社会中获取生动的实像。
>
> 我们若能由社会追溯到历史，从历史认识到社会，把眼前社会来做以往历史的一个生动见证，这样研究，才始活泼真确，不要专在文字记载上作片面的搜索。（《中国历史研究法》，生活·读书·新知三联书店2001年版，第52—56页）

乔志强先生撰写的《中国近代社会史》导论部分，计有社会史研究的对象、知识结构、意义及怎样研究社会史四个小节，谈到社会史研究的意义，没有谈其学术意义，“重点强调研究社会史具有的重要的现实意义”。社会史的研究要有现实感，这是社会史研究者的社会责任，也是催促我们走向田野与社会的学术动力。

社会史意义上的“社会”，又是一种“自下而上”视角下的社会。与传统史学重视上层人物和重大历史事件的“自上而下”视角不同，社会史的研究更重视芸芸众生的历史与日常。举凡人口、婚姻、家庭、宗族、农村、集镇、城市、士农工商、衣食住行、宗教信仰、节日礼俗、人际关系、教育赡养、慈善救灾、社会问题等等，均从“社会生活的深处”跃出而成为社会史研究的主要内容。显然，社会史的研究极大地拓展了传统史学的研究内容，如此丰富的研究内容决定了社会史多学科交叉融合的特性，如此特性需要我们具有与此研究内容相匹配的相关学科基础知识与训练，需要我们走出学校和图书馆，走向田野与社会。由此，人类学、社会学等成为社会史最亲密的伙伴，社会史研究者背起行囊走向田野，“优先与人类学对话”成为一道风景。

“偶然相遇人间世，合在增城阿姥家。”山西大学的社会史研究与人类学是有学脉缘分的，一位祖籍山西，至今活跃在人类学界的乔健先生1990年自香港向我们走来。我不时地想过，也许就是一种缘分，“二乔”成为我们社会史研究的领路人，算是我们这些生长在较为闭塞的山西后辈学人的福分。现在，山西大学中国社会史研究中心的鉴知楼里，恭敬地置放着“二乔”的雕像，每每仰望，实多感慨。

1998年，乔志强先生仙逝后，乔健先生曾特意撰文回忆他与志强先生最初的交往：

> 我第一次见到乔志强先生是在1990年初夏，当时我来山西大学接受荣誉教授的颁授。志强先生与我除了同乡、同姓的关系外，还是同志。我自己是研究文化/社会人类学的，但早期都偏重所谓“异文化”的研究，其中包括了台湾的高山族、美国的印第安人（特别是那瓦侯族）以及华南的瑶族。但从九十年代起，逐渐转向汉族，特别是华北汉族社会的研究。志强先生是中国社会史权威，与我新的研究兴趣相同。由于这种“三同”的因缘，我们一见如故，相谈极欢。他特别邀请我去他家吃饭，吃的是我最爱吃的豆角焖面。我对先生的纯诚质朴，也深为赞佩。（《纪念乔志强先生》，未刊稿，第32页）

其实，乔健先生也是一位纯诚质朴的蔼蔼长者，又是一位立身田野从来不知疲倦的著名人类学家。他为扩展山西大学的对外学术交流，尤其是对中国社会史研究中心的学术发展付出了大量的心血。我初次与乔健先生相识正是在1990年山西大学华北文化研究中心的成立仪式上。1996年，“二乔”联名申请国家社科基金重点项目——华北贱民阶层研究获准，我和一名研究生承担的“晋东南剃头匠”成为其中的一部分，开始直接受到乔健先生人类学的指导和训练；2001年，乔健先生又申请到一个欧洲联盟委员会关于中国农村可持续发展的研究项目，我们多年来关注的一个田野工作点赤桥村（即晋祠附近刘大鹏祖籍）被确定为全国七个点之一；2006年下半年，我专门请乔先生为研究生开设了文化人类学专题课，他编写讲义，印制参考资料，每天到图书馆的十层授课论道，往来不辍。这些年，他几乎每年都要来中心一到两次，做讲座，下田野，乐在其中，老而弥坚。前不久他来又和我谈起下一步研究绵山脚下著名的张壁古堡计划。如今，乔健先生将一生收藏的人类学、社会学书籍和期刊捐赠中心，命名为“乔健图书馆”，又特设两种奖学金鼓励优秀学子立志成才，其情其人，良多感佩。正是在这位著名人类学家的躬身提携下，我结识了费孝通、李亦园、金耀基等著名人类学社会学前辈及诸位同行，我和多名研究生曾到香港和台湾参加各种人类学、社会学会议。正是在乔健先生的亲自指导之下，我们这些历史学学科背景的晚辈，才开始学得一点人类学的知识和田野工作的方法，山西大学中国社会史研究中心的学术工作有了人类学、社会学的气味，走向田野与社会成为中心愈来愈浓的学术风气。

奉献在读者面前的这套丛书，命名为“田野·社会丛书”，编者和诸位作者不谋而合。丛书主要刊出山西大学中国社会史研究中心年轻一代学者的研究成果，其中有些为博士论文基础上的修改稿，有些则为另起炉灶的新作。博士论文也好，新作也好，均为积年累月辛苦钻研所得，希望借此表达出走向田野与社会的研究取向和学术追求。

丛书所收均为区域社会史研究之作，而这个“区域”正是以我们生于斯，长于斯，情系于斯的山西地区为中心。在长期从事中国社会史研究的过程中，编者和作者形成了这样一个基本认知：社会史的研究并不简单是“社会生活史”的研究，只有“自上而下”与“自下而上”的结合，理论探讨与实证研究的结合，宏观研究与微观研究的结合，才能实现“整体的”社会史研究这一目标，才能避免“碎片化”的陷阱。

其实，整体和区域只是反映事物多样性和统一性及其相互关系的范畴，整体只能在区域中存在，只有通过区域而存在。相对于特定国家的不同区域而言，全国性范围的研究可以说是宏观的、整体的，但相对于跨国界的世界范围的研究而言，全国性的研究又只能是一种微观的、区域的研究，整体和区域并不等同于宏观和微观。史学研究的价值并不在于选题的整体与区域之别，区域研究得出的结论未必都是个别的、只适于局部地区的定论，“更重要的是在每个具体的研究中使用各种方法、手段和途径，使其融为一体，从而事实上推进史学研究”。我们相信，沉湎于中国悠久的历史文化传统，研读品味先辈们赐赠的丰硕成果，面对不断翻新流行时髦的各式理论概念，史学研究的不变宗旨仍然是求真求实，而求真求实的重要途径之一就是通过区域的、个案的、具体的研究去实践。这里需要引起注意的是，这样一种区域的、个案的、具体的研究又往往被误认为社会史研究“碎化”的表现，其实，所谓的“碎化”并不可怕，把研究对象咬烂嚼碎，烂熟于胸化然于心并没有什么不好，可怕的是碎而不化，碎而不通。区域社会史的研究绝不是画地为牢的就区域而区域，而是要就区域看整体，就地方看国家。从唯物主义整体的普遍联系的观点出发，在区域的、个案的、具体的研究中保持整体的眼光，正是克服过分追求宏大叙事，实现社会史研究整体性的重要途径。丛书所收的各种选题中，既有对山西区域社会一些重大问题的研究，也有一些更小的区域（如黄河小北干流、霍泉流域），甚至某个具体村庄的研究，选题各异，而追求整体社会史研究的目标则一。

作为一种学术追求与实践，走向田野与社会也是区域社会史研究的必然逻辑。我们知道，传统历史研究历来重视时间维度，那种民族—国家的宏大叙事大多只是一个虚幻的概念，一个虚拟和抽象的整体，而没有较为真切的空间维度。社会史的研究要“自下而上”，要更多地关注底层民众的历史，而区域社会正是民众生活的日常空间，只有空间维度的区域才是具体的真实的区域，揭示空间特征的“田野”便自然地进入区域社会史研究的视野，走向田野从事田野工作便成为一种学术自觉与必然。

社会史研究要“优先与人类学对话”，也要重视田野工作。我们知道，人类学的田野工作首先是对“异文化”的参与观察，它要求研究者到被研究者的生活圈子里至少进行为期一年的实地观察与研究，与被研究者“同吃同住同劳动”，进而撰写人类学意义上的民族志。人类学强调参与观察的田野工作，对区域社会史研究具有重要的借鉴意义。走向田野，直接到那个具体的区域体验空间的历史，观察研究对象的日常，感受历史现场的氛围，才能使时间的历史与空间的历史连接起来，才能对“地方性知识”获取真正的认同，才能体会到“同情之理解”的可能，才能对区域社会的历史脉络有更为深刻的把握。然而，社会史的田野工作又不完全等同于人类学的田野工作。“上穷碧落下黄泉，动手动脚找资料”，搜集资料、尽可能地全面详尽地占有资料，是史学研究尤其是区域社会史研究最基础的工作。

如果说宏大叙事式的研究主要是通过传统的正史资料所获取，那么，区域社会史的研究仅此是远远不够的，这是因为，传统的正史甚至包括地方志并没有存留下丰厚的地方资料，“地方性资料”诸如碑刻、家谱、契约、账簿、渠册、笔记、日记、自传、秧歌、戏曲、小调等，只有通过田野调查才能有所发现，甚至大量获取。所以说，社会史的田野工作，首先要进行一场“资料革命”，在获取历史现场感的同时获取地方资料，在获取现场感和地方资料的同时确定研究内容认识研究内容。在《走向田野与社会》一书开篇自序中，笔者曾有所感触地写道：

> 走向田野，深入乡村，身临其境，在特定的环境中，文献知识中有关历史场景的信息被激活，作为研究者，我们也仿佛回到过去，感受到具体研究的历史氛围，在叙述历史，解释历史时才可能接近历史的真实。走向田野与社会，可以说是史料、研究内容、理论方法三位一体，相互依赖，相互包含，紧密关联。在我的具体研究中，有时先确定研究内容，然后在田野中有意识地收集资料；有时是无预设地搜集资料，在田野搜集资料的过程中启发了思路，然后确定研究内容；有时仅仅是身临其境的现场感，就激发了新的灵感与问题意识，有时甚至就是三者的结合。

值得欣慰的是，在长期从事社会史学习和研究的过程中，走向田野与社会这一学术取向正在实践中体现出来。《田野·社会丛书》所收的每个选题，都利用了大量田野工作搜集到的地方文献、民间文书及口述资料；就单个选题而言，不能说此前没有此类的研究，就资料的搜集整理利用之全面和系统而言，至少此前没有如此丰厚和扎实。我们相信，走向田野与社会，利用田野工作搜集整理地方文献和资料，在眼下快速城市化的进程中是一种神圣的文化抢救工作，也是一项重要的学术积累活动。我们也相信，这就是陈寅恪先生提到的学术之“预流”——“一时代之学术，必有其新材料与新问题。取用此材料以研究问题，则为此时代学术之新潮流。治学之士，取预此潮流，谓之预流”。

走向田野与社会，既驱动我们走向田野将文献解读与田野调查结合起来，又激发我们关注现实将历史与现实粘连起来，这样的工作可以使我们发现新材料和新问题，以此新材料用以研究新问题，催生了一个新的研究领域——集体化时代的中国农村社会研究。

对于这样一个新的研究领域，这里还是有必要多谈几句。其实，何为“集体化时代”，仍是一个见仁见智的问题。陋见所知，或曰“合作化时代”，或曰“公社化时代”，对其上限的界定更有互助组、高级社，甚至人民公社等诸多说法。我们认为，集体化时代即指从中国共产党在抗日根据地推行互助组，到20世纪80年代农村人民公社体制结束的时代，此间约40年时间（各地容有不一），互助组、初级社、高级社、人民公社、农业学大寨前后相继，一路走来。这是一个中国共产党人带领亿万农民走向集体化，实践集体化的时代，也是中国农村经历的一个非常特殊的历史时代。然而，对于这样一个重要的研究领域，以往的中国革命史和中国共产党党史研究并没有给予足够的重视，宏大叙事框架下的革命史和党史只能看到上层的历史与重大事件，基层农村和农民的生活与实态往往湮没无闻。在走向田野与社会的实践中，我们强烈地感受到，随着现代化过程中“三农”问题的日益突出，随着城市化过程中农村基层档案的迅速流失，从搜集基层农村档案资料做起，开展集体化时代的农村社会研究，是我们社会史工作者一份神圣的社会责任。坐而论道，不如起而行之。21世纪初开始，我们有计划、有组织地下大力气对以山西为中心的集体化时代的基层农村档案资料进行抢救式的搜集整理，师生积年累月，栉风沐雨，不避寒暑，不畏艰难，走向田野与社会，深入基层与农村，迄今已搜集整理近200个村庄的基层档案，数量当在数千万字以上。以此为基础，我们还创办了一个“集体化时代的农村社会”学术展览馆。集体化时代的农村基层档案可谓是“无所不包，无奇不有”，其重要价值在于它的数量庞大而不可复制，其可惜之处在于它的迅速散失而难以搜集。我们并不是对这段历史有什么特殊的情感，更不是将这批档案视为“红色文物”期望它增值，实在是为其迅速散失而感到痛惜，痛惜之余奋力抢救，抢救之中又进入研究视野。回味法国年鉴学派倡导的“集体调查”，我们对此充满敬意而信心十足。

勒高夫在谈到费弗尔《为史学而战》时写道：

> 费弗尔在书中提倡“指导性的史学”，今天也许已很少再听到这一说法。但它是指以集体调查为基础来研究历史，这一方向被费弗尔认为是“史学的前途”。对此《年鉴》杂志一开始就做出榜样：它进行了对土地册、小块田地表格、农业技术及其对人类历史的影响、贵族等的集体调查。这是一条可以带来丰富成果的研究途径。自1948年创立起，高等研究实验学院第六部的历史研究中心正是沿着这一途径从事研究工作的。（勒高夫等主编：《新史学》，上海译文出版社1989年版，第14—15页）

集体化时代的农村社会研究，还使我们将社会史的研究引入到了现当代史的研究中。中国社会史研究自20世纪80年代复兴以来，主要集中在1949年以前的所谓古代史、近代史范畴，将社会史研究引入现当代史，进一步丰富革命史和中国共产党党史的研究，以致开展“新革命史”研究的呼声，近年来愈益高涨。我们认为，如果社会史的研究仅限于古代、近代的探讨而不顾及现当代，那将是一个巨大的缺失和遗憾，将社会史的视角延伸至中国现当代史之中，不仅是社会史研究“长时段”特性的体现，而且必将促进“自上而下”与“自下而上”的有机结合，进而促进整体社会史的研究。

三十而立，三十而思。从乔志强先生创立中国社会史研究的初步体系，到由整体社会史而区域社会史的具体实践，从中国近代社会史到明清以来直至中国的当代史，在走向田野与社会的学术追求和实践中，山西大学的中国社会史研究在反思中不断前行，任重而又道远。

1992年成立的山西大学中国社会史研究中心，到今年已经整整20年了。《田野·社会丛书》的出版，算是对这个年轻的但又是全国最早出现的社会史研究机构的小小礼物，也是我们对中国社会史研究的重要开拓者乔志强先生的一个纪念。

2012年岁首于山西大学

中国社会史研究中心

目 录

绪　论

一、问题的提出

中国是一个农业大国，庞大的农业人口、总体落后的农业经济和农村面貌是长期以来的基本状况。农业、农村和农民问题也一直是政界、学界、商界等共同关注的重要领域。

从历史维度看，乡村社会变迁始终是中国历史变迁的主体内容，这不仅因为在区位结构中乡村占据绝对的多数，而且因为乡村的生活模式和文化形态，从更深层次上代表了中国历史的传统。在史学家那里，一方面试图通过研究过往，以古鉴今；另一方面也有着自身的学术关怀，即从乡村社会研究入手，弄清楚几千年来中国社会的发展变迁及其内在逻辑，进而获得符合中国实际的具有认知价值的认识，也是史家的终极追求。

中国地域之广，每个区域都有自己的历史进程，无论在信息流相对滞后的前近代社会还是全球化进程中的今天，均是如此。归根结底，巨大的区域地理和人文环境差异是导致这一现象最基本的原因。所以，中国历史的书写就不可能只有一个时间维度，而应尊重不同区域具有个性的历史时间。近年来学术界逐渐兴起的“区域社会史”研究较好地弥补了以往宏大叙事的不足，它以更加细致入微的视角观察区域的差异性，进而把握区域发展的内在脉络，以期实现重写通史的学术追求。

那么，区域在何种意义上可以成立？或者说，如何进行区域的划分？这是区域社会史研究首先要解决的问题。美国学者施坚雅提出“区域体系理论”，他指出应该把中国空间层次的结构看成是一个“由经济中心地区及其从属地区构成的社会经济层级……作为大区域经济的顶级城市，处在不同程度上的最高层。这个层级向下则延伸到农村的集镇。集市体系以这些集镇为中心，一般包括十五至二十个村庄，组成了构筑经济层级的基本单位……通过复杂的互相叠盖的网络，每一层次的社会经济体系又上连于更高层次的体系。”[①]意即：农民实际社会区域的边界不是由他所在村庄的狭窄范围所决定，而是由他的基层市场区域的边界所决定。这一理论对区域社会史研究影响深远。台湾学者林美容则提出祭祀圈与信仰圈这两个概念，来说明两种宗教组织的形态，并以此来理解台湾传统的社会组织。祭祀圈是一种地方性的民间宗教组织，居民以居住关系有义务参与地方性的共同祭祀；信仰圈是以对某一神明或其分身之信仰为中心，区域性的信徒或村庄所形成的志愿性组织。无论祭祀圈或信仰圈都可以说是一种空间现象，都是以村庄为最小单位所构成的地缘组织，祭祀圈的范围较明确，信仰圈的范围较模糊。祭祀群最小可至角落或部落，最大可至乡镇范围；信仰圈则一般超过乡镇范围。她认为“不论祭祀圈或信仰圈，都是代表汉人以神明信仰来结合人群的方式，也就是借宗教的形式来形成地缘性的社会组织。民间的活力和组织力必须借着宗教的形式才能在空间上展示出来”[②]。行龙提出的“水利社会”概念，则是从日常生产、生活的层面为切入点，来探寻乡村社会的发展变迁。他指出，缺水是山西区域社会的一个鲜明特点（当然，其中又有相对的丰水区和少水区），水在日常生产、生活中的作用不言而喻，也因此，乡村社会中形成了一套与水相关的规范、习俗、信仰和权力秩序，在一定程度上成为一个以水为中心的乡村社会[③]。

可见，无论从消费的、精神的还是生产的角度进行区域社会史研究，都是抓住了能够代表区域特质的线索，比起以往单单以行政区划作为区域界限的研究更接近社会生活的原态，也使我们能够更加生动地理解区域人群的生活。

黄土高原是中华文明重要的发祥地。在五千年的文明发展史中，灌溉农业起到了至关重要的作用。经过长期的水利开发，在一定范围内围绕水的利用形成了

---

① 参见〔美〕施坚雅主编，叶光庭等译，陈桥驿校：《中华帝国晚期的城市》，中华书局2000年版，第1—3页。

② 参见林美容：《妈祖信仰与汉人社会》，黑龙江人民出版社2003年版，第20—25页。

③ 参见行龙：《从“治水社会”到“水利社会”》，《读书》2005年第8期。

相对独立的水利社区。[①] 它自身有着较为稳定的权力、经济、社会和文化结构，并在历史的长河中或渐进、或激进地变迁与转型。我们将龙子祠泉域为核心的水利灌区作为本书的研究区域，正是基于其在空间上的相对一致性和独立性。

这一区域自唐代伊始进行大规模的水利开发，至宋代就已形成较为稳定的灌溉规模和水利秩序，绵延千余年，时至今日，水利仍在延续。因此，我们希望将其放在长时段的视域中进行一项“水利社会史”的考察，并将时间下限延伸至新中国成立后的集体化时期，更为全面地展现社会的历史变迁。在水利社会史的学术视野下，诸如以下问题一个个地接踵而至：对泉水的开发始于何时？谁主导了水利开发？国家有没有介入这一过程，其作用又有多大？水利开发是在怎么样的环境背景下进行的，如何克服不利的环境因素？由水利管理产生的管理组织在乡村社会的作用如何？这股涌流不息的泉水到底在其社会发展中扮演着怎样的角色？这一角色在不同的历史时期有怎样的特点？千余年的发展历程经历了怎样的变革？如何来解释这种变革？又有哪些不变的要素？何以不变？等等。我们希望本书以“水”作为切入点对上述问题进行思考，进而使其具有超越本问题和本区域的价值。

二、理论反思与学术史回顾

作为社会史研究的一个重要方向，水利社会史研究近年来得到了学界的广泛关注，出现了一批富有影响力的研究成果，并日益向纵深发展。那么，究竟何为水利社会史？水利社会史研究的现状如何？它呈现出怎样的趋势？又有哪些薄弱环节有待突破？我们结合以往成果一一展开：

---

① 石峰在《关中“水利社区”与北方乡村的社会组织》（《中国农业大学学报》2009 年第 1 期）一文中最早提出了“水利社区”的概念。之所以要使用这一概念，他解释道：“实是考虑到地方民众以‘水’为中心的社会活动并不局限在一个村落的范围内。”意即，“水利社区”是一种超村庄的研究范畴。而“社区”一词，则是其人类学出身的背景使然。本书借用“水利社区”一词，其实也是基于对“水利”这种在地理空间上的超村庄社会联系体的认识，而在具体的行文中也会运用“水利社会”这一长期以来被学界广泛接受的学术概念，我们认为二者并无根本不同，只是角度差异而已。

关于什么是“水利社会”，王铭铭进行了这样的概括：水利社会是以水利为中心延伸出来的区域性社会关系体系①。应当说，这一概括明确了水利社会的核心要素——社会关系。在此基础上，钱杭进一步就水利社会史的研究对象、具体要素和学术路径做了明确界定，提出了具有学理意义上的“水利社会史”概念。他认为，水利社会史是“以一个特定区域内，围绕水利问题形成的一部分特殊的人类社会关系为研究对象，尤其集中地关注于某一特定区域独有的制度、组织、规则、象征、传说、人物、家族、利益结构和集团意识形态。建立在这个基础上的水利社会史，就是指上述内容形成、发展与变迁的综合过程……水利社会史的学术路径，就是对于某一特定水利形式相关的各类社会现象的社会史研究，或者是对某一特殊类型水利社会的历史学研究”②。然而，正如张爱华所指出的，“一个概念的界定，往往不是研究活动的起点，而是对前一时期相关积累的提炼和总结”③。水利社会史也必将随着研究的深入不断扩充和完善。

国外关于中国水利问题最具影响力的成果莫过于魏特夫的“治水学说”。他认为中国水利工程的艰巨性决定了劳动力、生产资料、科学技术和管理体系的高度集中，正是这种高度集中，造成政治权力的集中、专制和长期延续，形成了以专制主义为特征的“治水国家”④。在中国学术界，这一学说被认为是在冷战背景下由西方理论家炮制出来的蓄意歪曲亚洲国家历史的反动论调，具有浓厚的东方主义倾向和强烈的意识形态色彩，因而广受批评，其评论成果被汇集成册，于1997年出版。⑤评论者多是从自上而下的视角，以中国历史发展的基本线索展开批评。

但在20世纪相当长的一段时间里，魏特夫的“治水学说”是极为风靡的，即便是日后成为著名经济学家、国际活动家的冀朝鼎也未能脱其影响。冀朝鼎在

① 参见王铭铭：《“水利社会”的类型》，《读书》2004年第11期。

② 钱杭：《共同体理论视野下的湘湖水利集团——兼论“库域型”水利社会》，《中国社会科学》2008年第2期。

③ 张爱华：《“进村找庙”之外：水利社会史研究的勃兴》，《史林》2008年第5期。

④〔美〕卡尔·A.魏特夫著，徐式谷等译：《东方专制主义——对于极权力量的比较研究》，中国社会科学出版社1989年版。

⑤ 李祖德、陈启能编：《评魏特夫的〈东方专制主义〉》，中国社会科学出版社1997年版。

1936年出版的*Key Economic Area in Chinese History*[①]一书序言中写道："通过对灌溉与防洪工程以及运渠建设的历史研究，去探求基本经济区的发展，就能看出基本经济区作为控制附属地区的一种工具和作为政治斗争的一种武器所起到的作用，就能阐明基本经济区是如何转移的，就能揭示基本经济区同中国历史上统一与分裂问题的重要关系，因而也就在这一研究的基础上，对中国经济发展史中的一个方面，给予了一种具体的同时又有历史表述的分析。"[②]在书中，他不仅援引了魏特夫早期关于东方治水问题的观点，而且着重论述了古代中国国家在大型水利工程中所起到的决定性作用，强调水利与历代封建国家基本经济区的密切关系，客观上也间接支持了魏特夫的治水国家学说。

相比而言，欧美学者则结合中国水利史的研究，从自下而上的角度对话魏氏学说，法国史学家魏丕信和美国史学家彼得·C.珀杜是其中的代表人物。魏丕信通过对16—19世纪"中华帝国晚期"湖北省水利的实证研究，否定了魏特夫将中国国家的结构、功能及意识形态与水利管理问题直接联系起来的观点，认为"这样一种总概性认识并不一定适用于中国这一地域广阔、地形多样而且政区严密的地理实体。而且，即便在大部分地区，水利事业是根本性的，中央集权化的中国政府无论在其兴起阶段，还是在其发展的最后阶段，都被认为除了管理各种各样的灌溉和水利防护工程之外，还有许多其他功能与作用。最后，即使考虑到国家在水利上的核心功能，国家及其官僚体系也不是水利问题的唯一因素，不是唯一的决策者和执行者"。他提出可以将魏特夫东方专制主义中的观点反过来进行解释，即"水利社会"比"水利国家"要更为强大。[③]这一批判不仅有利于学界廓清对"治水国家"学说的认识，而且更有力地阐明了开展"水利社会"研究的必要性和意义所在。

---

① Chao'-ting Chi: *Key Economic Areas in Chinese History*, as Revealed in the Development of Public Works for Water-Control. George Allen & Unwin, Ltd., London, 1936.

② 冀朝鼎著，朱诗鳌译：《中国历史上的基本经济区与水利事业的发展》，中国社会科学出版社1981年版，第1页。该书中文版近年来又出两种，即：《中国历史上的基本经济区》，朱诗鳌译，商务印书馆2014年版；《中国历史上的基本经济区》，岳玉庆译，浙江人民出版社2016年版。

③ 〔法〕魏丕信：《水利基础设施管理中的国家干预——以中华帝国晚期的湖北省为例》，载陈锋主编：《明清以来长江流域社会发展史论》，武汉大学出版社2006年版，第614、646页。

彼得·C. 珀杜在研究明清时期的洞庭湖水利史时，也对魏特夫的理论提出了质疑，他指出："大规模的水利系统，就其属性来说，需要某种程度的合作劳动，一个流行的理论认为这种合作必须由支配整个社会的庞大官僚政府进行组织，湖南的灌溉者们对清政府成功的抵制则提供了相反的例证，多数水利工程并非必须由范围广大的国家来管理。""官方通常并不独自从事大规模的工程，而主要依靠地方士绅与土地所有者们的合作。"[①] 由此他重点探讨了水利组织成员的关系、水利组织与国家之间的关系。

魏丕信和珀杜对魏特夫的批评其实是在"国家与社会"理论框架下进行的，当他们把这一理论运用于研究中国水利社会史时，遭遇到了魏特夫的治水学说，因此必然会产生理论上的对话和交锋。"国家与社会"理论框架也成为数十年来影响中国历史研究最重要的学术范式之一，对今日之水利社会史研究而言，仍不过时。

如果说"国家与社会"理论框架可以在解释"国家权力与水利社会之间如何互动"提供思路的话，那么"水利共同体"、"宗族"等理论或概念则更多地在对水利社会内部关系的探讨方面产生了深远影响。

"水利共同体"的概念产生于日本学界。1956 年，丰岛静英以绥远、山西等地为例提出了"水利共同体"理论，其成果《中国西北部における水利共同体について》[②] 一经发表，很快就在日本学界引发了"中国是否存在村落共同体、水利共同体"的大论战，仁井田升、今堀诚二、清水盛光等一批著名学者参与其中。多数学者认同"水利共同体"这一概念，但在水利组织结构及其与村庄之间的关系、水利组织结构与村庄阶级之间的关系、水利组织与国家权力之间的关系等方面存在着观点上的分歧[③]。

其中，日本中国水利史研究的集大成者森田明在对浙江和山西等地的水利社会进行实证研究的基础上，对"水利共同体"理论所进行的阐释影响最大，他指出"地、夫、钱、水之结合为水利组织之基本原理"，具体表现为：水利设施为共

---

① 〔美〕彼得·C. 珀杜：《明清时期的洞庭湖水利》，《历史地理》第四辑，上海人民出版社 1986 年版。

② 〔日〕丰岛静英：《中国西北部における水利共同体について》，《历史学研究》第 201 号，1956 年。

③ 〔日〕西冈弘晃：《宋代の水利开发：问题の所在と研究动向》，《中村学园研究纪要》第 19 号，1987 年。

同体共有；修浚水利工程所需夫役和经费以灌溉面积计算，并由用水户共同承担；土地的用水量与地户所应承担的义务互为表里。[①]在具体的实证研究中，森氏多是透过对水利组织的静态考察来“接近历史的特性”，换句话说，在某种意义上，他已经把“水利共同体”等同于水利组织。这种结构性的静态分析固然细化了对水利共同体内部的关系网络的认识，但也在很大程度上限制了水利社会史研究的时空尺度的拓展。欲突破这一限制，就应当“把水利开发序列置于地域联系的动态视野下去理解，我们看到的就不是结构式的传统，而是社会的变迁史”[②]。森氏自己也反思道：“今后则应透过这种动态的考察，来阐明水利组织之‘近代化’、‘瓦解’的方向和对它们的对应问题。”[③]

自21世纪开始，国内学术界对“水利共同体”理论进行了深入的剖析和挑战。钞晓鸿以清代关中中部地区水利社会的实证研究，对森田明等所谓明末清初由于中小地主的衰落与乡绅土地所有的发展而导致“水利共同体”的瓦解一说进行了回应。他指出：地权形态不足以解释水利共同体的松懈与瓦解，大土地所有并非地、夫、费、水关系松懈的必要条件，地权的分散未尝不会出现这种分离，水利共同体的解体也未必统一于明末清初时期，要研究水利组织包括水利共同体的变化，必须揭示出其背后的自然、技术、社会环境等根本性的机制问题。[④]

如果说钞晓鸿的研究是在“水利共同体”理论框架内对其若干部分进行实证检验的话，那么钱杭则通过萧山湘湖“库域型”水利社会的研究从整体上对“水利共同体”进行了解构。他针对研究者经常会出现的关于共同体究竟是集体或社会类型，还是作为社会关系或情感类型的困惑，主张将共同体理论主要视为一种关注某类社会关系、互动方式的研究策略和方法，不必过多地顾及共同体理论的概念体系，不必在实际生活中去刻意“寻找共同体”，而是把握住共同体理论的核心范畴——共同利益，运用共同体理论的分析方法——结构、互动，深入到中国历史上那些实实在在的水利社会中，观察研究它们的内部结构，以所获观察研

---

① 〔日〕森田明著，郑樑生译：《清代水利社会史研究》，台湾编译馆1996年版，第385页。
② 谢湜：《“利及邻封”——明清豫北的灌溉水利开发和县际关系》，《清史研究》2007年第2期。
③ 〔日〕森田明著，郑樑生译：《清代水利社会史研究》，台湾编译馆1996年版，第398页。
④ 钞晓鸿：《灌溉、环境与水利共同体——基于清代关中中部的分析》，《中国社会科学》2006年第4期。

究成果——中国案例，来检验、丰富共同体的理论体系，并从类型学的角度，全面深化对中国水利社会史的认识程度。对于一个水利社会，则应高度关注构成共同体要素之外的那些异质性环节。换言之，水利共同体以共同获得和维护某种性质的水利为前提，而水利社会则将包含一个特定区域内所有已获水利者、未充分获水利者、未获水利者、直接获水害者、间接获水害者、与己无关的居住者等各类人群。[①]显然，在他看来，共同体只是水利社会的一个部分，共同体理论在方法论的层面上对水利社会史研究更有意义。其对水利共同体与水利社会概念的区分，可视为中国学界对水利共同体理论的一个超越。[②]

其实，水利共同体理论背后所关注的应该是一个乡村社会的秩序或权力关系的问题。在这一学术关怀下，国内外学术界还从“宗族”等概念出发进行了解释。

“宗族”是中国社会史研究中长期以来就备受关注的热点问题之一，其中，宗族与乡村社会的关系是一个重要方面。多数研究者都认为，宗族作为血缘关系和地缘关系的结合[③]，在控制地方社会方面发挥着基础性作用，宗族组织具有“政治化”的特点，家族法规在维护地方治安方面发挥着重要作用，里甲、保甲等基层政权在实施过程中都无法绕开宗族这一无形的网络结构[④]。而关于宗族与水利之间关系问题的探讨最早是由英国人类学家莫里斯·弗里德曼开始的。

在《中国东南的宗族组织》[⑤]和《中国宗族与社会：福建和广东》[⑥]两本专著中，弗里德曼试图通过“宗族关系”把国家和村落联系起来。他认为福建和广东地区宗族社会的形成与稻作经济、水利灌溉、地处边陲等因素密切相关。其逻辑是由于国家权力的不在场，地处边陲社会的人们为了垦荒和自卫，从而组织起来进行

① 钱杭：《共同体理论视野下的湘湖水利集团——兼论“库域型”水利社会》，《中国社会科学》2008年第2期。

② 张俊峰：《明清中国水利社会史研究的理论视野》，《史学理论研究》2012年第2期。

③ 在历史学领域，傅衣凌先生最早提出了“乡族”的概念，并全面论述了其对乡村社会的影响，参见氏著《论乡族势力对于中国封建经济的干涉——中国封建社会长期迟滞的一个探索》，《厦门大学学报》1961年第3期。

④ 杨国安：《明清两湖地区基层组织与乡村社会研究》，武汉大学出版社2004年版。

⑤ 〔英〕莫里斯·弗里德曼著，刘晓春译，王铭铭校：《中国东南的宗族组织》，上海人民出版社2000年版。

⑥ 〔英〕莫里斯·弗里德曼：《中国宗族与社会：福建和广东》（Maurice Freedman，*Chinese Lineage and Society: Fukien and Kwantung*，London: Athlone Press，1971）。

水利灌溉，发展稻作经济，宗族由此得以形成和发展。换句话说，就是水利灌溉促进宗族团结，宗族反过来又适应了水利系统的需求。宗族与水利问题虽不是弗氏论述的核心，却无意中预示了后来水利社会史研究的一个重要方向。

弗里德曼的弟子巴博德以台南“中社”（Chung-she）、“打铁”（Ta-tieh）两个村落的研究，对弗里德曼的上述观点提出挑战。其分析表明，中社村在嘉南水利系统建成前，灌溉池塘促成了宗族的团结，但打铁村的水利系统却促成了非血缘间的联合①；而“在其他条件相同的情况下，我们会发现依赖雨水的地区比依赖灌溉的地区更可能维持大家庭”。可见，水利灌溉未必一定促进宗族团结。此外，巴博德还进一步阐发了自己的“水利社会学”思想，他指出“不同的灌溉模式能导致重要的社会文化适应和变迁”②，深刻地揭示了灌溉农业社会的多样性和它们之间的差异性，这对从类型学角度开展中国水利社会史研究有重要的指导意义。

与此同时，在考古学家张光直主持的“台湾省浊水溪与大肚溪流域自然史与文化史科际研究计划”（简称“浊大计划”）研究中，也对弗里德曼的宗族理论进行了反思。前文所述林美容提出的祭祀圈与信仰圈概念，就是对弗氏宗族范式的回应，她认为前者才是中国台湾社会构成的特点。

20 世纪 80 年代，黄宗智在讨论华北乡村的“水利与政治经济结构”时，从水利工程的类型、村庄生态、居住形式和自然村结构等方面分析了该区宗族的不发达。他指出，长江和珠江三角洲典型治水工程需要数十、数百乃至数千的劳力，是一个宗族组织所可能应付的，“宗族组织的规模与水利工程的规模是相符的”。而华北地区的水利工程主要由庞大的防洪工程和微小的水井组成，前者需由国家来组织建造，后者则仅需个别农户即可完成③。换句话说，因为没有与宗族组织相适应的水利工程，所以导致了华北地区宗族的不发达。此外，他进一步说明，集结的、多姓的和商品化程度较低的华北村庄，由地缘关系构建的“街坊组成的共同体”发挥了较大的作用④，相比而言，以血缘关系为基础的宗族组织就必然式微。

---

① Pasternak, Burton. *Kinship and Community in Two Chinese Villages*, Stanford: Stanford University Press, 1972.

② Pasternak, Burton. *The Sociology of Irrigation: Two Taiwanese Villages*. W.E. Willmott ed., *Economic Organization in Chinese Society*, Stanford: Stanford University Press，1972.

③ 〔美〕黄宗智：《华北的小农经济与社会变迁》，中华书局 2000 年版，第 55—56 页。

④ 〔美〕黄宗智：《华北的小农经济与社会变迁》，中华书局 2000 年版，第 62—63 页。

可以说，黄先生对华北地区宗族问题探讨的视野极为开阔，但在水利与宗族是否相符的话题上，对华北的认识未免显得简单化了。其实，在大型防洪工程和微小的水井之间，华北地区还存在着大量的大中型水利灌溉工程，无论在规模和所需劳力方面都可与长江和珠江三角洲地区相对应，那么是否存在与其相符的宗族组织呢？这显然就超出了他的论证逻辑。

中国学者关于“水利与宗族”问题的探讨大都是在宗族研究的框架下展开的。郑振满对福建莆田平原的研究表明，水利建设构成了莆田平原开发史的主线，宗族和宗族组织在这一过程中发挥了重要作用。“莆田历史上的水利系统、聚落环境与宗族和宗教组织，构成了地方社会的主要活动空间。”唐以后莆田平原的礼仪变革与社会重组过程，就是在这一特定的社会生态环境中展开的，其中，士绅阶层在变革和重组中发挥了主导作用。[①] 这种强调长时段的、综合的历史人类学研究，对弗里德曼结构式的宗族研究显然是一种超越。

钱杭在多年宗族研究的基础上，以萧山湘湖为范例提出了“库域型水利社会”的学术概念，对“水利组织”、“水利共同体”、“水利社会”等概念范畴进行了富有哲学辩证的解析，提升了“水利与宗族”问题的研究高度。

石峰则以关中“水利社区”为例，试图揭示在这些“非宗族乡村”中，是哪些社会力量在水利系统中发挥着作用。他指出，除了政府组织发挥作用外，一些民间组织，如水利协会、宗教组织、娱乐组织也卷入其中。它们之所以存在并发挥作用，是因为“其他组织留下生长的余地，从而填补遗留的空间，以满足社会的需要”[②]。这里的“其他组织”，应当就是指宗族组织。实际上，固然很多研究表明北方地区的宗族组织确实不如南方发达，但亦有其自身特色，它不可能像南方地区一样直接控制乡村水利，但也可能以影响水利组织、娱乐组织等间接的方式来达到对水利的控制。因此，实实在在地找到那些北方乡村的宗族，进而去研究其与水利社会的关系就显得尤为必要。

与上述学者由宗族而水利的研究路径不同，张俊峰“逆向而行”，在传统水利

① 郑振满：《莆田平原的宗族与宗教——福建兴化府历代碑铭解析》，《历史人类学学刊》2006年第1期。
② 石峰：《关中“水利社区”与北方乡村的社会组织》，《中国农业大学学报》2009年第1期。

社会史研究的基础上去探讨水利与宗族的关系问题。他通过对晋水流域武氏宗族的研究表明，宗族与水利作为地域社会发展中的两个要素，在各自的发展历程中，原本并没有太大的关联，而是各行其道。在特定的历史条件下二者才出现了交叉，当时代条件变化时，又转而“各奔前程”①。在汾河流域台骀信仰与祖先建构的案例中，他指出：宗族与水利关系在北方地区表现得也是非常明显的。其不同之处在于受地理条件、经济水平和政治因素的作用及影响，在北方地区难以出现某一族姓长期、完全控制或垄断稀缺水资源的情形，反而会出现多个宗族瓜分挤占、相互妥协、相对均衡地分配有限水资源的局面。不能仅仅从外部形态上用华南宗族的标准来衡量北方地区，而必须对中国北方宗族的形成过程加以重新审视。进而强调：在宗族与水利的关系问题上，研究者绝不可陷入或“强调宗族为主”或“强调水利为主”这种非此即彼的思维逻辑，尚需有意识地付诸大量实证性的经验研究来加以解答。②这一研究路径，为北方水利社会史研究增加了一个新的视角。

总体说来，“国家与社会”分析模式虽然屡遭国内学界的诟病，但在具体的水利社会史研究中，它仍然是一种有效的分析工具。在此宏观理论框架之下，可将水利视为居于宗族、市场、祭祀之上，国家与社会之下的一个中层理论，通过更多的区域和水利类型个案研究，对其进行阐释和建构，进而全面地透视中国社会结构的特质。

长期以来，国内外学界对中国水利社会史的研究主要集中于新中国成立之前，尤以明清时期居多，相关学术评述亦有不少，且较为全面和准确地梳理和评价了中国水利社会史研究所取得的成果。③笔者在此并无意别出心裁地重述学术史，而主要针对新中国成立以后的水利社会史研究进行综述。

本书的研究下限是新中国成立后的集体化时期。之所以将这一时期纳入水利

---

① 张俊峰、武丽伟：《明以来山西水利社会中的宗族——以晋水流域北大寺武氏宗族为中心》，《青海民族研究》2015 年第 2 期。

② 张俊峰：《神明与祖先：台骀信仰与明清以来汾河流域的宗族建构》，《上海师范大学学报》2015 年第 1 期。

③ 例如，张俊峰在其专著《水利社会的类型：明清以来洪洞水利与乡村社会变迁·导言》中全面地探讨和总结了水利社会史的学术渊源和研究现状；张亚辉的《人类学中的水研究——读几本书》（《西北民族研究》2006 年第 3 期）从人类学的视角及其对国外相关论著的把握为我们开阔了视野；张爱华的《“进村找庙”之外：水利社会史研究的勃兴》则更为系统地回顾了水利社会史研究的发展轨迹。

社会史的研究视野，是因为它奠定了新中国农田水利建设的根基，改革开放四十年来的农田水利建设，主要是对集体化时期农田水利建设成就的一个发展和延续。这一时期，在中央的号召下，各地展开了轰轰烈烈的水利建设运动，在改扩建原有水利工程的基础上，又兴建了许多大、中、小型水利设施，为工农业生产和人民生活提供了重要保障。同时，水利社区的结构也发生了翻天覆地的变化，由之前的慢变量进入质变转型期，这既是中国社会大变革背景下的产物，也具体反映了这一变化的阶段和进程。应当说，在很长一段时间里，这一时段一直是社会史研究的盲点，更勿论水利社会史研究。近年来，随着社会史研究不断走向纵深和新的问题意识的指向，集体化时代逐渐成为社会史研究的一个新的学术增长点，开始受到更多学者的关注。

具体到集体化时期水利的研究，目前来说，成果主要是由各级水行政主管部门和水管单位组织完成的“志书”性质的著作，这一格局从20世纪80年代掀起的修志风潮开始，至今仍在继续。[①]此类作品以纲带目，贵在全面，深入式的问题研究并非其专项。而且，文中所及几无资料出处，给学术研究带来不便。

从传统水利史角度进行研究仍是当前集体化水利研究的一个重要方向，其关注的重点是对水利建设历史的呈现和效应的评价。高峻的《新中国治水事业的起步（1949—1957）》[②]是第一部真正学术意义上的对集体化初期国家治水活动的研究著作，该书放眼淮河、黄河、长江三大水系，从水利工程、治水方略和治水得失方面进行论述。李文、柯阳鹏的《新中国前30年的农田水利设施供给——基于农村公共品供给体制变迁的分析》[③]对新中国成立30年间的农田水利设施供给进

---

① 1984年6月，全国性的水利史研究团体——中国江河水利研究会成立，汇集了全国各地一大批中国水利史的研究者，成为开展重点水利志书编纂和重大课题研究的主要力量。同时，全国各省市区水利厅局亦纷纷设置水利史志编纂机构，酝酿编纂区域性水利志书。至20世纪90年代中期，随着流域性、区域性水利大事记、资料选编等基础性工作的完成，水利志书的编写工作正式开始。各江河水利志，各省、市、区水利志，甚至一些县域的水利志书陆续编印、出版。全国性的水利志书主要有《水利辉煌50年》编纂委员会编写的《水利辉煌50年》（中国水利水电出版社1999年版）和水利部农村水利司编写的《新中国农田水利史略（1949—1998年）》（水利电力出版社1999年版）；此外，地区、流域性的水利志书亦有大量出版，兹不一一列出。

② 高峻：《新中国治水事业的起步（1949—1957）》，福建教育出版社2003年版。

③ 《党史研究与教学》2008年第6期。

行了阶段性分析，指出改革开放以前，虽然国家投入了巨额资金进行大型水利建设，但水利建设主要靠群众的共同参与完成。群众性农田水利设施供给方式的确立适应了国家全力推行工业化的需要，并在集体化体制的保障下取得了较好的绩效。尽管这一供给方式也存在诸多问题，但是总体上保证了农田水利灌溉事业的稳定发展，促进了我国农业生产水平不断提高，为国家经济建设的发展发挥了重要作用。王瑞芳针对“大跃进”时期的水利建设同样做了较为中肯的评价，她认为：“大跃进”时期的农田水利建设取得了空前成就，是无法抹杀的历史事实；同时由于水利化运动是在大跃进特殊的背景和政治环境中展开的，“左”倾思潮泛滥及水利建设上缺乏经验，此时期水利建设过程中难免出现一些失误，办了一些错事，犯了一些错误，这也是不能否认的。从总体上看，“大跃进”时期水利建设取得了空前成就，也出现了一些失误，有得有失；在利弊得失的估计上，应该说是得大于失，成绩是主要的，失误是次要的；七分成绩，三分失误；成绩巨大、教训深刻。[①]这些评价以水利建设的具体事实为根据，具有较大的说服力。

在史实呈现之外，关于这一时期水利建设背后的制度分析越来越受到学者的关注，尤其是成为社会学、政治学、人类学研究者的“宠儿”，其研究成果的社会史意义值得借鉴。

罗兴佐的著作《治水：国家介入与农民合作——荆门五村农田水利研究》[②]论述了荆门五村自集体化时期以来的治水过程。作者认为，集体化时期的大、中、小型水利设施建设基本上满足了农业生产的需要，而且，通过人民公社体制，使得农业用水有了组织保障。换言之，治水这一特殊的准公共品供给在集体化时代所展现出来的状况使农民合作并不成为问题。也正是在这个意义上，集体化或者说人民公社制度在中国农村几千年的治水历史上意义重大，它改变了传统的“东方专制主义”以及“士绅社会”下的治水模式，取而代之的是现代的国家政权建设，自给自足的自然经济让位于社会化大生产。进一步揭示其背后的意义是几千年来存在的农民合作问题，在国家政权建设取得成功的情况下得以解决。对于其

① 王瑞芳：《大跃进时期农田水利建设得失问题研究评述》，《北京科技大学学报》2008 年第 4 期。

② 罗兴佐：《治水：国家介入与农民合作——荆门五村农田水利研究》，湖北人民出版社 2006 年版。

中的原因，作者也切中要害：人民公社制为治水提供了强大的组织基础，在政治、经济、文化方面为治水提供了坚实的基础。显然，不同于以往的治水研究，作者将“农民合作”作为国家治水的一个视角，带有鲜明的“国家—社会”模式。应当说，这样一种研究路径是对传统水利史研究的有益补充，也是水利社会史研究的一个重要思路。不过，罗氏对集体化时期治水过程的考察仅用一章述之，显得单薄；著作虽以荆门五村为个案，但在集体化治水理论的探讨上却缺乏实证，使说服力大打折扣。

罗兴佐指导的硕士生谢丁完成的学位论文《我国农田水利政策变迁的政治学分析：1949—1957》[①] 从政治学角度讨论建国初期农田水利政策的制定和实施情况。其基本的分析路径是通过对过程的描述和绩效评估，从中映射出对这一时期农田水利政策的变迁与自然环境、社会条件、政治体制相关性的分析和归纳。文章指出，在中国几千年历史进程中，自然环境对农业的影响，进而对国家的影响，都是相当明显的。进入近代，特别是经历浩劫后，农业和农村都需要一个相对稳定的恢复期。然而，工业化的逼近又迫使农业不得不迅速恢复并加速发展。因此，农田水利在新中国建立初期得到新政权的重视，但国家又无力投入太多资源，于是采取另一种形式——组织农民——来汇集国家机器启动之初所需要的动力，其速度和能量，都是前所未有的。而正是这种“前所未有”，创造了世界近现代史上的奇迹。该文从政治学的视角进行公共政策分析，突出了政治因素，“把公共政策看作政治系统与社会互动过程的结果”。不过，论者虽谓之“互动过程”，但文中多是对“自上而下”的政策制定和实施过程的分析，真正来自社会的“自下而上”的声音鲜有所闻。

王习明对新中国成立以来成都平原都江堰灌区灌溉制度的研究表明，集体化时期该区灌溉面积的扩大，主要得益于农业水利管理体制的行政化和农业生产的集体化，灌区建立了从生产队到省级的管理组织体系，水利系统与农村基层组织的无缝对接是大水利能在农田灌溉方面发挥优势作用的基础。[②] 这一研究印证了黄

① 华中师范大学硕士学位论文，2006年。

② 王习明：《建国以来成都平原农田灌溉制度的演变——以绵竹射箭台村为例》，《中国农史》2011年第4期。

宗智提出的“解放后水利改进的关键在于系统的组织，从跨省区规划直到村内的沟渠”，“集体化以及随之而来的深入到自然村一级的党政机器，为基层水利的几乎免费实施提供了组织前提”，“水利系统的维持也主要依靠集体所有制单位”[①]等一系列观点。

柴玲通过扬水站的个案考察了集体化时代“国家与社会”的关系问题。她指出，这一时期国家权力把其根基埋入村落的土地中，国家通过把地方社会日常生活的非正常化改造了基层社会组织模式。合作化使国家充分地获取地方社会财富，但国家在地方社会忠诚的代理人和新的国民意识构建使这一权力获得合法性。地方社会的一切方面都被置于权力的指导之下。村庄向其所属的等级组织敞开了，既是在经济上，也是在组织和形态上。社队在纵向敞开的同时，也在横向上筑起堡垒，将其血缘和地缘身份融合进正式的社队身份中。非正式组织的衰弱和正式组织的发达使前者丧失了资源配置的能力，同时使后者总体性地掌控了村庄的所有资源。[②]

在上述社会学、政治学的视角之外，蒋俊杰的博士学位论文《我国农村灌溉管理的制度分析（1949—2005）——以安徽省淠史杭灌区为例》[③]则是从制度经济学角度（包括制度主义、历史制度主义与博弈论的制度主义等）对新中国建立以来我国灌溉管理经历的几次大规模变迁进行了分析评价。文章指出，新中国建立以来，我国灌溉管理经历了从政府集中统一管理到小规模灌溉基础设施的民营化到水市场的形成再到农民的参与式灌溉管理的变迁。具体而言，作者对公社时期农村灌溉基础设施供给的行政集权模式的特点进行了如下归纳：（一）强制性；（二）偏好的单一性；（三）管理主体一元化；（四）供给与生产合二为一。即从经济效率、知识、责任与节水激励等方面来分析，人民公社时期行政集权模式的总体绩效是低下的，它以农民的相对贫困为代价，忽视了地方性知识的运用，降低了农民参与灌溉设施维护的责任与激励。作者又进一步从博弈论的角度分析其原

① 〔美〕黄宗智：《长江三角洲小农家庭与乡村发展》，中华书局 2000 年版，第 234、236 页。

② 柴玲：《水资源利用的权力、道德与秩序——对晋南农村一个扬水站的研究》，中央民族大学博士学位论文，2010 年。

③ 复旦大学博士学位论文，2005 年。

因所在：由于人民公社的强制性，人们就不可能用退出来保护自己或以此作为制止其他成员可能偷懒的方式，因此，每个成员的占优策略都是偷懒。因此，人民公社是一个低效率的组织。但是，人民公社依靠其强大的行政命令、更大的组织规模、有力的意识形态功能克服了大型灌溉基础设施供给中集体行动的难题。应当说，作者在集体化时期水利建设的理论归纳上取得了一定的突破，对水利社会史的理论总结具有借鉴意义。

在历史学领域，近年来也呈现出水利史研究的社会史取向。吕志茹通过根治海河这一重大历史过程展现了丰富的水利史变革。在工程建设方面，她指出集体化时期的水利工程多采用大会战的方式，被视为中共战争年代“集中力量打歼灭战”军事原则的延伸，这一方式由于调集劳动力多，治理效果比较明显，但因主要依靠强大的政权力量来推动，难以纳入制度化轨道，造成前紧后松、不按经济规律办事等一些明显的问题。在民工用粮方面，体现了国家粮食供需矛盾的紧张局面，而且再次反映出在统购统销体制下粮食供给以城市为中心的制度取向及农村与农民的边缘地位，并彰显出行政力量和意识形态的巨大作用和影响力。即使在“三级所有，队为基础”的人民公社体制下，国家依然在事实上不断地破坏生产队的集体所有制，无偿调走生产队的各种资源，加重了农村负担①。这从一个侧面反映出了这一时期国家与基层社会关系的本质。

刘瑄认为上述“大会战”的水利建设方式是把人民公社初期的“大公社”体制移植到了水利建设工地上的一种行为，水利建设指挥部是一种非常状态下的人民公社，并对其日常生活进行了精细的研究。她认为，人民公社初期的水利建设是国家权力渗入基层社会的一个渠道。人民公社初期领导水利建设的水利工程指挥部不仅是一个工程管理部门，而且具有部分政府的职能和社会的功能。人民公社初期的水利建设加强了国家与以农民为主的民工日常生活的联系，民工们的思想观念及日常生活习惯在工地上受到了冲击，集体意识及国家观念得到加强，日常生活习惯发生了一定的改变。可以说，人民公社初期的水利建设不仅具有改造

① 吕志茹：《“根治海河”运动与乡村社会研究（1963—1980）》，人民出版社2015年版。

自然的性质，还包含着改造社会的目的。[①]

上述研究凸显了女性学者在研究视角上的独特和研究内容上的细致、缜密。集体化时期水利社会史的研究也应当在这一思路之下继续开拓。

此外，集体化时期水利社会史的研究还散见于一些关于农业、农村的论著中，他们虽不是专门的水利社会史研究者，但其观点泛起的悠悠涟漪至今仍在向远方飘荡。如美国学者詹姆斯·C. 斯科特从现当代世界国家主导的大型工程入手，以国家的视角来探析那些大型水利工程失败的原因，这一分析角度对集体化时期乃至今日中国的“国家工程”建设亦具有极大的反思意义。[②]此外，美国学者珀金斯和黄宗智分别对集体化时期的耕作技术、治水技术和组织在集体化时期水利建设中的作用进行过论述。珀金斯在《中国农业的发展（1368—1968）》一书中对集体化时期的耕作技术和治水技术曾有这样的论述：“虽然农村社会已经改组，1955—1956年建立了农业合作社，1958年又建立了人民公社，但是中国在1960年和1961年，从某些基本观点来看，它的耕作技术跟19世纪甚至14世纪流行的方式相比，改变很少。这类合作社和公社过去并没有试办过，但是水稻仍然以老早就用惯了的方式插秧和施肥。甚至在广泛动员群众建造灌溉系统和防洪工程方面（这是最初建立合作社的一个主要原因），也仅仅在规模上跟过去的皇帝和官吏所做得有点差别。修建工作和治水技术本身几乎没有改变。只是在1959年到1961年危机之后的60年代，北京的中国政府才开始推行一个真正现代化的耕作技术。”[③]对此，我们将在本书第五章进行详论。

黄宗智在其代表性著作之一的《长江三角洲小农家庭与乡村发展》中论述到中国农业的增长动力时，将新中国建立后国家政权协调下的水利视为四个结构性因素之一。他指出，水利过去很大程度上归于地方和乡村上层人士偶然的引导和协调，新中国建立后水利改进的关键在于系统的组织，从跨省区规划直到村内的

① 刘瑾：《人民公社初期水利建设工地管理与民工日常生活——以1958—1960年太浦河工程上海段为例》，上海师范大学硕士学位论文，2010年。

② 〔美〕詹姆斯·C. 斯科特著，王晓毅译：《国家的视角：那些试图改善人类状况的项目是如何失败的》，社会科学文献出版社2004年版。

③ 〔美〕德·希·珀金斯著，宋海文等译，伍丹戈校：《中国农业的发展（1368—1968）》，上海译文出版社1984年版，第5页。

沟渠。黄宗智还以松江县为例总结出集体化时期不同阶段水利建设的特点。他说，在20世纪50年代，松江县协调的水利首先集中于大工程；在60年代，主要注意力转移到较基层的水利；到60年代末，大规模水利工程和田块用水连成了一个统一的体系，归结为农田的“格子化”；70年代和80年代提供的项目主要是这些基础工程的进一步完善。黄认为，“这些进步对各种作物产量的扩展提供了必要的前提”[①]。黄的研究强调了组织在集体化时期水利建设中的作用，对这一时期水利建设的评价也相对正面，但对其负面影响的讨论付之阙如。如何全面地、历史地、客观地对此进行评判仍是学界需要重新审视的问题。

前已述及，区域特质是划分区域进而进行区域社会史研究的一个前提。水利社会史的研究正是抓住了水在区域发展中的重要地位与作用，无论是丰水区还是缺水区均是如此。山西总体上是一个缺水区，但区域内部亦有鲜明的差异，即又可分为区域内的丰水区和缺水区。临近水源和地势低洼的地带就是相对的丰水区，如泉源与河谷地带；高亢的山区就相对缺水。由于水的存在类型不一，分布又极不均匀，水的利用方式也就呈现出多样化的特征，水在不同地区的意义也不尽相同。以何种研究路径表现这种差异性？笔者以为，当前以水的自然形态和利用方式为标准进行类型学的研究是可取的。张俊峰将其概括为“流域社会”、“泉域社会”、“洪灌社会”和“湖域社会”四种类型。钱杭结合江南湘湖水利社会史的研究又提出“‘库域型’水利社会”的概念[②]。胡英泽则以另一种水资源利用方式——水井为研究对象，从民生用水的角度探讨乡村社会生存逻辑和历史变革，也是水利社会研究类型的一个突破。[③]应当说，这些概括基本囊括了丰水区的水利社会类型。值得引起重视的是，对于缺水区水利社会的研究和理论总结似乎并未

---

① 〔美〕黄宗智：《长江三角洲小农家庭与乡村发展》，中华书局2000年版，第234页。

② 钱杭：《共同体理论视野下的湘湖水利集团——兼论“库域型”水利社会》，《中国社会科学》2008年第2期。

③ 参见胡英泽《从水井碑刻看近代山西乡村社会——以晋南地区为个案》，山西大学硕士学位论文，2003年；《水井碑刻里的近代山西乡村社会》，《山西大学学报》2004年第2期；《水井与北方乡村社会——基于山西陕西河南省部分地区乡村水井的田野考察》，《近代史研究》2006年第1期；《凿池而饮：北方地区的民生用水》，《中国历史地理论丛》2007年第2期；《改邑不改井：沁河流域的水井与民生》，山西人民出版社2016年版。

引起更多学者的注意，仍是当前水利社会史学界的一个薄弱环节。[①]

就“泉域社会”而言，张俊峰在提出此概念的同时归纳了构成泉域社会的五大特征：“一是必须有一股流量较大的泉源水利开发历史悠久；二是基于水的开发形成水利型经济，诸如水磨、造纸、水稻种植、制香等；三是具有一个为整个地区民众高度信奉的水神……；四是这些地区在历史上都存在激烈的争夺泉水的斗争，水案频仍；五是在一定的地域范围内具有大体相同的水利传说。”[②]可以说，当前关于泉域社会的研究也主要是从与此相关的问题展开的。内容主要涉及山西省汾河沿线的几大泉域——太原晋水、介休洪山泉、洪洞霍泉、临汾龙子祠泉、翼城滦池、新绛古堆泉等。[③]研究多以专题展开，对泉域社会的综合研究以及泉域社

① 在此方面，由北京师范大学民俗典籍研究中心与法国远东学院合作进行的国际研究项目“华北水资源与社会组织”项目组完成的《陕山地区水资源与民间社会调查资料集》第四集《不灌而治——山西四社五村水利文献与民俗》（中华书局 2003 年版）另辟蹊径，对“缺水区”的不灌溉水利给予了强烈的学术关怀。但“它不是另类水利，而是全面认识灌溉水利的补充模式”，与此关怀相应的研究成果尚不多见。

② 张俊峰：《明清时期介休水案与“泉域社会”分析》，《中国社会经济史研究》2006 年第 1 期。需要指出的是，此一概括固然较为全面，不过笔者以为，若能将“有一套完整、稳定的管理制度”作为补充则更显完善。

③ 对此，山西大学中国社会史研究中心研究团队用力最多，其研究成果几乎遍及了泉域社会的方方面面。其中，在水环境方面的研究有：行龙的《明清以来山西水资源匮乏及水案初步研究》，《科学技术与辩证法》2000 年第 6 期；《明清以来晋水流域的环境与灾害——以“峪水为灾”为中心的田野考察与研究》，《史林》2006 年第 2 期。水利型经济方面的研究有：张俊峰的《明清以来山西水力加工业的兴衰》，《中国农史》2005 年第 4 期。水神和信仰方面的研究有：行龙的《多村庄祭奠中的国家与社会：晋水流域 36 村水利祭祀系统个案研究》，《史林》2005 年第 8 期；《从共享到争夺：晋水流域水资源日趋匮乏的历史考察——兼及区域社会史之比较研究》，载行龙、杨念群主编：《区域社会史比较研究》，社会科学文献出版社 2006 年版；行龙、张俊峰：《化荒诞为神奇：山西“水母娘娘”信仰与地方社会》，《亚洲研究》2009 年第 58 期；张俊峰的《明清时期介休、平遥的源神信仰》，载行龙主编：《多学科视野中的山西区域社会史研究》，商务印书馆 2005 年版。水案方面的研究较多，有张俊峰的《明清以来晋水流域水案与乡村社会》，《中国社会经济史研究》2003 年第 2 期；《介休水案与地方社会——对泉域社会的一项类型学分析》，《史林》2005 年第 3 期；《明清时期介休水案与“泉域社会”分析》，《中国社会经济史研究》2006 年第 1 期；《明清以来洪洞水案与乡村社会》，载行龙主编：《近代山西社会研究——走向田野与社会》，中国社会科学出版社 2002 年版；《率由旧章：前近代汾河流域若干泉域水权争端中的行事原则》，《史林》2008 年第 2 期。水权方面的研究有：张俊峰的《乡土社会中的水权意识——以明清以来生态环境日益恶化的晋水流域为例》，山西大学 2002 年硕士论文；《前近代华北乡村社会水权的表达与实践——山西“滦池”的历史水权个案研究》，《清华大学学报》2008 年第 4 期；《前近代华北乡村社会水权的形成及其特点——山西“滦池”的历史水权个案研究》，《历史地理论丛》2008 年第4期。水利与政治方面的研究有：胡英泽的《晋水与晋藩：明代山西宗藩与地方水利》，《中国历史地理论丛》2014 年第 2 期。水利与宗族方面的研究有：张俊峰的《神明与祖先：台骀信仰与明清以来汾河流域的宗族建构》，

会之间、泉域社会与其他类型水利社会间的比较研究较为缺乏。这也是今后水利社会史研究有待突破之处。

临汾龙子祠泉是三晋名泉之一，该泉开发历史悠久，文化深厚，古迹多有遗存，文献记载丰富，是进行泉域社会研究的极好个案。1957 年，在龙子祠泉域的基础上开始兴建贯通南北数县的大灌区 —— 汾西灌区，拥有汾河、郭庄泉、龙子祠泉三大水源，灌溉面积 30 余万亩，成为山西省水利制度和技术革新的示范灌区。在此意义上说，集历史与现实为一体的龙祠水利社区可作为研究黄土高原水利社区的一个理想个案。

但最早对该水利社区进行人文科学研究的却不是历史学者，而是民俗学者。段友文与他的合作者早在世纪之交即多次造访龙子祠进行田野调查，他们对当时龙子祠所存碑刻进行了普查和整理，并结合口述访谈对历史时期龙子祠泉域的水利习俗进行了深入考察。① 作为历史时期平阳一带的重要祭祀中心，龙子祠成为各种仪式、演剧或定期或不定期光顾的场所。对此，郭永锐进行了极为细致的考察，再现了当地传统的祭祀、求雨仪式和祠内演剧的相关内容。② 不过，二人仅以民俗学、戏曲文化为视角，并未对其社会变迁予以历史的关注。

2004 年 8 月，第二届高级研修班老师学员的不期而至，使龙子祠及其泉域第一次真正进入了历史学者的视野。两年之后，该研修班成员许赤瑜、郝平、张俊峰分别在《华南研究资料中心通讯》第 42、43 期发表资料整理和专题研究类的文章，许还以《水利制度视野下的乡村社会 —— 以山西龙子祠泉流域为个案》为题完成了硕士学位论文。郝、张的文章从龙祠水利开发、水利管理、水案与乡村社会等方面进行了较为深入的研究，并整理了大量碑刻资料③。许赤瑜同样整理了大量田野资料，包括碑刻、水册、合同、讼案禀告等，成为其学位论文的主要支撑。

（接上页）《上海师范大学学报》2015 年第 1 期；张俊峰、武丽伟的《明以来山西水利社会中的宗族 —— 以晋水流域北大寺武氏宗族为中心》，《青海民族研究》2015 年第 2 期。此外，日本学者井黑忍以碑刻为中心也对山西的泉域社会进行了深入的研究，其代表作有：《山西洪洞县水利碑考 —— 金天眷二年〈都总管镇国定两县水碑〉之事例》，《史林》87-1，2004 年；《山西翼城乔泽庙金元水利碑考 —— 以〈大朝断定用水日时记〉为中心》，《山西大学学报》2011 年第 3 期。

① 参见段友文：《平水神祠碑刻及其水利习俗考述》，《民俗研究》2001 年第 1 期。

② 参见郭永锐：《临汾市龙子祠及其祀神演剧考略》，《中华戏曲》2003 年第 1 期。

③ 参见郝平、张俊峰：《龙祠水案与地方社会》，《华南研究资料中心通讯》2006 年第 43 期。

在其学位论文中，他考察了龙子祠泉流域自宋至清水利制度的变迁，进而论述了该区域的权力格局、国家制度与地方社会的关系，通过“场域”理论描述了乡村生活的实践逻辑。此外，他还对“水利社会”这一概念进行了反思，他认为，用“水利社会”这一概念来定义这个区域的社会形态是不恰当的，“因为水利并不是乡村生活的全部，水利组织也没有超越水利事务本身与乡村的其他事务。虽然水利组织具有跨区域、跨村落的网络特征，龙子祠信仰也成了公众生活的一个重要组成部分，但乡村生活的基本面貌并非以水利为特征呈现”。同时，作者也肯定了这一概念的合理性。他说：“任何一个刚性的秩序和制度的产生，背后支撑的都是一个相对稳定和统一的处理原则和社会理念，这种理念恰恰是我们理解统治秩序、家族内部的生活秩序，乡村邻里的共存秩序和社会经济秩序的参考系，也因此，‘水利社会’的概念在这个意义上被提出是有其合理性的。”[①] 应当说，作者从水利制度入手探究地方社会的变迁及其实践逻辑是一个很好的研究视角，紧紧抓住了社会史研究的前沿理念；其对“水利社会”概念的反思也显示了作者的理论关怀。不过，笔者以为，许氏对水利制度阶段性特征的把握似显武断，变的内容固然重要，不变的因素亦不可忽略，一些具体问题的研究上有待深入；而所谓“水利社会”的概念之辩，也许本是个伪命题，水利社会史研究者从来不曾将“水利”看作乡村社会的全部，更不是贴标签式地定性某个社会的形态，“水利”只是一个视角、一个捷径、一个大有问题的领域。

综上所述，水利社会史研究方兴未艾，已经具备了相当的学术积累，为今后的研究提供了较高的起点和学术交流平台。从以往研究成果的结构分布来看，呈现出以下特点：

（一）断代研究多，通史性研究少。研究者多是选择某一时段或某几个时段的水利社会问题进行探讨，鲜有通史性的成果。虽然很多学者基于长时段的视角进行研究，但依然集中在封建时代（特别是明清时期），对民国尤其是新中国成立以来水利社会发生的变化及其特征研究不足。实际上，民国时期是中国水利发展史

① 参见许赤瑜：《山西临汾龙子祠泉水利资料》，《华南研究资料中心通讯》2006 年第 42 期；《水利制度视野下的乡村社会 —— 以山西龙子祠泉流域为个案》，北京师范大学硕士学位论文，2006 年。

上具有划时代意义的一个阶段，它真正开启了中国的现代化进程，水利社会也进行了诸多反传统的改革与实践；然而，由于时代的局限性，许多具有创新意义的措施并没有得到有效落实，但这一尝试本身就值得我们大书特书。新中国的建立给中国社会带来了翻天覆地的变化，水利社会也同样如此。然而，学界对这样一个重要时期却重视不足，断代性的研究本已缺乏，更勿论包括该时段在内的通史性的研究。这样，我们就很难确切地把握水利社会长期的变迁历程，尤其是对具有重大历史变革意义的时代地位不能给予恰当的认识和评判。通史性研究迫在眉睫。

（二）专题研究多，比较研究和综合性研究少。专题研究是任何学术研究的一个普遍原则，本是无可厚非的，当前的社会史研究也大都遵循了这一原则。但是，作为具有整体史抱负的社会史，应当在进行专题研究的同时，有意识地强调整体史的研究路径，即：立足区域，在专题研究的基础上，综合区域内的各个要素，运用比较的、互动的研究理路，整体把握区域的历史进程及其特征。只有这样，包括"水利"在内的一切专题要素才能突破其问题本身，从而实现更大的学术关怀。

（三）研究领域较为固定，新领域有待开拓。从研究要素上看，当前的水利社会史研究主要集中于组织、制度、宗族、水权、水案、传说等领域；在研究地域上，则以华北、江南最为兴盛。我们认为，水利社会史的研究范畴可以拓展至一切与水有关的领域，尚显薄弱的日常生活、水利人物、水利文书、水环境等方面的研究亟待加强；而对东北、西南、华南等研究较少的地区而言，我们则希望引起各路学者的重视，用水利社会史的研究实现全国范围的燎原之势，向整体史的目标再迈进一步。

当然，笔者并不希望也不可能通过本书解决以上所有的问题。当话题再回到"水利社会史"，我们认为有必要从以上提出的类型学的角度就某一类型的水利社会从深度和广度上进行探讨，从长时段角度总结"水利社会"的变迁和其阶段性特征，尽可能地接近上述三大研究理念，这也是本选题的理论关怀所在，而田野调查所获得的一大批丰富资料则使研究的开展成为可能。

三、龙祠水利文书的类型与价值

“古来新学问起，大都由于新发见”，这是国学大师王国维在20世纪初提出的著名论断。其背景即是当时甲骨文、汉晋简牍、敦煌文书、明清内阁大库档案等文献的相继发现所推动形成的“新学问”，后来分别被命名为甲骨学、简帛学、敦煌学、明清档案学，成为专门的学科领域。新中国成立以来，徽州文书、清水江文书、黑水城文书、孔府明清档案、巴县清代文书档案、自贡清代盐业档案、浙江石仓文书、江苏清代商业文书和太湖厅档案、浙江严州府明清土地文书和兰溪清代鱼鳞册、安徽宁国府南陵县档案、云南武定彝族那氏土司清代档案、珠江三角洲土地文书、顺天府宝坻县清代档案、河北获鹿清代编审册、东北和内蒙古地区土地文书、香港清代土地文书、台湾地区淡新清代档案、太行山文书等一大批文书档案陆续被发现，范围之广，数量之大，前所未有。其中，以徽州文书和黑水城文书为中心，还形成了徽学和西夏学等专门的学问。其他文书档案面世后虽未能形成独立学问，但无疑为开拓研究领域和深化研究内容提供了重要的资料基础。

如果说官修文书档案的留存相对集中，搜寻较为便利（当然也具有偶然性）的话，那么，民间文献散落于民间的特性就为其发现和利用提高了难度。20世纪80年代以来，随着学术禁锢的打破，学术视角和学术范式的创新与转换成为潮流，社会史、历史人类学等一批“新学问”成为学术的“宠儿”。“眼光向下”、“自下而上”、“走向田野与社会”、“寻找地方感”、“走进历史现场”等学术名词已经成为一种研究路径，要求研究者“进村找庙”、“进庙找碑”，在田野中发现资料、读懂资料。龙祠水利文书的发现和利用就是在这一学术背景下展开的。

然而，长期以来，学界似乎存在着山西水利文献较为缺乏的偏见。法国学者蓝克利等在《陕山地区水资源与民间社会调查资料集》“总序”中提到“这些从山陕基层社会搜集到的大量水利资料，可以打破从前认为华北地区缺乏水利资料的偏见”。如果这种误会真实存在的话，或许是认为在缺水严重的山西和华北不太可能出现大的水利工程，相应的水利资料也就不会很多。实际上，正是因为地处内陆，水对于山西才显得地位尤重，在水利秩序的形成、延续、变更中便生成了类型多样、数量庞大的文书档案。该资料集中的第三集（《洪洞介休水利碑刻辑录》[①]）、第四集（《不灌而治》[②]）便分别收录了山西的丰水区和缺水区的大量水利碑刻。自此之后，张学会主编的山西水利石刻专辑——《河东水利石刻》[③]，张正明、科大卫主编的《明清山西碑刻资料选》[④]及其续一[⑤]、续二[⑥]先后出版，其中专设水利碑刻一部。2009年起，三晋出版社在先期完成的《三晋石刻总目》的基础上陆续分卷出版发行《三晋石刻大全》，预计收录全省两万余通碑刻，其中也包括大量水利碑刻。《社会史研究》之一《中国社会史研究的理论与方法》[⑦]、之二《山西水利社会史》[⑧]分别收录了山西临汾龙祠的水利碑刻和山西地区的水井碑刻。碑刻之外，还有大量水册、均役簿等水利文书的发现和发行，如民国年间的《洪洞县水利志补》中收录了大量地方水利条规；许赤瑜将2004年历史人类学高级研修班在临汾龙子祠调查时发现的水利文书进行整理，发表于《华南研究资料中心通讯》第42期[⑨]。也就是说，仅就现已整理出版刊印的民间水利文书而言，已经远远超出打破偏见的范畴，更毋庸说还有相当规模未经公开发表的水利文书。

针对数量庞大的水利文书，学界虽已做了一些整理工作，但从文献学的角度而言还不够系统和完善，这就使其史料价值大打折扣，为进一步利用造成了障碍。所以，从水利文书载体形式和具体内容出发，对其进行谱系类别化整理

---

① 黄竹三、冯俊杰等编著：《洪洞介休水利碑刻辑录》（《陕山地区水资源与民间社会调查资料集》第三集），中华书局2003年版。

② 董晓萍、〔法〕蓝克利：《不灌而治：山西四社五村水利文献与民俗》，载（《陕山地区水资源与民间社会调查资料集》第四集），中华书局2003年版。

③ 张学会主编：《河东水利石刻》，山西人民出版社2004年版。

④ 张正明、科大卫主编：《明清山西碑刻资料选》，山西人民出版社2005年版。

⑤ 张正明、科大卫、王勇红主编：《明清山西碑刻资料选》（续一），山西经济出版社2007年版。

⑥ 张正明、科大卫、王勇红主编：《明清山西碑刻资料选》（续二），山西经济出版社2009年版。

⑦ 周亚：《山西临汾龙祠水利碑刻辑录》，《中国社会史研究的理论与方法》，北京大学出版社2011年版。

⑧ 胡英泽：《山西、河北日常生活用水碑刻辑录》，载《山西水利社会史》，北京大学出版社2012年版。

⑨ 许赤瑜：《山西临汾龙子泉水利资料》，《华南研究资料中心通讯》2006年第42期。

就显得尤为重要。具体包括文书的存在方式、不同时点的存在状态、存在环境和背景、所有权益者、运动形态、运动环节、运动结果、转换形式和条件，及其对运动结果的效应评价、评价体系和标准、未来预测和预期等，也可宏观地称之为水利文书的诞生、发展和消亡的“整体性和个体性”的运动轨迹。可以说，水利文书的整理是一项系统性工程。作为山西水利文书的一个部分，本书所利用之龙祠水利文书同样需要解决上述问题。限于篇幅，这里仅就其类型和史料价值做一介绍。

（一）龙祠水利文书形成的时空背景

龙祠是今临汾市尧都区金殿镇的一个村落，该村位于吕梁山东麓的边山地带，村落的西部便是吕梁山与临汾盆地的结合部，也即地质断层所在。这里有一股流量颇大的岩溶泉水涌出地面，顺地势一路向东汇入盆地中央的汾河干流。在泉源和村落之间，有一座神庙——龙子祠，里面供奉着泉水的守护神——龙王和水母娘娘。村庄和泉水皆因祠而名，随着历史的发展，“龙子祠”也便演化为“龙祠”。又因泉水位于吕梁山支脉——平山的脚下，也称其为“平水”。历史时期，平水两岸的人们便以此为利，或饮用，或溉田，或转磨，或观赏，或戏玩，形成了一个以龙子祠泉水为中心的水利社会。

由于水资源的稀缺性，龙子祠泉水的开发利用必然伴随着水利秩序的构建，而随着历史进程中自然、人文等多种要素的变化也必然会引起水利秩序的变动和重构，其背后便是各种水利文书对于秩序的确认或是挑战。龙子祠泉的开发利用最早始于何时恐难以考证，但从后汉刘渊定都于金殿一带，可知其对龙子祠泉的开发利用已有一定的规模。唐宋以来，龙子祠泉开始了大规模的水利开发。宋末时期，泉水被分为十二官河（渠道），灌溉临汾（今尧都区）、襄陵（今襄汾县）两区土地。十二官河在名称上有“北河”、“南渠”之分。在各渠水量分配上，将泉水分为四十分，南北各占二十分。“北河”是上官河、下官河、上中河、庙后河、北磨河等五条渠道的总称；“南渠”则指南横渠、南磨渠、高石渠、李郭渠、晋掌小渠、庙后小渠、中渠河，共七条。清代，上官河被分支为上官首河、上官二河、上官三河和青城河，形成了支系更为复杂的十六河格局，灌溉地亩达8万余亩。水利系统延续时间之长（唐宋以来），规模之庞大（南北十六河），牵涉利益方之复杂（跨县灌溉），为多种类型水利文书的生成提供了可能。

（二）传统时代的龙祠水利文书

传统时代的龙子祠灌区，负载着有关水利事务管理原则的文本，主要是诸渠、沟编修的水册以及相关的水利碑刻。在水利管理之外，还因为各类民事、刑事行为和日常活动产生了诸如合同（契约）、诉状汇编、判决书、会议记录、修庙功德碑等文本。从龙祠水利文书的载体上，我们可以将其分为碑刻文献与纸本文献两大类。当然，碑刻经过拓印、整理也可转化为纸本文献。但就二类文献的性质而言，其创作初衷具有本质的区别。

1. 碑刻

碑刻是镌刻在碑石上的文字或图案，因其体量较大、存放地点相对固定，是水利文书中最容易发现的地方文献。龙子祠泉域可兹考证的水利碑刻共46通，其中碑刻实物仍存者36通，碑刻不存但碑文可考者8通，只有碑名可考者2通（见表1）。时代最早者为金大定十一年（1171）的《康泽王庙碑记》，其后历元、明、清、民国四代，前后绵延近800年。就内容而言，龙祠水利碑刻主要可分为三类：祭祀感应碑，庙宇重修碑和直接与水利的兴修、规约相关的碑文。由于第一类碑刻如今仅存一通，我们将其与第二类碑刻合并，可视之为与水利间接相关的碑刻。就立碑主体而言，可分为官方与民间两种情况。龙子祠是古代平阳最重要的祭祀场所之一，府县要员每年仲春都会亲赴龙子祠祭祀，此谓常祭；若久旱不雨，地区首长也会率领众官祷雨龙子祠，降雨之后，官方往往会树立碑记，以示“天人感应”。龙子祠灌区也是古代平阳最大的灌溉区域，渠道的兴修和处理分水等原则性问题都必须由官方出面解决，此类碑刻多由官方树立以彰显规则的威严。庙宇的修葺由地方社会负担，民间人士自然成为此类碑刻的立碑主体，但碑文撰写者并不乏为官者。

表1 龙子祠水利碑刻一览表

序号	碑名	年代	公历	实物所在地	碑文整理情况
※1	□□康泽王庙记碑	大定十一年	1171	佚失	乾隆《临汾县志》卷十二《杂志》
2	增修康泽王庙碑	至元二十三年	1286	龙子祠	成化《山西通志》卷十四《集文》
3	重修康泽王庙碑	元贞二年	1296	龙子祠	成化《山西通志》卷十四《集文》
4	涌泉圣母庙碑	至治二年	1322	佚失	
5	康泽王庙祷雨碑	至正五年	1345	佚失	
6	龙子祠祷雨有应记	至正九年	1349	龙子祠	成化《山西通志》卷十四《集文》
※7	重修普应康泽王庙庑记	至正九年	1349	龙子祠	
※8	兴修上官河水利记	至正二十六年	1366	龙子祠	
9	平阳府重修平水泉上官河记	嘉靖五年	1526	龙子祠	民国《临汾县志》卷五《艺文类上》
10	张长公行水记	嘉靖七年	1528	龙子祠	民国《临汾县志》卷五《艺文类上》
※11	院道府县分定两河水口	隆庆六年	1572	龙子祠	
※12	平阳府临汾县襄陵县为违断绝命事	万历九年	1581	龙子祠	
※13	南横渠碑记	万历十四年	1586	龙子祠	
14	平阳府临汾县襄陵县两河分界说	万历四十三年	1615	佚失	康熙二十二年《龙祠下官河志》、民国《襄陵县志》卷二十四《艺文》
※15	重修龙子祠碑记	康熙四十一年	1702	龙子祠	
16	重建平水龙子祠记	康熙四十六年	1707	佚失	民国《临汾县志》卷五《艺文类上》
17	重修平水上官河记	雍正五年	1728	佚失	民国《临汾县志》卷五《艺文类上》
18	重修平水龙神庙记	雍正十三年	1735	龙子祠	《华南》42
19	重修龙祠碑记	乾隆十一年	1746	龙子祠	《华南》42
※20	重修碑	乾隆十九年	1754	龙子祠	
21	重修序	乾隆二十三年	1758	佚失	《华南》42

续表

序号	碑名	年代	公历	实物所在地	碑文整理情况
22	龙子祠重修重铁禁口东石帮序	乾隆三十年	1765	佚失	《华南》42
※23	龙子祠疏泉掏河重修水口渠堰序	乾隆三十二年	1767	龙子祠	
※24	重修龙子祠庙左各工碑记	乾隆五十年	1785	龙子祠	
※25	告示	乾隆五十年	1785	龙子祠	
※26	重修龙子祠记	道光八年	1828	龙子祠	
27	重修康泽王龙母神殿序	道光二十三年	1843	龙子祠	《华南》43
28	平河均修水利碑	道光年间		佚失	光绪《山西通志》卷六十七《水利略二》
29	重修龙子祠记	咸丰七年	1857	龙子祠	《华南》43
30	龙子祠重修碑记	同治十三年	1874	龙子祠	《华南》43
31	恩沛纶音碑	光绪二年	1876	龙子祠	《华南》43
※32	拟龙子祠重修碑记	光绪十三年	1887	龙子祠	
※33	龙子祠重修碑记（北河）	光绪二十二年	1896	龙子祠	
※34	龙子祠重修碑记（南河）	光绪二十二年	1896	龙子祠	
※35	重修献厅并财神殿等序	光绪三十二年	1906	龙子祠	
※36	重修龙子祠大门二门围廊清音亭碑记	民国四年	1915	龙子祠	
※37	重修龙子祠记	民国九年	1920	龙子祠	
※38	重修龙子祠创建南马房记	民国十年	1921	龙子祠	
※39	重修龙子祠水母殿及清音亭记	民国十六年	1927	龙子祠	
40	水利记	民国年间		佚失	民国《临汾县志》卷五《艺文类上》
※41	文物古迹保护志		1960	龙子祠	
※42	水母娘娘传说		2006	龙子祠	
※43	殿门修缮志		2007	龙子祠	
※44	康泽王庙启动重修碑记		2006	龙子祠	
※45	上善若水厚德载物		2006	龙子祠	
※46	修建龙祠志		2007	龙子祠	

说明：带※者为2007年以来新发现的碑刻，但如今第1通已不知去向。《华南》42/43代表在《华南研究资料中心通讯》第42/43期已经公布整理的碑文。

作为记叙刊布的方式，碑刻的特点在于其内容的公开性和凝固性。就水利碑刻而言，地方官府正是着意利用这种形式，保证水事条规与官方裁断的广泛布达。如龙子祠内现存最早的水利碑刻——至正二十六年的《兴修上官河水利记》，即是由晋宁路总管府、达鲁花赤总管府和临汾县诸多官员共同树立的。该碑文确立了上官河“自下而上”的灌溉顺序，并规定“四纲”（包括“任人”、“行水”、“水则”、“陡门”四项）维持灌溉秩序。碑文强调“令行禁止”，以改变过去上下游相互缠讼的局面。庙宇重修碑不仅是人们对神灵敬畏之意的表达，同时也彰显着修庙者的权威。宋代以来，龙子祠不断被官府加封，“宋熙宁八年（1075），守臣奏请封泽民侯庙，额曰‘敏济’，崇宁五年（1106）再封灵济公，宣和元年（1119）加封康泽王庙”[①]。元代又“加封神为普应康泽王，而其庙制愈广矣”[②]。由侯到公，由公到王的封号更迭及庙制的逐步拓展，显示了龙子祠在地方社会中的角色地位日益增强。正因为如此，历代对龙子祠的修葺、建设从来没有停止过，才会有大量的修庙碑刻保存至今。而碑阴或碑阳所列立碑者的信息（所属渠系、功名、身份）同样意于永垂不朽，因为在这样一个受官方重视，民众又广为参与的公共空间，在一通厚重的石碑上能够找到自己的名字，对其本人而言绝对意味着荣耀和自信。立碑者的权威与碑刻内容的权威就这样凝聚于一体。

纵观龙子祠泉域的水利碑刻，我们发现，数百年间该区虽经历各样的政局跌宕，政权易手，而水权分配方案、灌溉制度等有关水利事务的处断原则却具有高度的延续性。一通通古碑也似乎凌驾于王朝更迭之上，具有跨越时代的恒久影响力。人们对神灵的敬仰，也通过经久不断的修葺活动代代相传。不过，从碑刻现存情况看，水利碑刻树立的间隔较修庙碑刻长，后者的立碑活动更为频繁。这也从侧面反映了传统的延续、调整和历史的沧海桑田。

2. 水册

水册是记载水利规约的簿籍，按渠系级别又可分为渠册和均役簿。渠册是渠道总的行为规范和水权分配的依据，其产生、修订由合渠之绅衿总理、督工、渠

① 毛麾：《康泽王庙碑记》，大定十一年。

② 《重修普应康泽王庙庑记》，至正九年。

长等人共同完成，被民众奉为金科玉律。均役簿则是各沟内部权利义务关系的载体，由渠长监督沟头完成。无论渠册还是均役簿，都须经官方认可，押印生效。不同于碑刻内容的公开性，水册通常由渠系的管理人员保存，并在官方留有副本，其数量极少，故而占有水册就成为一种权力的象征。田野调查中，我们发现了一批传统时代龙子祠泉域的水册，见表2。

表2　龙子祠水册一览表

水册类别	名称	年代	公历
渠册	平阳府襄陵县为水利事文	万历四十二年	1614
	龙祠下官河志	康熙二十二年	1683
	八河总渠条簿	道光七年	1827
	上官河水规簿	咸丰二年	1852
	中渠河渠条	光绪八年	1882
	上官四河水口红簿	光绪二十九年	1903
均役簿	平阳府襄陵县南横渠职田下沟为均造水利事文	康熙三十五年	1696
	平阳府襄陵县南横渠职田沟水利均役簿	乾隆四十年	1775
	平阳府襄陵县南横渠四注沟均役簿	道光四年	1824
	平阳府襄陵县南横渠四注沟均役水利簿	道光二十二年	1842
	官员沟均役簿	光绪十一年	1885
	宿水沟均役簿	光绪十一年	1885
	平阳府南横渠湖村沟均役簿	光绪二十二年	1896
	平阳府襄陵县南横渠双凫沟均役簿	民国十年	1921

渠册为构建相对稳定的用水秩序而修，其繁细的规矩强调着传统，体现着沿渠上下游利益关系的分配与保证。如道光二十九年（1849），平阳总捕水利分府颁布的《告示》中提到："照得上官首二三河并青城河均有盖印渠册，各村浇灌地亩以及办理渠事自应遵照渠册内规矩办理。"渠规中的章法，通常建立在民间习惯基础之上，是受到官方支持、保护的民间规约。因为渠册强调的是灌溉的传统，力求水权的长期稳定，其根本的原则修订几乎不曾出现，我们今天所见的文本均是

对旧册的誊写。当然，原则之外的诸如渠道管理人员姓名及序跋之类的文字还是会与时俱进的。因此，即使是较为近代甚至现代的渠册，我们仍可以从中窥探更为久远的历史。

相比而言，均役簿的修订较为频繁，内容变动较大。因为均役簿所记载的权利义务关系在短时段内即会由于人事的变更、土地的流转发生实质的变化，管理者有必要重新确认事实，保证水利秩序的正常运转。道光四年（1824）的《南横渠四注沟均役水利簿》前言道："壹拾捌年壹周已满，人非旧人，地更数主，混而不清，理宜重造，去旧换新。"但"地水夫钱一体化"等一系列原则保持不变。该均役簿载："依旧规，壹拾捌甲差夫兴工，自头甲为始，每年挨取沟首壹名，周而复始。每遇春秋贰祭，备办祭仪致祭于龙王尊神，并疏通渠道。该湼之日纠领人夫赴泉口治水，浇灌民田。"[①]可见，四柱沟是以十八甲轮充沟首一周作为均役簿的修订周期。同样，在官员沟、宿水沟和双凫沟均有类似的修订习惯。通过对一沟不同时期均役簿的考察，我们有可能建立连续的结构剖面，对家庭的变迁、地权形态的变化进行探讨。

水册也有其自身意义。它不仅是地户用水、出钱、出粮的依据，也是官府处置诉讼的决断依据，是连接民与官的有效纽带。另一方面，水册也是连接现实世界与精神世界的纽带。这不仅是因为水册中记录着合渠水户与神灵沟通的途径，也是因为水册中渗透着一种群体感，寄寓着人们对于合理的用水秩序的期冀——这种秩序本身，尽管是现实生活中不断调整的结果，却在人们心目中上升为权威的化身，荷载着传统赋予的神圣，使人们感受到遵依祖制、象征传统的水利簿籍类乎经卷般的神圣权威。作为特定文化积淀的产物，这些簿籍成为民众信奉、崇拜的对象[②]。

3. 合同

现代法律认为，合同作为一种协议，是作为平等主体的自然人、法人、其他组织之间设立、变更、终止民事权利义务的约定、合意。合同作为一种民事法律

---

① 《南横渠四注沟均役水利簿》，道光四年。

② 邓小南：《追求用水秩序的努力——从前近代洪洞的水资源管理看"民间"与"官方"》，《暨南史学》第三辑，暨南大学出版社2005年版。

行为，是当事人协商一致的产物，是两个以上主体的意思表示相一致的协议。只有当事人所做出的协议表示合法，合同才具有法律约束力。依法成立的合同从成立之日起生效，具有法律约束力。

历史时期的合同虽然没有如此完备的法律定义，但其基本精神并无二致。在龙子祠泉域，我们今天可见传统时期的合同主要集中于清代。其具体情况如表3所示。

表3　龙子祠水利合同一览表

名称	年代	公历
上官首二三河用水规	雍正五年	1727
立帮贴渠长合同	乾隆五十九年	1794
上官首二三河分水合同	嘉庆三年	1798
用水执照	嘉庆十四年	1809
立帮渠长督水合同	道光二十五年	1845
立卖石渣荒地契	咸丰六年	1856

从合同主体来说，雍正五年和嘉庆三年的两份用水合同均由上官首河、二河、三河三方的督工及渠长签订；乾隆五十九年和道光二十五年的帮贴渠长合同均由上官首河所出渠长之二南里、官亦里和段村里签订；合同主体均系组织，是渠道与渠道、村庄与村庄之间的民事行为。嘉庆十四年和咸丰六年的合同则是上官河的水利组织与自然人之间关于土地所有权变更而进行的约定。因为渠道所经区域有山沟水流过，渠系组织每年都会组织人力掏挖石渣，为此专门就近购买土地予以堆放。

以上合同内容涉及水权分配、渠长补贴、土地买卖、地理环境、价格数字等，对研究清代水利史、环境史和经济史都具有重要的史料价值。

4. 诉状汇编

与碑刻、渠册等水利文书的产生相伴随的，是龙子祠泉域内各类水利纠纷的出现。换句话说，水利纠纷特别是水案的发生往往是新的水利文书产生的直接动因，无论是官方还是民间的水利管理者，正是通过新的水利文书重申过去的传统。

在水案进行过程中，原被告双方你来我往，形成了大量诉状。管理者或出于资料保存或其他目的，将诉状一一重新誊录，汇编成册，成为我们今天所见的各种诉状汇编。

表4 龙子祠水利诉状一览表

名称	年代	公历
首河与二河为官厅兴词呈稿并碑记辩论各一篇附后	道光二十五年	1845
上官首、二、三河、青城河四河公事谨志	道光二十八年	1848
龙子祠合缝碑一案呈稿	咸丰二年	1852
为二河霸浇冬水兴词底稿	光绪十八年	1892
本河与稻田兴讼禀稿	光绪三十三年	1907

如表4所示，龙子祠泉域现存诉状汇编共五册。除《龙子祠合缝碑一案呈稿》和《本河与稻田兴讼禀稿》为上官河与其他渠道或当事人之诉讼外，其余水案之诉讼双方均为上官河内部河系。从水案所讼事由来看，《上官首、二、三河、青城河四河公事谨志》、《为二河霸浇冬水兴词底稿》和《本河与稻田兴讼禀稿》所载案件均因争水而起，这也是泉域社会中最常见的一种水案。《首河与二河为官厅兴词呈稿并碑记辩论各一篇附后》中所含各方诉状则为我们呈现了道光二十五年上官首河与二河因龙子祠内“官厅”的争夺而引发的一场民事纠纷，其中所体现的诉讼双方对于位次的博弈颇耐人寻味。《龙子祠合缝碑一案呈稿》所记载的，是上官河与庙后小渠因为龙子祠合缝碑丢失一事引发的冲突，它展示了不同利益集团对水利秩序的冲击与守卫过程，其中隐含的一系列复杂关系值得关注。

（三）集体化时期的龙祠水利档案

集体化时期是研究传统乡村社会和改革开放之后农村基层社会的重要连接点，探讨这一时段乡村治理和国家权力在乡村的实践、劳动力组织模式、乡村社会的分化等各个层面的状况和变化具有溯前追后的学术价值。同样，具体到水利社会史研究，将研究时段延伸至集体化时代，进而探讨水利社会的长时段变化及其背后的原因也极为必要。

1948年临汾解放后，在政府主导下成立了龙子祠灌区，灌区的管理逐步由地方自治进入国家行政体制范畴。随着水利工程的不断建设、扩展，灌区范围亦不断扩大，各类公文以及灌区自身工程和管理方面的文本出现前所未有的井喷之势，成为我们今天所见龙子祠灌区的水利档案最多的一部分。该档案现存山西大学中国社会史研究中心，所涉年代主要集中于1952年至1966年，为我们进行集体化时期的水利社会史研究提供了可能和条件。行龙、马维强在《山西大学中国社会史研究中心〈集体化时代农村基层档案〉述略》中已对这部分档案做了总体概述①，这里，为了更为具体地说明它的价值，我们仅抽取其中的一年——1956年做一详细介绍。

如表5所示，我们对1956年的龙祠档案以资料类型进行了划分，并根据资料分布情况，列出工程技术专题。按资料内容，档案可分为计划、总结、报告、通知、笔记等多种形式。其中，计划又可以按级别分为省级、县级、龙子祠水委会和村社级，笔记也可分为个人和集体两大类。从资料所涉内容看，包括灌溉管理的制度与运行、工程建设与管理、灌溉试验与技术培训、水利工会组织情况，以及个人政治材料等。以工程技术类专题资料为例，涉及工程建设过程报告、工程管理组织情况等；技术类文件则包含农业生产技术、水文记录和灌溉试验等，内容极为丰富。

表5　龙子祠灌区1956年现存档案一览表

类别		名称	编号
计划	省/县级	山西省1956年灌溉管理工作方案	1-4/3
		全省水利会议总结及1956年水利计划报告（草稿）	1-2/24
		临汾县工会联合会计划（第17、18、24、28、32号）附：互助储金会组织通则（修正草案）一份	1-2/25

① 行龙、马维强：《山西大学中国社会史研究中心〈集体化时代农村基层档案〉述略》，《中国乡村研究》第五辑，福建教育出版社2007年版。

续表

类别		名称	编号
计划	龙子祠水委会	龙子祠灌区1956年推广示范工作计划	1-4/9
		龙子祠灌区1956年初级用水计划	1-4/10
		山西省晋南专区龙子祠1956年水利工作计划	1-3/2
		编制和执行用水计划的方法（草案）	1-2/21
		山西省晋南专区龙子祠1956年水利工作计划	1-2/23
		中共龙子祠水委会党支部：1956年政治工作计划和制度	1-2 / 6
		乔村至汾河排水防洪各新修建桥梁估计工料预算计划	1-2/38
	社村级	临汾全殿高级社生产计划	1-3/1
		1956年度龙子祠灌区各乡水利工作计划（二）	1-2/10
		金星农业社1956年生产计划	1-4/12
		1956年联合高级农业社全面工作规划草稿	1-4/28
		星光高级社1956年生产预分计划	1-4/29
		联合高级农业社全面工作规划草稿	1-4/31
		临汾县西社乡三景村联友高级农业社1956年全面规划、生产计划	1-4/32
总结、报告		临汾县工会联合会1956年工作总结	1-2/19
		赴陕西圣洛会馆去参观水利建设传达报告	1-2/11
		参加“十一省市灌溉治涝会议”后的报告（初稿）	1-2/22
通知		山西省水利局为制发水利部颁发“灌区灌溉情况统计表”请认真执行的通知	1-2/20
		山西省工会联合会通知	1-2/26
		临汾县工会联合会通知	1-2/27
笔记	个人	工作笔记（1956年）	4-1/3
		水利技术员训练期学习刍议记录簿	1-2/33
		水利技术员训练期会议记录簿	1-2/14
	组/队	第二大队第四分队记录卷	1-2/28
		第三大队八分队记录卷	1-2/29
		技术讨论本一第二分队	1-2/31
		妇女分队讨论记录簿	1-2/32
		第二大部五分部记录本	1-2/13
		记录簿一第二大队	1-2/34
		龙子祠冬训水利技术记录簿第一大队第三分队小组讨论	1-2/35

续表

类别		名称	编号
工程技术专题	工程进展	晋南专区龙子祠水利委员会工程股工程组记工表	1-2/36
		龙子祠水委会北关4月20日—5月5日的工作报告	1-2/37
	农业	1956年农业技术	1-4/7
	水文	龙子祠水文站流速检查表（1956年7月）	10-1/7
		1956年灌区水文测验办法	1-2/7
		湿度查算表	1-2/8
		量水喷嘴水位流量计算表	1-2/41
	灌溉试验	灌溉试验棉花田间记载表	1-2/15
		1956年试验小麦灌溉量水记载	1-2/16
		灌溉试验站1956年棉花田间逐日记载	1-2/18
其他		工会组织定期统计报表说明书	1-4/4
		关于赵宏在伪山西省立第三联中参加三自传训的证明材料	1-2/40
		专直单位现有干部主要拼成情况表（3）	10-1

以上所列1956年的资料情况只是龙子祠集体化时期水利档案的一个缩影。由于时代背景和各阶段工作性质、内容的区别，不同年份的资料类别和分布情况也会有很大的差异，但其共同特点都是民间文献与官方文献的结合，个人文献与组织文献的结合，个人和民间文献中或多或少带有国家的影子，充分体现了它的时代特征。

集体化时期国家意志向基层社会不断渗透，在龙子祠灌区则集中体现为国家通过水利建设与管理对乡村社会的经营，同时，基层民众也对这一经营有着多样的应对。这些材料不仅可以让我们看到集体化时期政府如何从基层社会做起建设新中国、巩固新政权，而且能够了解国家政策影响下的民众行为。它弥补了以往集体化时期研究中只能利用口述史料的缺憾，从而可以更加细致地刻画乡村社会的变迁，更加深刻地探讨“上层”与“下层”的互动。

山西临汾龙子祠水利文书在时代上跨越12世纪至20世纪，时间序列较为完整，且类型多样，数量庞大，其特点是官方和民间在社会活动中直接产生的原始文献，具有原创性、唯一性和文物性质，系学术研究的第一手资料，加之该水利文书所记为区域实例个案，它使我们开展长时段的区域史研究，特别是弥补当前集体化时代的研究不足成为可能。进一步而言，通过大量具体实例个案的考察分析，从宏观上归纳概括出具有中国味道的本土理论当是一种有效路径。

当然，现存水利文书也有其局限性。首先是经过历史的变迁发展，造成许多水利文书的遗失，今日所能见到者可能仅为实际数目的冰山一角；其次是类似水利文书的专题文书在内容归类是更多地考虑了直接相关内容，容易造成对相关间接内容的忽视，例如在研究水利中的宗族问题时，族谱资料就极为珍贵；最后，只关注水利文书的实例个案特征，容易使人陷入只见树木不见森林的境地。因此，将宏观性、概括性的官方文献与实例性、个案性的水利文书相结合，取长补短，便可实现个案研究与宏观分析的结合，进而充分发挥水利文书的史料价值。

第一章　龙子祠泉域的环境特征

龙子祠泉域位于临汾盆地西北部，汾河西岸。龙子祠泉从盆地西缘的吕梁山山边涌出，汇为水流，顺势东下，注入汾河。千百年来，由于人们的开发利用，泉水灌溉区形成一个西部略显狭窄，东部逐渐展开的大角度扇形区域。1957 年水利“大跃进”以来，这个扇面不断向南北扩大，并将北部的通利渠系统纳入其中，成为一个南北长 120000 米，东西宽 5000 米—15000 米，纵跨洪洞县、临汾市尧都区、襄汾县的大型灌区 —— 汾西灌区。其灌溉面积占临汾市总灌溉面积的四分之一，同时还担负着霍州发电厂、临汾钢铁公司、侯马冶炼厂、曲沃宇晋钢铁公司、襄汾星原集团、襄汾光大焦化及尧都海姿电厂的工业供水和临汾市的城市居民生活用水。在对该水利社区的结构过程展开论述之前，我们有必要将它赖以生成、发展、变迁，并可能直接参与其中的自然和人文要素做一交代。

一、自然环境

（一）临汾盆地

在山西高原，侏罗纪和白垩纪期间发生的燕山运动形成了一系列平缓开阔的复背斜和复向斜，背斜构成山地，向斜构成盆地。以高原南部为例，自东向西依次为太行背斜、沁潞向斜、霍山背斜、汾西向斜和吕梁背斜。新生代的喜马拉雅运动，使这一地貌继续发生变化，出现了以断层陷落为主，北东或北北东向并作雁阵排列的一系列大小盆地，及吕梁、太行、五台、恒山、中条等上升为主的山脉，基本上形成了现代的地貌形态。

临汾盆地就是这雁阵盆地中的一个，它北起灵石县的韩侯岭，南至新绛，因受峨眉岭的阻挡而转向西，直至黄河谷地，长200000多米，宽20000米—25000米，面积约5000平方千米。汾河从盆地中部穿过，经过长期的侵蚀、堆积作用，在河床两侧形成多级阶地。盆地中心地势平坦，海拔360米—500米。盆地西北部以龙门断层与吕梁山相连，东北部以霍山断层与霍山相接，沿山前断裂带有大型岩溶泉水出露，以霍泉和龙子祠泉的涌水量较大。整个地带地壳厚度较薄，盆地边缘多为活动性断裂构造，是山西省发生强震的地区。我们所研究的龙子祠泉域就位于临汾盆地内的汾河西侧。

（二）平山

平山是吕梁山脉之姑射山的分支，为临汾盆地西缘的一部分，亦是传统时期泉域灌区的西界，在市区西南15000米，最高海拔1145米。《元和郡县图志》卷十二有曰：“平山，一名壶口山，今名姑射山，在县西八里，平水出焉。”

平山不仅是龙子祠泉水的发源地，它也蕴藏着大量煤、铁等矿产资源，但在历史时期人们对其开发极为有限。改革开放后，当地民众对平山一带的开发日渐增多，小铁矿、小煤窑和大型的石料厂先后出现。在实现经济创收的同时，随之而来的环境问题也慢慢凸显：空气污染、植被减少、山体景观破坏等，更为重要的是直接影响到龙子祠泉水的流量。近年来，该问题已经引起地方政府的重视，各类矿窑被关停，平山也逐渐恢复昔日风光。

（三）平水

平水即是龙子祠泉，因其发源于平山脚下，故名。龙子祠泉位于临汾市西南15000米的平山脚下，坐标为东经111° 22’，北纬36° 15’，它形如蜂房，汇为平水，缓缓向东流去。

龙子祠泉水出露于平山（吕梁山脉）与临汾盆地交接处的坡积层中，泉群出露面积 0.12 平方千米，由北泉、南泉和东泉三个泉组组成，每处汇为一池，以南泉为中心连通其他二泉。其中，北泉占总流量的 10%，南泉占 40%，东泉占 50%，泉水大多以散泉形式溢出地表，“如蜂房蚁穴，觱沸于浅沙平麓之间，未数十步忽已惊湍怒涛，盈科涨溢”①，故又称“蜂窝泉”。龙子祠泉有高水和低水之分，高水指北泉和南泉，海拔高程 478 米，低水指东泉，海拔 465.2 米，高差约 13 米。泉水在三池汇集向东顺势而下，又吸纳了沿路的各处小泉水。据史料记载，“源头之外，有支泉三穴，其一在北，其二在南”②。北、南、东三泉水量也相当可观，因为其地处各河引水口附近，历来是争夺的对象。

龙子祠泉冬夏常温 18℃，尤宜灌溉，且常年流量变化不大。但由于其补给形式为地下水，故遇有地震、大旱或因过度开采地下水导致补给减少时，也会出现出水量下降甚至断流的局面。如康熙三十四年（1695）大地震，致使“泉源壅塞，渠道不通”③；光绪六年（1880），“天旱泉涸，水势愈微”④。自有记录以来，1955—1984 年多年平均流量为 5.63 立方米 / 秒，最大年平均流量为 8.39 立方米 / 秒（1965 年）。改革开放以来，由于泉源周围煤铁矿、焦化厂大量开采地下水，龙子祠泉流量呈逐年下降趋势。从 1984—2003 年泉水流量减少至 4.02 立方米 / 秒，并于 2002 年达到最低点，仅有 2.847 立方米 / 秒。为保护泉源风光，使泉水流量止降返升，临汾市人民政府曾于 1987 年颁布《关于保护龙子祠水源风景区的布告》，对泉源区的保护做出规划。进入新世纪，临汾市政府又采取一系列措施对泉源环境进行整治。2004、2005 年泉源流量有所回升，分别为 4.764 立方米 / 秒和 4.301 立方米 / 秒（见图 1-1）。

平水不仅供应着泉域内的农业用水，也是当地人们生活用水的重要来源。历史时期，引泉渠道边的一些村庄就引用此水洗衣做饭。直至今日，渠边洗衣的人

---

① 毛麾：《康泽王庙碑记》，载民国二十二年《临汾县志》卷五《艺文类上》。毛麾，“字牧达，平阳人。金大定十六年（1176）举孝行，特赐进士出身，授校书郎，入教官掖。历太常博士，同知沁州，著有《平水集》”。见光绪《山西通志》卷一五五《文学录》，中华书局 1990 年版，第 10784 页。

② 高登龙撰：《临襄两河分界说》，见康熙《平阳府志》卷三六《艺文志》，山西古籍出版社 1998 年重印本，第 1008 页。

③ 《上官河水规簿》，咸丰二年。

④ 《为二河霸浇冬水兴词底稿》，光绪十八年。

群仍是一道美丽的风景线。由于平水在当地经济社会发展中的特殊地位和作用，至今龙祠一带的人们仍称之为“水根”①，将之视为水的源泉。

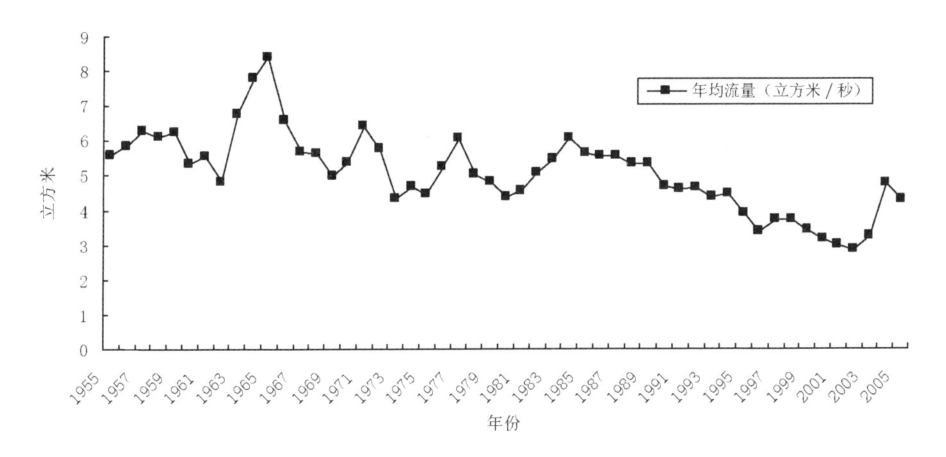

图 1-1　1955—2005 年龙子祠泉年均流量变化趋势图

资料来源：《龙子祠泉年径流量资料》，临汾市汾西水利管理局 2006 年制。

（四）平湖

平水“散泽浸淫，汇为湖泊，州人因水名曰平湖”②。平湖位于金殿镇以东，汾河西岸，呈南北狭长形。金人毛麾在《康泽王庙碑记》中描绘了当时平水和平湖的景色：“凡断岸绝涧，别架以垂虹之桥，有采莲捕鱼，则泛以画鹢之舟。当春之时，花光柳色，作红云翠霞，蒸煦远近。太守为鳌头，与州人来游，箫鼓相间，车马相望，于山水清晖之际，殊不知浣花曲江之美，较此孰多。”平湖可泛舟、采莲、捕鱼，又是州人游览胜境，水位当不会太浅，面积也有相当的规模。

到了元代，平湖依然芳草纷飞，水天相连。时人张宇《上巳游平湖》诗中记载：“微风漠漠水增波，禊事重修继永和。脆管当筵清似语，扁舟争岸疾如梭。一

① “水根”读音为“fǔgēn”，当地人把“shuǐ”发音为“fǔ”，故并非有人所谓“福根”。

② 《康泽王庙碑》，明成化《山西通志》卷十四《集文》。

时人物成高会，千里云山入浩歌。日暮芝兰无处觅，野花芳草占春多。”[①]平湖内居然可以“百舸争流”，可见其水量之大，水面之广。正因如此，在姚天福任平阳路总管之时，鉴于“平阳郡大，统州县数十，四方之使过者甚众，又多贵近，而供亿无从出。岁给之费，什不及一”，乃“决平湖之水，为硙者四，生财以足用，种树以供薪，民力以纾”[②]。由于平湖水大量泄露，加之元大德七年（1303）大地震的影响，平湖水面急剧缩小。

明初，平湖已经萎缩成东、西并列的两个小湖。在洪武《平阳志》里，平湖“在城西五里，遗迹尚存”。但由于本身地势低洼，在雨水较多的夏秋两季，平湖也会积存部分水源，成为一个半干涸的小湖。到民国时期，当地居民仍然用湖中之水灌溉稻田。无奈沧桑巨变，如今的平湖早已成为一个模糊的记忆在乡民中流传，只有一片洼地供后人凭吊[③]。

（五）汾河和季节性河流

汾河是灌区东部的天然边界，它由北向南而过，途中接纳了来自龙子祠泉及其他水源的灌溉余水。在平山和姑射山的山谷中还有很多季节性河流，在每年雨水丰富的夏秋时节，这些山谷汇集了足够的降水形成洪流，洪流夹杂着泥沙顺势东去，给近山地区的土地带来了淤灌之利。另一方面，洪水也给它所经过的泉域灌溉区带来了巨大灾难，洪水河道与灌溉渠道的交叉成为必须解决的问题，洪水对渠道的冲没也成为历来水利管理者最为关心的问题之一。这些季节性河流中以仙洞沟最为有名，它发源于枕头乡沟西村，流经三孔窑、南仙洞、北仙洞，穿七一渡槽，到小榆乡，过红卫渠涵洞至涧上村，过临宜公路桥到东麻册村入汾河，河流长 27000 千米，流域面积 124.2 平方千米。在第七章的第一节中，我们将重

---

① 乾隆《临汾县志》卷十之三《艺文》。

② 《姚天福神道碑》，元统元年，现存稷山县博物馆。

③ 民国《临汾县志》卷四《古迹记》载：“平湖，在乔家院南。小平湖，在泊庄后土庙之西北方，俗名蒲湾。清流潆洄，明若秋月，相传为后土圣母之洗脸盆。环岸稻田百余亩，资灌溉焉。”泊庄的蒲湾无疑是平湖最后的遗迹。

点考察人们对泉水与洪流两种水资源的利用和防治，以及在此过程中的区域互动问题。

二、人文环境

在较为优越的自然环境背景下，龙子祠泉域及汾西灌区所在的临汾河西地区开发甚早，千百年来创造了巨大的物质和精神财富，并一度作为区域政治、经济和文化中心，形成了独具地方特色并富有辐射力的历史文化。

（一）建制沿革

传统时代的龙子祠泉域所涉范围包括今临汾市尧都区和襄汾县，新中国成立后扩展而成的汾西灌区又将灌溉区域扩展至北部的洪洞县。现分别对其历史沿革做一考察。

先看洪洞县。洪洞县由原洪洞和赵城两县于1954年合并而成。洪洞县名的来源根据传统的说法是因城南有洪崖古洞而得名；赵城为周缪王封造父之地，后为赵简子食邑，故名赵城。夏、商时代，洪洞、赵城均为冀州之域。西周时洪洞为杨侯国，古城在今县城东南18000米的范村附近。赵城当时为赵国，今赵城东北1500米的简子城为故城所在。春秋时，洪洞为悼公之弟干的食邑，号曰杨干，后为羊舌肸食邑。赵城为赵简子食邑之地。洪、赵均属晋国。秦统一六国后推行郡县制，洪洞为杨县，治所在今范村；赵城属彘县，治所在今霍州，均属河东郡。西汉因之。东汉阳嘉三年（134），彘县改为永安。东汉末年三国鼎立，洪、赵属魏。正始八年（247），置平阳郡，辖杨县、永安。西晋因之。永安县治所曾一度在今赵城东北7500米的仇池村。十六国时，两县均属平阳郡。北朝均属晋州总管府。北魏仍属平阳郡，洪、赵属禽昌县。隋大业十三年（617）始置赵城县，为“赵城”之始设。次年，改杨县为洪洞县，为“洪洞”之首现。两县均属临汾郡。唐时，洪、赵属晋州，赵城县治迁今赵城镇。五代十国时，设建雄军节度使，辖洪洞。赵城无考。北宋洪、赵均属平阳府。其间，熙宁五年（1072），赵城曾省入洪洞为镇。元丰三年（1080）又复县。金代洪、赵均属平阳府。元代洪洞属晋宁路，赵城属霍州。明清洪、赵属平阳府，府治在临汾。乾隆三十七年（1772）升霍州为直隶州，领灵石、赵城二县，州治在霍州。洪洞仍属平阳府。民国初，洪、赵均属河东道，道治在运城。抗战爆发后，洪、赵属第六专署。洪、赵沦陷后，两县政府均迁驻汾河以西，后洪、赵归冀宁道管辖。抗战初期，共产党建立抗日政权，1941年9月成立太岳行署，赵城归第一专署，洪洞归第二专署。日本投降后，洪、赵两县又成立民主政府，洪洞县（河东）民主政府驻师村，赵城县（河东）民主政府驻兴旺峪。新中国成立后两县政府各驻县城，均属临汾专署管辖。1954年7月1日，洪、赵两县合并为洪赵县，县治在洪洞，属晋南专署。1958年，洪赵县与霍汾县合并，称洪洞县，县治在洪洞城。1959年，霍汾从洪洞分出，恢复原建置。1971年，临汾与运城行署分设，洪洞归临汾行署管辖。2000年，临汾地区改市建置，洪洞县隶临汾市管辖。

再看尧都区。夏商西周时期，临汾河西一带属冀州。周初，唐叔虞之子燮父迁都于平阳之晋水（平水）旁，改国号为晋，其国都即在龙子祠泉域范围。周敬王六年（前514），晋分祁氏、羊舍氏之田为10县，平阳为其一，今尧都区伍级村即为时县大夫赵晁邑旧址。周敬王二十三年（前497），韩贞子居平阳，平阳为韩氏根据地。周贞定王十六年（前453），韩赵魏三家分晋，平阳仍属韩。秦汉时期，该地属河东郡平阳县，县治在今尧都区金殿镇。汉元丰五年（前106），属司隶校尉河东郡平阳县。新莽时平阳县改称香平，东汉复名。三国魏正始八年（247），置平阳郡，郡治在平阳县。晋永嘉三年（309），汉王刘渊特将国都从蒲子县（今隰县、蒲县一带，当时属河东郡）迁至平阳，并重筑陶唐金城，意在以帝尧自我标榜。东晋建武元年（317）二月，石勒攻破平阳，纵火焚其宫室，刘汉都城顿成灰土。北魏建义元年（528），平阳县治移驻白马城，即今临汾市区。隋开皇元年（581），改平阳县为平河县；三年，又改为临汾县。唐代为晋州临汾县。宋、元、明、清时期属平阳府临汾县。民国初属河东道临汾县。1949年以来，临汾县为临汾专区、晋南专区、临汾地区驻地。1971年，临汾县析出临汾市（县级），临汾县迁驻龙祠村。1973年临汾县又迁驻刘村。1975年临汾县迁驻临汾市。

2000 年，临汾地区撤地设临汾市，原县级临汾市改为尧都区，直至今日。

最后是襄汾县。春秋时期，此地为晋国大夫贠笃的封邑。公元前 621 年，晋襄公死后葬于该处，“襄陵”由此得名。西汉始置襄陵县，属河东郡，当时治所在今汾河东岸赵曲。王莽时改名为干昌县。东汉复名襄陵。北魏神䴥元年（428），太武帝拓跋焘擒获夏秦王赫连昌，即在今尧都区境置禽昌县。北齐天保七年（556），襄陵县并入禽昌县。北周时期，禽昌县治所移至襄陵故城。隋大业二年（606），复名襄陵县。唐元和十四年（819），移治于汾水西岸宿水店，即今古襄陵村。宋天圣元年（1023），又移治于晋桥，即今襄陵镇。北魏太平真君七年（446），分临汾县北境设泰平县，县治即今襄汾县古城镇。北周为避周文帝宇文泰名讳，改为太平县。唐贞观七年（633），太平县移治敬德堡，即今汾城镇。千百年来，襄陵县和太平县沃野连属，经济富庶，人们安居乐业，素以“金襄陵，银太平”并称于世。1914 年 1 月，山西省在全面调整省内区划地名期间，鉴于当时全国已有 3 个太平县，所以决定启用太平县境内的古地名“汾城”，改名为汾城县。1954 年，襄陵县与汾城县合并后称襄汾县。同年 10 月 14 日，县人民政府驻地迁到史村，即今襄汾县城。

（二）聚落

龙子祠泉域大部位于汾河的二级阶地，区内又有龙子祠泉穿流而过，优越的地理环境为人们的生产生活提供了较好的场所，在历史时期形成了大量聚落。现存城市遗址较著名的有平阳故城、侯国县城和陶唐金城。以下分别述之：

平阳故城：《水经注》曰：“汾水又南径白马城西，……又南径平阳县故城东，晋大夫赵晁之故邑也。”[①] 今汾河以西金殿村东北一里多与伍级村南之间有一土堡遗迹，民间称之为城坡垅上，东西长约 50 米，南北宽约 20 米，西门和南门仍可辨。这就是赵晁任平阳县宰时古平阳县邑的残存遗迹。

侯国县城：曹参初随刘邦起兵，入关灭秦，讨魏、伐齐，官右丞相。汉高祖

① 《水经注》卷六《汾水》。

刘邦六年（前201），因功封为平阳侯，食邑万六百户。侯国与平阳县筑于汾河西刘村一带，今残留城垣遗址。《山西通志》记载：晋以前侯国“治皆汾水西古城。”注曰：“今名刘村。”[①]《太平寰宇记》引《冀州图》云：“平阳故县西南十五里有平水，即晋水也。”[②]说明汉晋时代，平阳侯国与平阳县同治刘村，前后约700年。

陶唐金城：晋永嘉三年（309），匈奴人刘渊起兵，称帝建国，都于平阳，因地近尧墟，筑城名陶唐金城（今金殿村一带）。外郭以东北伍级堡东北角线为基准，西南以贾册村南老虎垅和村西城坡垅为界，四周长约13000米。西明门直通龙祠单于台，内城为皇城，东为建春门，西为西阳门，正面云龙门。“国中九经九纬”，左祖右社，南府北宫，前殿后宫，光极殿规制宏伟，“朝群臣飨万国”。刘聪即位后，内兴殿观40余所，宫后逍遥园可供游乐，另在平山脚下建平水宫，圈建上林苑供游猎，建上秋阁可供登高远眺。

除了以上著名的城池外，该区还有很多历史悠久的古村落。如龙子祠泉所在的龙祠村，原名窑院。相传，其名来源于尧都平阳，和尧部落的生存技能有关。上古时期，尧部落曾在临汾一带建都，他们不仅擅长农耕，而且精于制陶。在中国民间诸神中，尧和宁封子都是陶神。尧的活动遍及此地，这里也便开始建造陶窑。随着历史的发展，陶窑逐渐增多，甚至在百姓院落里都可见到，“窑院”之名也便从此而来。虽无史料证明传说的真伪，但考古出土文物为我们提供了宝贵的物证。20世纪60年代，故宫博物院两名专家来临汾考察，在龙祠村泉源滩上，发现一些黄色、白色陶片，在龙祠村北发现一座深约五六丈的“座窑”（烧彩陶器作坊）。经研究考证，在唐代之前，龙祠一带制陶业就具相当规模并达到较高生产水平。明代以后，窑院村制陶原料日趋枯竭，生产基地转至峪里村。[③]

如同窑院这样的古村落还有很多，我们或许可以从具体的地名中探知一二。如金殿镇的官硙村，历史时期即为官宦磨面的地方；金殿镇之城居村，则显然为当时的城区，居住的多是皇亲国戚；坛地村，为祭祀天地的地方；桑湾村，是养

① 光绪《山西通志》卷二十六《府州县厅考四·河东道一》。

② 《太平寰宇记》卷四十三《晋州》。

③ 刘红昌：《尧都古村落龙祠初稿》，2008年未刊稿。

蚕采桑织丝绸的地方；花园村，可能就是昔日的御花园。还有城坡、末街等，形成了一个完整的皇城故都体系。从金殿镇的村名我们也可以联想到汉国皇帝刘渊所建陶唐金城之宏伟华丽。而诸如西宜、界峪、兰村、伍级、席坊、小榆、西杜、双凫、贾册、东靳、北陈、录井、晋掌、北杜等这些最早出现在水利文书中的村落，直至今日依然可以在地图中一一对应。村落历史的延续性在这里得到了最好的印证。

（三）产业

传统时代，龙子祠灌区主要的产业为种植业，主产水稻、小麦等。在靠近龙子祠泉源的窑院、晋掌等村，他们还发明了一种泉水可以从下面穿过的“空心田”来种植经济作物——韭黄和蒜苔。由于泉水的恒温特性，每年腊月正好割第一茬韭黄。鲜嫩的韭芽香气透人心扉，古时曾作为贡品奉上。早春来临，各处忙于播种，龙子祠泉域的蒜苔谷雨节就可上市了。抽去蒜苔半月后，鲜蒜即成熟。它既可调节口味，又可祛病除疾，最大特点是捣的蒜泥隔夜不变味，其他地方的蒜绝不可比。因为它的特别，在市场上极为走俏，远方的游人至此也会带些回去馈赠亲朋。直到今天，龙祠村的大蒜依然远近闻名。

水磨业是泉域最重要的加工业，当地人们又把水磨称为“水硙”。龙子祠泉水量大时可达 8 立方米 / 秒。借水还水，修造水硙，为人们生活提供了极大方便。据统计，明代万历年间，南横渠即有水磨 16 座，水量丰富的南磨河达 42 座[①]。新中国成立初期，龙子祠泉域的水磨仍有 97 座[②]。水磨大致可分两种，一种供磨面，另一种则是磨香面（柴粉）的柴硙。农忙时种地劳作，农闲时拾柴卖给柴硙磨香面。

改革开放后，传统的水力加工业被新的机器加工业代替，而随着工业化的大发展，龙祠水利社区的产业结构也发生了根本变化。洗煤厂、焦化厂、炼铁厂、石灰窑、沙场等行业迅速崛起。据统计，截至 2002 年，仅龙子祠泉域一带即有洗

---

① 《平阳府襄陵县为水利事》，万历四十二年。

② 《龙子祠灌溉区水磨等级一览表》，山西大学中国社会史研究中心藏，1952 年 6 月 1 日。

煤厂12座，焦化厂50余座，炼铁厂则几乎村村都有，有的村庄甚至拥有10余座私营炼铁厂，如界峪有12座，涧上有10座。[①]另外，在龙祠、小榆等村有石灰窑、沙场几十处。由于这些工厂均属私营或村庄集体经营的小规模行业，存在极大的能源浪费和环境污染问题，已经给当地人们的生活和政府的外部形象造成负面影响。近年来，在地方政府的行政措施和市场经济竞争体制的双重作用下，这一状况已经开始好转。

人文地理学的研究认为，不同地域人类的生活方式中，总是包含着他们和地域基础之间一种必然的关系。[②]在龙子祠泉域，我们似乎也感到这种联系的必然性。那么，我们希望它能够作为理解特定环境中特定人群及其文化逻辑的基础，然后通过“水”的视角延展开去。

① 参见临汾市志编纂委员会编：《临汾市志》，海潮出版社2002年版，第428—434页。

② 〔法〕阿·德芒戎著，葛以德译：《人文地理学问题》，商务印书馆1999年版，第10—11页。

第二章　水利工程的开发与演变

斩蛇出水和水母娘娘的传说是历史时期人们对龙子祠泉起源的文化解释，它反映了特殊的历史背景和人们内心的愿望。在两则神话的基础上，本章从现实角度考察了历史时期龙子祠泉开发的进程和其渠系布局。我们认为，最晚在两晋时期，龙子祠泉域一带的人们就开始利用泉水。唐宋时代开始大规模的水利工程建设，并在宋代末年形成了南北十二河的分水格局，在此基础上，明代末年又发展为南北十六河。开发过程中，既有官方主导，又有民间自主联合开发。新中国成立后的集体化时期，该区迎来了水利开发史上的又一次高潮。水利工程的建设大致包括两个方面：一是对传统老灌区的改造；二是政府统一规划，动员组织民力，投资建设新灌区——汾西灌区，响应中央号召进行的水利大跃进。

一、龙子祠泉域的水利开发与渠道形态

（一）龙子祠泉的传说

关于泉水的成因，地质学家早已做出科学的回答。对于山西的几个岩溶大泉来说，都是由于地下发生了断层，一侧的含水层正好碰上了不透水层，地下水受压就会沿着断层溢出地表形成泉水。龙子祠泉的形成当然也是出于此因。然而，对于古人而言，往往把难以解释的世间万象神化和人情化，并将其赋予一定的社会功能。在当地，斩蛇出水和水母娘娘的泉水起源说广为流传。

1. 斩蛇出水

龙子祠泉斩蛇出水的故事最早出自宋代的《太平寰宇记》，其文曰：

晋永嘉之乱，元海僭称汉，于此置都，筑平阳城。昼夜兴作，不久则崩，募能城者赏之。先有韩媪者，于野田见巨卵，傍有婴儿，收养之，字曰橛儿。时已四岁，闻元海筑城不就，乃白媪曰："我能城之，母其应募。"媪从之。橛儿乃变为蛇，令媪持灰随后，遗志焉，谓媪曰："凭灰筑城，可立矣。"竟如所言。元海问其故，橛儿遽化为蛇，投入山穴，露尾数寸。使者斩之，仍掘其穴，忽有泉涌出，激溜奔注，与晋水合流，东入于汾。至今近泉出蛇皆无尾，以为灵异，因立祠焉。[①]

蛇为龙之子，故其祠曰"龙子祠"，泉曰"龙子祠泉"。经过历史的千年流变，今天的河西一带仍然流行着斩蛇出水的传说，由于时间的层垒，故事情节更为生动具体。其一：

西晋末年，在古平阳以西的一个村子里，有一个姓韩的老太婆，早年丧夫，膝下无子，过着孤苦寂寞的生活。一天，她到野外挖野菜，在密密的草丛里发现了一颗又白又大的蛋，形状非常奇特。韩婆就把它拿回来，想孵孵看究竟是什么。她把蛋放在热炕头，盖上被褥，日夜照看。过了七七四十九天，那个蛋开始动弹，先向左转三圈，又向右转三圈，刚一停稳，忽然蛋从中间裂开，里面躺着一个白白胖胖的男孩。这可把韩婆乐坏了，给他起了个名字叫橛儿，从此关怀备至，精心照管。橛儿一天天长大了，活泼可爱，聪明伶俐。邻里们都说韩婆晚年有福气。

橛儿 4 岁那年，正逢刘渊起兵反晋，攻占了平阳古城，要在这里建城称帝。于是四处抓丁，横征暴敛，连年迈的老人都不放过，百姓深受其苦，怨声载道。橛儿找到刘渊，对他说：你抓的这些老人，体力衰微，能干动活

① 《太平寰宇记》卷四十三《河东道四 · 晋州》，中华书局 2007 年版，第 898—899 页。

吗？不如你把他们放了，我去替他们筑城！刘渊一看4岁儿童乳臭未干，竟然口出狂言，就没有理睬。橛儿见状，继续说：筑城的事我一人包了，不信就限定时间吧！刘渊虽不相信，但似乎觉得里面有些名堂，就把抓来的百姓放走，气狠狠地对橛儿说：限定三天把城墙筑好，不然就要割掉脑袋。韩婆知道这事以后，既赞赏儿子人小志大，为民请命，又担心儿子的性命难保，惊恐万状。她烧香磕头，祈求神灵保佑。橛儿却满不在乎，每天只顾挖菜玩耍。两天过去了，仍未动一砖一石。刘渊传令三天一到就拿橛儿开刀问斩。不料到了第二天夜半三更，突然乌云密布，飞沙走石，狂风呼啸，隐隐约约传来搬土运石之声。小橛儿变成一条蛇在前面爬行，韩婆紧随在后面撒灰。很快城墙顺着灰线筑起来了。鸡叫天亮，刘渊一看先是惊喜，再一看勃然大怒，原来城墙上宽下窄，摇摇欲坠。刘渊要杀橛儿，橛儿对他说：城墙可以修好，但你要答应三个条件，一是不乱抓民，二是不抢夺民财，三是不毁坏庄稼。刘渊称帝心切，满口答应下来。当天夜里又是狂风骤起，飞沙走石，刮得人们眼都睁不开。风停砂落后，一座方方正正、高大坚固的城墙筑起来了。刘渊惊奇橛儿有超人的本领，害怕与他争夺帝位，起意杀害橛儿。他提剑向橛儿砍去，橛儿巧妙躲过，拔腿就跑。刘渊带兵紧追，直追到平山脚下，把橛儿团团围了起来。橛儿见难以脱身，就变成一条蛇，钻进山脚下的石穴里。刘渊赶到，看到石穴口上露着一条蛇尾，就举剑斩之，忽然鲜血汩汩流出，以后慢慢变成了清澈凛冽的泉水。刘渊以蛇为风云雷雨之神，便在泉旁建庙祭祀，称为龙子祠。

其二：

一日，有一老媪拾到一颗鸡蛋，想要什么就有什么，后查明是蛋中姑娘所为，遂以母女相称。母女俩以纺纱织布为生，一天，姑娘揭下一张筑城布告。老媪为之担忧，姑娘却不慌不忙，摇起纺车，刹那间狂风大作，飞沙走石，持续了三天三夜。风停了，城也筑成了，结果上宽下窄，不合要求。于是，姑娘倒转纺车，三天三夜后，城墙也上下颠倒过来，下宽上窄，牢稳如山。皇帝看见这么好的城墙，就要看看筑城的工匠是什么样子，一见，便被姑娘的美貌所吸引，欲纳为妃子。姑娘不从，逃至平山脚下，见一洞，便化为蛇钻进去，皇帝持剑而追，一剑砍去，将蛇尾分为两段。洞中汩汩流血水，之后是浑水，一直流了八百年，才变为清水，就是现在的金龙池。

文献记载和民众口碑流传的两则传说都带有神话的影子，是组合了卵生神话与图腾神话而成的传说，反映出了古老的图腾信仰，体现了该地民众对龙的崇信。《汉书·匈奴传》记载："匈奴法，岁正月诸长小会单于庭祠。五月大会龙城，祭其天地鬼蛇。"《后汉书·南匈奴列传》中也载："匈奴俗，岁三龙祠，常以正月、五月、九月戊日祭天神。"可见，这一传说的起源与汉帝刘渊带来的匈奴风俗密切相关，而其中折射出的男耕女织的社会生活图景、对安居乐业局面的向往和对统治者的怨言，则是对当时统治者与下层民众关系的反映。由此，我们认为第一则传说极有可能在刘渊定都平阳时期就已形成。比较而言，第二则传说里姑娘"摇纺车筑城"这一情节，明显地体现了民众对自我劳动技能的夸赞，传说的结局讲她拒绝做妃子被杀，比韩橛儿化蛇筑城最后被杀更具有生活基础，更符合情理，也更具有浓郁的生活气息，是传说的故事化，究其形成时间应比前者为晚。[①]

2. 水母娘娘

在田野调查中，一位老水利人徐平来[②]给我讲了一个关于水母娘娘的传说：

传说她有个后婆，这个后婆虐待她这个儿媳妇，每天就挑水，怕你挑着不回来，让你用那个柳罐，就是尖的，不让你休息，就是休息也不能放下。她把水挑回去，她这个婆婆说把前面那桶倒进缸里，后面那桶你放了屁的不要。这个媳妇很聪明，两个桶平的进去。婆婆就问哪个桶在后边哩？那媳妇儿就说我就是这样挑回来的。她婆婆没办法，这就能吃两天。要不你不天天

---

① 参见段友文：《平水神祠碑刻及其水利习俗考述》，《民俗研究》2001 年第 1 期。

② 徐平来，1944 年生，龙祠村人，现住泊庄。1959—1965 年担任渠道护养工。2008 年 5 月 17 日，笔者在泊庄拜访了这位命运坎坷的好心大叔。他将自己的人生经历毫无保留又极为耐心地讲述给我。让我在获得真知的同时，更多的是对命运和时代的感慨，一种突如其来的力量瞬贯全身。

得挑。

有一天这个媳妇儿运气不好，碰到一个打仗的过来，说他的战马要喝水。那媳妇儿说，要喝就喝后面的那桶，不要喝前面的。结果这个马呢，喝完后头的又喝前头的。这个媳妇儿就说连吃的都没有了。这个打仗的将士马上就变了脸说：不必多言，马上就给你挑水。原来这个家伙是个半仙，拿着个马鞭往桶里一抽水就满了，人家这个马就继续喝，最后剩了一点就不喝了。马喝饱以后，就在那边呼喊。他用鞭子把马打走以后，就把它放到桶里边，往上一提这个桶里的水就上来了。将士说：你以后啊不要挑水了，你就把它放在你缸里，没有就提一提。媳妇儿回去家，缸里就剩一点水了。她就拿这个鞭子在缸里一提水就上来了，最后快满的时候她不敢再提了。有一天，这个媳妇心想，反正也不挑水，到娘家去。到娘家了，她妈说你洗洗脸梳梳头，成个啥样子了。头还没梳完呢。这个时候，她这个婆婆在家里看见这个缸里有个马鞭，就拿上往外一抽，结果水就出来了，这就是泉嘛。水就不停地流，她没办法，就赶紧通知这个媳妇儿。媳妇儿家可能不太远，要远了可能就通知不过来。媳妇儿都没顾上放梳子，还在头上别着哩。媳妇儿回来赶紧把这个鞭子往缸里一放，反正是不流了，但还往外漫着哩，就一屁股坐到缸上。但你两条腿能堵多少，就干脆坐到那儿，只有臀前一小块没压严还在出水。这股水就流成了一股泉水。那（媳妇儿）就是水母娘娘。

与前文第二则斩蛇出水传说一样，水母娘娘传说更为故事化、生活化，是人们对现实生活中婆媳关系的折射和对中国文化中孝敬、善良等美德的追崇。这则故事与太原晋祠泉、新绛鼓堆泉和汾阳神头村之水母娘娘的传说不无相似，据考证，其形成年代不会晚于宋金时期[①]。千百年来，水母娘娘的故事在当地广为传布，并成为一种民间信仰流传至今，而且，当地民众对水母娘娘的娘家人也敬重有

① 行龙、张俊峰在《化荒诞为神奇：山西“水母娘娘”信仰与地方社会》（《亚洲研究》，香港珠海书院亚洲研究中心，2009年第58期）一文中对山西境内水母娘娘传说的产生、流变和意义做了详细论述，可作参考。

佳。每年麦收前（农历四月十四日），龙祠村逢一次集（当地人们称为“插耙扫帚会”），集上人多，常常争抢地盘。但是，只要报出是燕村人，当地人都会让出。

（二）龙子祠泉的开发进程与渠道布局

1. 从“二河”、“八河”、“十二河”到“南北十六河”

我国泉水开发利用的历史最晚可以追溯至春秋时期。《诗·大雅·公刘》曰：“笃公刘，既溥既长，既景（影）乃岗，相其阴阳，观其流泉，其军三单，度其隰原，彻田为粮。”对于“观其流泉”，汉代郑玄解释为：“流泉浸润所及，皆为利民富国。”

在山西，史料记载最早的是汾阴县（万荣县）利用瀵水灌溉田亩。晋代学者郭璞（273—324）是河东闻喜县人，对于家乡一带的泉水有较多的了解。他在注解《尔雅》时，对瀵注解说：“汾阴县有水，口如车轮许，喷沸涌出，其深无限，名之为瀵。……人壅其流以为陂，种稻。”可见，其历史最晚可追溯至晋代。

龙子祠泉的开发利用始于何时，虽难以给出准确的回答，但从前文斩蛇出水的传说可以推知，刘渊在河西金殿一带建立王朝之时，其周围都城圈内的村庄必定会扮演起都城供给者的角色，水利也会得到相应的开发利用。若此，龙子祠泉的开发史则最晚应在汉建元元年（315）。其大规模的开发利用应始于唐代初年，宋代达到高峰。

根据当地民众的记忆，唐贞观元年（627），尉迟恭督令开凿各长30华里的南横渠和北磨河。这样的记忆最晚可以推到130多年前，当时人们都说“鹗国公[①]贬于职田庄”，看到“龙祠之水横流无涯”，便督令开掘南横渠道[②]。时至今日，龙祠一带的老人们均有这样的记忆。龙祠村的王大孝，席坊村著名的老革命者王全亮均如是说，不过，在他们的记忆里还有一条渠道也是当时开的，那就是北磨河。

---

① 即尉迟恭，尉迟敬德。据新旧《唐书》记载，贞观十一年（637），唐太宗分封功臣官爵，可以世袭刺史。册拜尉迟敬德为宣州刺史，改封为鄂国公。

② 《官员沟均役簿》，光绪十一年。

而且两条渠道都是尉迟恭亲自驾牛犁创开[①]。

检阅两《唐书》等正史，并没有关于尉迟恭被贬之事，更无从谈起创开南横渠、北磨河的功绩。但是，在元代杂剧《功臣宴敬德不伏老》（或称《下高丽敬德不伏老》）中，我们找到了尉迟恭贬于职田的蛛丝马迹。该剧本为元人杨梓所撰，四折，取材于《旧唐书·尉迟敬德传》，元人郑廷玉有《尉迟恭鞭打李道宗》，与此剧同一题材。明人《薛平辽金貂记》也写此故事。其内容大致如此：唐太宗设功臣宴，论功行赏，尉迟恭救驾有功，他却谦让秦琼；此时皇叔李道宗到来，俨然以首功自居，尉迟大怒，挥拳相向，因此被贬到职田庄为民。三年后，高丽国兴兵犯境，下战书要尉迟出城，唐皇复召尉迟挂印出征，尉迟余怒未消，便在家装疯卖傻。徐茂公看出实情，暗中命军士装作高丽兵到尉迟家扰乱，在尉迟被激怒时，出面点破伪装。此计激得尉迟奋然出战，擒获了高丽大将铁肋金牙，得胜还朝，加官赐爵。

据后世志书记载，襄汾一带为鄂国的封地，该地也留有很多与其相关的地名和故事，南横渠有沟名曰“职田”，系以村庄名字命名。无论尉迟恭被贬于职田庄并开创南横渠一事是否真实，他都早已内化于人们的文字传统中，成为当地的福将恩星，正如清人所言，“公非贬也，乃天使公而福庇临襄矣”[②]。

后周世宗年间（955—959），官方督导开创了上官河与下官河，并于宋太祖年间（960—976）开始遵行水程[③]。此后的100余年间，民间又先后开挖了四条渠道：嘉祐五年（1060）农历八月“临汾东靳村之民协同襄陵南关庄头以及东柴刘庄北陈诸村”在“下当村南晋母河鳖盖滩”引水“创开中渠河”。治平三年（1066）农历二月，东靳村民又创开东靳小渠。熙宁八年（1075）农历三月，坛地诸村创开高石河。元丰六年（1083）正月创开李郭渠。这一系列渠道的开发可能与国家实施的积极政策有关。北宋庆历四年（1044），宋仁宗发布劝农文书，其中第一项就是兴修水利。王安石变法时期颁布的《农田水利约束》就更是作为国家

---

① 受访者王大孝，78岁；访谈时间：2008年5月10日上午；访谈地点：龙子祠内。受访者王全亮，83岁；访谈时间：2008年5月11日下午；访谈地点：席坊村王全亮家中。

② 《官员沟均役簿》，光绪十一年。

③ 《龙祠下官河志》载：“本河开始初于周世宗年间，复于大金皇统陆年，太祖时遵行水程。”但关于上官河的开创年代，并无史料可证。我们根据渠道实际布设，并依常理推断，“上”、“下”应是方位之分，一北一南形成对应，上官河的开创和遵行水程年代应当与下官河处于同一时期。

专项水利法规奖励各地开垦荒田兴修水利，建立堤坊，修筑圩埠。

我们很难断定这一格局持续了多长时间，但可以肯定的是，在北宋末的动乱年代，汾河谷地遭受了巨大的灾难，龙子祠及其渠道也未能幸免。在迄今可见关于龙子祠最早的一通碑文——大定十一年的《康泽王庙碑记》中，我们看到了这样的记载："兵火荡尽，将四十余年。"这里所谓"四十余年"前即是说1126年金兵南下攻克临汾之时，不但使龙子祠遭受灭顶之灾，汾西一带人们的生产生活更受其直接影响，渠道荒废，民生凋敝。二十年后，民力逐渐恢复，方得复开渠道，重建家园。金皇统六年（1146），下官河渠长、沟首及相关首事人等商议修复渠道，并更新了宋太祖时期的水利簿——《龙祠下官河志》[①]，重建下官河水利秩序。可以想见，诸如南横渠、上官河、北磨河、中渠河之类的渠道也势必经过了类似的恢复重建过程。同样在这本渠册中，我们看到了包括上中河、南磨河、晋掌小渠、庙后小渠在内的"十二官河"分水格局，说明此四条渠道至迟在金皇统六年（1146）之前即陆续开挖完毕。可能的情况是此四条渠道亦完成于北宋时期。一是因为北宋时有国家政策的支持，政局稳定；二则金代开国20年间当地正处于经济恢复时期，诸如下官河此类官方主导开创的河渠此时才得以修复疏通，更无从谈起工程浩大的新开渠道。若此，我们认为，龙子祠泉域十二官河的分水格局形成于北宋末年，并最终奠定了此后800余年龙子祠水利的基本形态和用水秩序。其分水格局如下：

龙子祠泉水分为四十分，南北各二十分。北二十分为临汾所有，南二十分临汾、襄陵兼有。北二十分包括五河：上官河七分，下官河五分，北磨河五分，上中河二分半，庙后渠一分。[②]南二十分包括七河：南横渠六分，南磨河四分，中渠河三分，高石河二分半，东靳渠半分，晋掌渠一分半，李郭渠二分。[③]

大约在明代末年，出现南北十六河的形态，即将上官河分为首河、二河、三

---

① 该水册直至清康熙二十二年（1683）才进行了再次修订，即我们今天所见的《龙祠下官河志》。

② 亦称"庙后小渠"。该渠有水一分，浇灌临汾民田，但义务由南北各担其半。万历四十二年（1614）《平阳府襄陵县为水利事》有载："庙后小渠共水一分，南二十分因修理吃用任五厘之差，北二十分浇灌民田受一分之利。定为上流下流，上流属南二十分，下流属北二十分，古设总泉一道，通金龙池。"需要指出的是，在十二官河的格局下，庙后小渠一般列入北五渠内。直至明代后期十六官河格局形成时，方得南北分列，即庙后小渠分别为北八河和南八河之一。

③ 参见《龙祠下官河志》，康熙二十二年。

河、青城河，再将庙后小渠的半分以实际形式列入南八河，其分水格局保持不变，南北依然各占二十分，形成北八河、南八河之势。

应当指出，从十二河到十六河的变化并非一日之功，而是对之前既有事实的认可，并在形式上予以突出。按照笔者的推断，首河是上官河最早的干渠，二河、三河、青城河则是上官河的分支。因为其灌溉地亩数量巨大，承担夫役相对就多，故在地方社会之角色亦不可忽视。随着时间的推进，上官河的管理逐渐陷入困境，支渠与干渠、支渠与支渠之间的纠纷、矛盾日益尖锐；支渠也越来越要求在整个渠系内拥有与水地相当的权力，于是“分家”成为必然。在这里，为了尊重干渠的首开之功，而奉为“首河”，其他则以时间先后命名为“二河”、“三河”；青城河因引水口在青城村而得名，又因该河另有“准则”口，又称为青城准则河。无论首河、二河、三河、青城河，前面均可冠以“上官”二字，以确定其同一渠系的身份，但这并没有也不可能掩饰内部的纷争。

总之，笔者以为，从十二河到十六河的变迁，体现的是在已有秩序下的权力重新分配，是一个“分家”的过程。关于分家的时间，学界一般认为是在清代[①]，但我认为应在明代中后期，最晚也在明代末年。万历四十二年（1614）《平阳府襄陵县为水利事》中已经明确指出“襄陵县南横等渠应分龙祠姑射山下平泉水二十分，定为八河”，此八河中即包括庙后小渠。相对而言，北河也极有可能形成八河局面，二河、三河、青城河逐渐羽翼丰满，走向前台。至此，南北十六河局势定型，直至新中国成立后对渠系进行改造[②]。

---

① 已有研究成果，如段友文的《平水神祠碑刻及其水利习俗考述》（《民俗研究》2001年第1期），郭永锐的《临汾市龙子祠及其祀神演剧考略》（《中华戏曲》2003年第1期），郝平、张俊峰的《龙祠水利与地方社会变迁》（《华南研究资料中心通讯》2006年第43期）等均认为清代以后成为十六河。另外，研究者也没有对如何成为十六河做一说明，只是说：至清代上官河分为首河、二河、三河，加青城河而成十六河。即是如此，也只有十五河，而非十六河。究其原因，研究者并没有把上官河与首河、二河、三河、青城河之间的关系解释清楚，对于庙后小渠分属南北八河之史实亦不甚清楚。

② 据李青如、常杰《龙子祠水利是怎样整理的》（《晋南日报》民国三十八年五月二十六日第二版）记载，日军占领临汾期间，曾修建“洋河”一道。该渠系日军用水泥修建，当地民众又称之为“洋灰渠”。如今，渠道遗迹已不可寻。应当指出是，日军修筑的洋河在渠道防渗、扩大灌溉效率方面具有一定的积极作用，是龙子祠泉域第一次出现具有现代意义的水泥渠道。

2. 十六河空间布局

如果把龙子祠泉源比作一棵大树的底部，那么由泉源向北、东、南三个方向延伸出来的渠道就是这棵大树的根系，只不过营养流动的方向不是从根部到树干，而是恰恰相反，浇灌民田后的过剩营养最终东流入汾。这组根系经过唐宋时代的开发，于北宋末年定格了传统时代的基本形态，从北到南依次排列着庙后小渠、上官河（包括首河、二河、三河、青城河、上中河）、下官河、北磨河、南磨河、高石河、东靳小渠、李郭渠、中渠河、南横渠、晋掌小渠共 15 条干渠，灌溉临汾、襄陵两县 80 多个村庄的 8 万余亩土地。灌区东西最宽 7500 米，南北最长 30000 米，兹由北向南将各河空间布局分列如下：

庙后小渠，北宋末年创开。顾名思义，尚以为该渠是从庙后而过。实则不然，庙后小渠乃是横穿龙子祠，与祠内池沼相连，是龙子祠庙宇景观和生活用水的主要水源。正因为这一特殊功能，庙后小渠在祠内及其周围的形制、规格必然会高他渠一筹，风景独秀。元代至正六年（1346）重修龙子祠，三年后，人们在一块碑文中描绘了它在十二官河中的独特景观：龙子祠泉“派为十有二渠，渠各有号，其序自北而南，惟庙后小渠为之冠，比他渠最秀。自山麓幢幢来，右则窦庑墉而入，贯穿庙庭，汇池为二，澄而可鉴，泠而可掬，池围怪木口护，人弗敢亵，池满复流，左则窦庑墉而出，溉田上下七八里”[①]。

龙子祠“门外小泉三眼系本渠泉眼”，其引水口范围“东南下至上官河，南至晋掌灰泉，西至姑射山，北至荒滩”。庙后小渠共水一分，其中南北各占五厘。下当（即河北村）以上属上流，系襄陵县所管；席坊以下属下流，系临汾县所管[②]。该渠分为 10 沟，每沟 120 亩，共灌溉窑院、河北、席坊、录井四村民田 1200 亩[③]。

上官河，后周世宗年间（955—959）官方督导开创，有支渠五道，自下而上分别为首河、二河、三河、青城（准则）河和上中河。上中河分水口（即铁禁口）位于席坊，青城河分水口位于界峪，首、二、三河分水口位于西宜。上官河共分水十分，其中，首河 1.8525 分，二河 1.0375 分，三河 2.445 分，青城河 1.665 分，

---

① 《重修普应康泽王庙庑记》，至正九年。

② 《八河总渠条簿》，道光七年。

③ 《平阳府襄陵县为水利事》，万历四十二年。

上中河3分（内有庙后小渠五厘）。上官河从清音亭东取水至刘村，全长约15000米，浇灌刘村、卧口、下院、堡子、南刘、辛息、段村、马务、涧北、陶家庄、樊家庄、寄家庄、左家庄、涧头、塔头、周家庄、涧北、东宜、泊庄、孔家庄、西宜、青城、界峪、峪口、录井、席坊等36村民田21000余亩。元至正二十年（1360），上官河开始实行“自下而上”依次行浇，并设“四纲”加以保障[①]。上官五河共分55沟用水，其中首二三河有36沟，其具体分派是：首河12.5沟（夫定沟、刁新沟、刁旧沟、二老沟、张酒沟、辛息沟、卫新沟、卫旧沟、南刘沟、杨八沟、官沟、刘家沟、史半沟），二河7沟（崔四沟、段家沟、李大沟、李小沟、东樊沟、西樊沟、计家沟），三河16.5沟（王法沟、辛沟、第一沟、神肖沟、北樊沟、周大沟、周小沟、涧北沟、孙家沟、泊东沟、泊西沟、南樊沟、孔家沟、乔家沟、灌庄沟、杨浸沟、小辛半沟），每沟400亩水地，共14400余亩。青城河与上中河共19沟，浇地7000余亩。

上官河在五道支渠之外，还有几处引水口，但不在整个水程内，而是定期浇灌。如小榆村的猪首渠[②]和馒首渠[③]均于每月初一、十五在上官河插签搭坝行程用水，上游的赵半沟、雷段二口亦在每月初一、十五日用水。

下官河，后周世宗年间（955—959年）由官方督导开创，宋太祖年间（960—976年）开始遵行水程，金皇统六年（1146）复开[④]。下官河引水泉源位于“祠门之前清音亭西，……名曰顶泉”。由顶泉引水至沙乔村入汾河，相距约10000米。下官河分水五分，有5渠15沟，即下册渠（包括本渠1沟、官口沟）、乔村渠（包括本渠1沟、韩家庄沟）、东麻册渠（包括本渠2沟、肖史沟、史家沟、伍级沟）、小榆渠（包括本渠1沟、东沟、西沟）和席坊渠（包括本渠1沟、录井沟、兰村沟）。灌溉席坊、录井、兰村、小榆、东麻册、伍级、韩家庄、乔村等13个村庄民田8000余亩[⑤]。民国三十三年（1944）可灌溉10220亩[⑥]。

① 《兴修上官河水利记》，至正二十六年。
② 有水地二十一亩七分，于每年三月十五日献猪首一枚，并请首二三河及青城河渠长上香。
③ 因每年龙子祠祭祀时提供馒首而得名，其情况类似于猪首渠。
④ 《龙祠下官河志》，康熙二十二年。
⑤ 同上。
⑥ 《电送勘查南横渠报告书由》，1944年11月，山西省档案馆：B13-2-116。

北磨河，传为唐贞观元年（627年）尉迟恭督令创开。该渠分水五分，有支渠四道：下当渠、苏村渠、兰村渠、伍级渠。北磨河从窑院经下当（河北村）、苏村、兰村、伍默村至伍级村入汾河。灌溉沿岸下当、朔村、苏村、兰村、王默、桑湾、金殿、伍级等村6000余亩水地[①]。

南磨河，北宋末年创开，分水四分。引水口在朔村鳖盖滩，正东流至朔村村东压水桥下分为南北二河，南河分水二分四厘，北河分水一分六厘。该渠分为上下六沟，上流四沟：贾册一沟，北陈二沟，城居一沟，浇灌三村民田；下流二沟：金店（殿）一沟，崔村一沟。[②]

高石河，宋熙宁八年（1075）农历三月坛地诸村创开，分水二分五厘。该渠系从母河引水，分水口位于贾册石桥下。自分水处至襄陵县约有7500米，定为13沟。浇灌襄陵南坛村、营田庄、东靳村和临汾下寺村、水南庄、水北庄等村民田。[③]

东靳小渠，宋治平三年（1066）农历二月创开，分水五厘。该渠系从母河引水，其母河坐落于临汾县朔村村西鳖盖滩，共水十二分，除南磨河分得四分外，其余八分水流至贾册西石桥北由中渠河分去三分，剩余五分至贾册桥下由高石河分去二分五厘，最后二分五厘由东靳小渠与李郭渠共用，其中东靳小渠从东岸创开渠口，“用椿橛树稍拦水五厘”。东靳小渠下分12甲，每甲分管水地22亩[④]，共有水地260余亩。

李郭渠，宋元丰六年（1083）正月创开，分水二分[⑤]。该渠自分水处至襄陵县李村止约有10000米，分为12沟，包括城西郭内沟、城东郭下上流沟、城东郭下下流沟、郭村第一沟、郭村第二沟、郭村第三沟、城南郭下龙尾沟、城南郭下上流沟、城南郭下下流沟、李村第一沟、李村第二沟、李村第三沟[⑥]。

中渠河，宋嘉祐五年（1060）农历八月临汾东靳村协同襄陵南关、庄头以及

---

① 《电送勘查南横渠报告书由》，1944年11月，山西省档案馆：B13-2-116。

② 《平阳府襄陵县为水利事》，万历四十二年。

③ 同上。

④ 同上。

⑤ 《龙祠下官河志》分列各渠应修龙子祠事项时记载：李郭渠分水“二分五厘，应修东廊前三间又东廊五间零四椽”。这说明，在修建庙宇时有可能将东靳小渠归入李郭渠内视为一个整体。

⑥ 《平阳府襄陵县为水利事》，万历四十二年。

东柴、刘庄、北陈诸村创开，分水三分。引水口位于下当村南晋母河鳖盖滩，从分水处至襄陵县刘庄村止约10000米，定为上下流[①]。中渠河自上而下用水，分为8沟15陡门。8沟为：东靳沟、石椿沟、寺西沟、寺东沟、殿后沟、殿前沟、东柴沟、刘庄沟。15陡门为：第一陡门神堂口、第二陡门柴家桥子口、第三陡门糠耳口、第四陡门桃园口、第五陡门石椿口、第六陡门南小口、第七陡门寺西口、第八陡门双桥子、第九陡门单桥子、第十陡门庄头搂、第十一陡门崔家口、第十二陡门柴坡口、第十三陡门李家硙、第十四陡门师家桥子、第十五陡门谢杜口[②]。

南横渠，创建于唐贞观元年（627），传为尉迟恭所开，分水六分。引水处位于晋掌小渠堰下，东西长116步，南北阔28步。东至中渠南磨等河，南至民地，西至晋掌小渠东岸，北至北磨河，东北至下官河以石堤为界。南横渠自临汾县晋掌村至襄陵县东柴村止约长15000米，定为上下一十三沟，上流五沟为东靳沟、使庄沟、中土沟、西土沟、景村沟，浇灌临汾北杜、中杜、下当、三景村、东靳村民田；下流八沟为齐村沟、四柱沟、双浮沟、胡村沟、官员沟、宿水沟、职田沟、行湼沟，浇灌襄陵县齐村、四柱、双浮、胡村、东柴民田。[③]民国三十三年（1944）浇灌土地11600亩。[④]

晋掌小渠，北宋末年创开，分水一分五厘。其出水源头坐落在姑射山下，有南北大泉二处13眼，小泉二处，汇成一个南北长45步，东西阔20步左右的不规则梯形泉池。该池北距金鱼池58步，东至南横渠，南至小汧，东北距上官河泉眼仅4步。泉水汇集后向东南流去，灌溉临汾晋掌、北杜村民田。[⑤]

不难发现，虽然诸渠道均从平山脚下的龙子祠泉引水，但该泉确系“蜂房蚁穴”，有大有小，不是汇于一处，而是有多处泉池。古人是如何将水分为四十分，并以各渠均能接受的方式分派给各渠，最终形成近千年的用水秩序？水分到各渠，

① 《平阳府襄陵县为水利事》，万历四十二年。
② 《中渠河渠条》，光绪八年。
③ 《平阳府襄陵县为水利事》，万历四十二年。
④ 《电送勘查南横渠报告书由》，1944年11月，山西省档案馆：B13-2-116。
⑤ 《平阳府襄陵县为水利事》，万历四十二年。

又经陡门、沟口进入各级支渠并最后流到田头，之间经过水量的再次分配，是什么来维护分水的公允？又是什么来保证水流通畅？我们将在第三章重点论述。

二、集体化时期国家对老灌区的改造

中华人民共和国成立初期，临汾河西一带刚刚从动荡中平静下来，百废待兴。龙子祠管委会和水委会的相继成立，使一切灌溉事宜重新走向正轨。最开始的两三年间，同全国的整体经济脉搏一致，龙子祠灌区亦处于恢复阶段。在工程建设方面，主要是对旧有渠道进行日常养护以及掏泉挖渠等岁修工程。1950 年，龙子祠水利委员会成立后，废除传统水规水法，取消了上官河上的“铁禁口”和“青城口”，由水委会统一管理用水，轮流灌溉。1951 年开始，水委会组织进行了多项工程的施工，扩大了受益面积，用水效率亦有所提高。

1951 年，水委会组织开挖上官河，将渠道从刘村延伸至汜淇村，新开渠道 950 米。

1952 年，水委会将高石河、李郭渠、中渠河 3 条淤积严重、经常决口成灾的渠道加以合并，更名为统一河。渠首从金殿镇朔村村西引龙子祠泉水，全线长 10000 米，渠道纵坡为 1/1000，设计流量为 1 立方米 / 秒，实际过水流量 0.5 立方米 / 秒。临汾县境内长 4900 米，有金殿镇贾册、东靳北和东靳南 3 个受益村庄，灌溉面积 3855 亩。襄汾县境内长 5100 米，有襄陵镇的 13 个受益村庄，灌溉面积 9645 亩。

同年，经与水委会协商，襄陵县政府组织民工对横渠河下游进行改弯取直加宽，并向前延伸 15000 米至刘庄村，增加灌溉面积 13000 余亩。

1953 年，新开横渠河二、三段，并在新开渠道的襄陵二区卫家沟村南利用地形修建蓄水池 1 座。当年 3 月 10 日开工，4 月 15 日竣工，蓄水量约 26000 立方米，可浇地 500 余亩。同时，在上官河西沿岸未受益地区，发展透河井 31 眼，安装水车 8 辆。此外，水委会还改弯渠道 1 处，建筑桥梁 2 座，圈涵洞 4 个；接长上官支干河新开 1 段，受益 520 余亩。并根据下湿盐碱地的需要，掏排水渠道 21 条，挖土方7023立方米，用工2317个，受益面积5862亩，降低地下水位面积8551亩。[①]

1955年，水委会组织改建了干渠斗口98个，泉源退水闸口1个，整修泉眼2处，防洪石岸4处，跌水1个，并抢修渡桥3孔，整修门楼3间，共用石头33838立方米，青砖20104立方米，水泥10850公斤，白灰107327公斤，沙子98立方米，大小工26242个，共花费12860.72元。另开新河1段，打透河井7眼，扩大灌溉面积290余亩。开掘排水渠7条，受益面积1109亩，修建闸口1179个。干河植树27000株，成活率在40%以上。对临汾县北杜村120米老涵洞进行改线取直，更名为红旗渠。[②]

1956年1月9日，毛泽东在《对〈1956年到1967年全国农业发展纲要（草案）〉稿的修改和给周恩来的信》中指出："兴修水利，保持水土。一切大型水利工程，由国家负责兴修，治理危害严重的河流。一切小型水利工程，例如打井、开渠、挖塘、筑坝和各种水土保持工作，均由农业生产合作社有计划地负责兴修，必要的时候由国家予以协助。通过上述这些工作，要求在7年内（从1956年开始）基本上消灭普通的水灾和旱灾，在12年内基本上消灭特别大的水灾和旱灾。"该指示明确了国家在水利建设中的主导作用。1月25日，最高国务会议讨论并通过《1956年到1962年全国农业发展纲要（草案）》后，山西省委根据这一纲要草案编制了《山西省十二年农业发展规划》，并于同年4月在山西省一届人大四次会议审议通过。政策的出台大大加速了第一个五年计划后两年农田水利建设的发展。当年，龙子祠灌区恢复扩大新水田6882亩，植树296256棵，提高灌溉利用率47%，保证全灌区99522亩地基本上都得到了适时的灌溉。[③]

以上工程的兴修和改建，对控制水量、减少浪费、畅通流速以保证顺利灌溉起到了积极作用，加之冬浇、沟浇和作物套种等新技术的应用，灌区粮食产量有了较大提高。据统计，1956年冬浇小麦比不冬浇小麦每亩增产近29公斤。冬浇和开沟棉田提高了保蕾保苓率的16%，每亩增产籽棉13公斤。排水改良土壤，每亩增产粮食15公斤，籽棉10公斤。套种金皇后（玉米品种）比百日黄（玉米品种）

① 《临专龙子祠水委会五三年水利工作总结报告》，1953年9月30日，临汾市档案馆：40-1.2.1-7。

② 《晋南专区龙子祠水委会一九五五年工作总结》，山西大学中国社会史研究中心藏，1955年11月1日。

③ 《1957年水利工作初步计划》，山西大学中国社会史研究中心藏，1956年。

每亩增产125公斤。①

人民公社时期，龙子祠水委会（后为汾西灌溉管理局）和当地政府先后对旧灌区多条渠道进行截弯取直和渠道防渗工程建设，进一步提高了用水效率。1958—1975年，统一渠改线7500米，干渠防渗2000米，砌石3500立方米。1966年3月，上官河席坊至小榆桥改弯取直2250米，挖土3587立方米，砌砖281立方米，投工1250个。1968年3月，上官河渠首至席坊改线7450米，投工15.69万个，投资28.8万元，改善灌溉面积1533公顷。下官河和磨河流域地势低凹，土地下湿严重，是金殿镇水涝较严重地区。1969年4月，将磨河和下官河合为一渠。渠首从窑院村下移至河南村西，引母子河水，渠长7200米，投资18.39万元，补粮26850公斤。1972年，金殿镇投资3万元，对北母子河朔村东到金殿村西长5500米的五一总排水渠进行片石干砌防渗。1973—1975年，对南母子河进行了两次改线，整个工程由贾册、官硙、坛地、新风和城居5个受益大队承担。1973年11月，南母子第一期改线工程开工。该工程从渠首分水闸至贾册村的三结合闸，长900米，于1974年4月底结束，共挖土3245立方米，砌石1060立方米，投工7992个。第二期改线工程从贾册村至渠尾全长2900米，1975年1月动工至3月底完成，挖土1.78万立方米，投工3.4万个，配套建筑物22件。改线后共节省渠道占地25.05亩，渠名改称幸福渠。

表2-1　集体化时期龙子祠老灌区渠道名称及灌溉面积变化情况一览表

<table>
<tr><th colspan="2">渠道名称</th><th colspan="2">灌溉面积（亩）</th></tr>
<tr><th>传统时期</th><th>集体化时期</th><th>传统时期</th><th>集体化时期</th></tr>
<tr><td>庙后小渠</td><td>北小河</td><td>1200余</td><td>1299.71</td></tr>
<tr><td>晋掌小渠</td><td>南小河</td><td>800余</td><td>881.78</td></tr>
<tr><td>上官河</td><td>红卫河</td><td>21000余</td><td>28188.46</td></tr>
<tr><td>下官河</td><td>反修渠</td><td>8000余</td><td>8743.88</td></tr>
<tr><td>北磨河</td><td rowspan="2">母子河</td><td>3500余</td><td rowspan="2">15560.36</td></tr>
<tr><td>南磨河</td><td>3600余</td></tr>
</table>

① 《1957年水利工作初步计划》，山西大学中国社会史研究中心藏，1956年。

续表

渠道名称		灌溉面积（亩）	
高石河	统一河	1200余	14251.44
李郭渠		1900余	
中渠河		5000余	
南横渠	红旗渠	11600余	25608.59
总计		57800余	94534.22

说明：传统时期数据以民国七年的《山西省各县渠道表》为主；集体化时期数据以1961年的《现有工程情况》为准，但在渠道名称上兼顾了整个集体化时期的变化情况。

总之，与传统时代的龙子祠灌区相比，整顿后的龙子祠水利面貌发生了较大改变。渠道名称上更多地反映了时代特色；渠道形态上截弯取直、延长渠线，并进行防渗处理，渠道输水效率提高，灌溉面积扩大。（见表2-1）

三、水利开发的“大跃进”时代：三大工程的建设

1957年9月24日，中共中央和国务院发出了《关于今冬明春大规模开展农田水利建设和积肥运动的决定》，运动迅速在全国农村展开，拉开了水利建设“大跃进”的序幕。11月15日，《人民日报》发表了题为《推广先进经验，发动群众大兴水利》的社论，以河南济源县一带治理漭河和河北天津地区征服洼地的先进事迹为典型，说明农业合作制度的巨大优越性，号召把兴修农田水利和当前生产密切结合起来，进一步推动了“大跃进”的步伐。1958年党的八大二次会议通过了社会主义建设总路线，随后发动了“大跃进”和人民公社化运动。中共中央在1958年8月29日关于水利工作的指示中说：“水利建设和防汛抗旱斗争的巨大胜利，不仅坚定了广大农民人定胜天的信念，而且在打破社界、乡界、县界以至省界的大力协作中，发扬了伟大的共产主义精神。自带工具口粮无偿地进入山区进行水土保持，到处去兴修水利、打机井、修渠道、开运河、挑水抗旱等，这些都是伟大共产主义风格的具体表现。”1959年，水利电力部召开的全国水利会议上，在题为《反右倾、鼓干劲、掀起更大地水利高潮，为在较短时间内实现

水利现代化而斗争》的报告中，认为“农业合作化推动了1956年的水利高潮，农业合作化的巩固发展，掀起了1958年的‘大跃进’，在‘大跃进’中出现了一大二公的人民公社，人民公社又推动了1959年的继续‘大跃进’，并且孕育了比过去两年更大的跃进”。各地对中央政策的出台给予了积极的回应，全国很多大型水库和大型灌溉工程都在这一时期开工兴建，中小型工程更是遍地开花，数不胜数。

1957年冬，临汾河西一带有史以来最大的水利工程七一渠、跃进渠和七一水库的筹划和开工，标志着该地区的水利建设“大跃进”时代的到来。

（一）七一渠的开凿

七一渠位于临汾市汾河西岸，呈南北走向。渠首位于洪洞县杨窪庄，导引汾河水，经洪洞县、尧都区、襄汾县注入七一水库，全长98000米。灌溉洪洞、尧都和襄汾三个受益县区36个乡镇532个村庄的约26万亩耕地。

1957年初，山西省把洪赵县（今洪洞县）确定为水利建设重点县之一，派出一批领导干部到洪赵任职，坐镇指导。1957年3月派往洪赵县的有：省委农工部长王乡锦任县委书记，有农业专家誉称的省长办公室主任康丕烈任县长，农工部处长肖寒任县委副书记，此外还有农工部马世纪（处长）、阎志仁（处长）、白兴华（处长）、李子波（处长）等到洪赵帮助工作。康丕烈到任洪赵后，深入基层进行了三个多月的实地考察，最终确定了兴建七一渠工程项目。按勘察设计，洪赵、临汾（现尧都区）、襄汾有532个村庄受益，可浇地83.3万亩，渠首在与霍县（今霍州）紧连的杨窪庄村北。

1958年农历二月，七一渠一期工程开工，受益村大批劳动力进入工地，连同非受益区支援的劳力达57000人。为保证工程顺利进行，该工程兴工委员会总指挥由晋南地委常委、晋南专署第一副专员胡文元担任，洪赵县委书记王锈锦和临汾县委书记董登营分别任副总指挥。6月29日，洪赵、临汾段一期工程完工。7月1日，在杨窪庄村东的汾河滩里，召开洪、临两县庆祝通水大会，七一渠因此得名。

1959年，七一渠工程继续向南延伸，从临汾境内原渠尾西社大涵洞开渠20730米引水至襄汾东王村涧河，当年竣工受益的有浪泉、南辛店、贾罕、古城四个乡镇，余水从涧滩流入汾河。1973年，对从井头村至北吝村长达20000米的渠道进行砌石防渗建设。同时，建成了库容24万立方米的福寿水库。1975年12月下旬至1976年，襄汾县前后两次共组织全县20个公社两万余劳力开通东王至七一水库15300米渠段。1977年11月引水流入七一水库。1978年，七一渠进行全线防渗处理。竣工后的渠道底宽3米，边坡1:1，设计过水能力15立方米/秒，通常引水流量5立方米/秒。天雨充沛时，每年可向七一水库输水1500万立方米左右。

（二）跃进渠的开凿[①]

跃进渠从龙子祠泉引水至襄汾县水固乡注入七一水库，全长78000米，设计流量5立方米/秒，实际过水量2立方米/秒。其中，临汾市尧都区境内长4700米，灌溉晋掌、北杜、西杜、三景等村100余亩土地。襄汾县受益区有5个乡镇36个自然村，灌溉总面积30772亩。跃进渠的开挖建设共经历了7个阶段：

第一阶段工程于1957年冬进行，任务是开挖从临汾县龙子祠泉源窑院村到襄汾县南辛店村南全长约15000米的上游渠道，挖方深1米—2米。

1957年冬，跃进渠工程项目正式开始建设。该工程由襄汾县县长张子屏亲自领导，民工以西北片（即受益区）的7个乡为主。由于缺乏前期的工程准备和周密的工程建设规划，不得不采取“边勘查，边施工”的策略。施工时，按人数划定任务，以村庄分段作业，并要求在限定日期内完成。为此，领导和民工都表现出了极大的工作热情。为确保工程进度，有时候在夜间进行划线分工，县长张子屏甚至亲自带领施工人员手持马灯拉米绳撒灰线。“各村民工干劲冲天，你追我赶，常常出现前边还在划线，后边就急着动土挖方的情况，逼赶得技术人员昼夜加班。尽管是数九寒天，但工地上到处呈现着一片热气腾腾的战斗气氛。”经过两

① 此部分主要参考马玉胜的回忆录：《七战跃进渠》，政协襄汾县文史资料委员会编：《襄汾文史资料——水利专辑》，2002年12月印刷，第53—58页。

个多月的奋战，第一阶段工程胜利竣工。

第二阶段自 1958 年初至 1958 年秋末，工程任务从襄汾县南辛店到新绛县境全线动工。两县均组织了大量劳力参加建设，其中新绛县出动 1 万余人，襄汾县出动 1.5 万余人，高峰时期两县出工人数达 3 万余人。

出工人数的庞大首先是因为工程本身的复杂性和艰巨性。以襄汾县南贾长蛇沟至南辛店长约 30000 米的工程段为例，新开渠道需横跨三官峪和霍都峪的两个大涧滩，又要经过二郎沟、司马沟、古县沟、申村北高沟、南贾沟等 10 多个大小沟岭，特别是连村岭 5000 米长的深挖方，底宽 10 米，最深处达 23.2 米，工程极为艰巨。另一方面，现代化机械设备的严重缺乏也是采取人海战术的客观原因。工程开工时没有一台挖掘机械，不得不动用大量民工或肩挑或手推进行梯式转土。

在具体任务分配上，工程量较大、任务较艰巨的地段分配给较大的村庄完成。如在司马村西南方的大沟梁上，挖方深达十四五米，需经四五个台阶往上转土，这段长达近千米的挖土工程由汾城兵团负责完成。南、北高腴、尉村三个村劳力多，力量较强，指挥部先给每个连划分任务 100 米，完成后继续分工。连村岭设计挖方深达 23 米，任务最为艰巨，由襄汾和新绛两县的万余名民工突击。数千米长的工地布列着 21 个兵团兵力，完全使用人海战术 —— 手工运土。此方法费力大、功效低。指挥部特邀请中国民航局下放到襄汾县进行劳动锻炼的 30 多名知识分子和技术人员支援工程建设。在脉副书记的带领下，这支科技骨干队伍帮助设计、改制施工工具，安装了发电设备、转动提土运输机械，大大提高了工作效率。另外，工地通过高音喇叭、黑板报等方式公布战绩，表扬先进，进行政治动员，也起到了积极作用。经过 8 个月的努力，连村岭挖深 23 米的土方工程完成了第一期计划的 10.7 米，后因大炼钢铁上马，水利建设暂时撤兵。

第三阶段从 1959 年初至 1960 年初，主要任务是二战连村岭。该工程由新成立的侯马市负责，重要劳力是原汾城和新绛两县民工。[①] 战地指挥部设在北刘村，

① 1958 年，山西省行政区划做了较大调整。当年撤销曲沃、新绛、襄汾、绛县 4 县，将曲沃、新绛 2 县全部和襄汾、绛县 2 县部分地区划入新成立的侯马市；襄汾县北部 5 个人民公社并入临汾县。1961 年，恢复绛县、襄汾等县建制，临汾县所辖原襄汾部分复归襄汾管辖。1962 年，恢复新绛等 2 县建制。1963 年，撤销侯马市，恢复曲沃县（驻侯马镇）建制。

总指挥由侯马市长雷雨天担任，副总指挥由侯马市委副书记耿步青、农业局长孙振民和水利局一位副局长担任。

1959年2月13日（正月初六），汾城、新绛两县的民工两万多人分别开赴连村岭，采用杠杆吊秤、卷扬机、滑轮提土法进行挖方施工。经过一年奋战，全面完成了连村岭段挖深23米剩余土方的施工任务。1960年3月，侯马市组织汾城、新绛受益地区100多名群众到龙子祠泉源押水南下。水到之时，在连村召开庆祝大会，晋南行署副专员胡文元应邀参加通水剪彩，新绛县民声剧团也到场演戏庆贺。

第四阶段是1966年的三战连村岭。自1960年3月跃进渠试水之后，连村岭依然是跃进渠通水的主要障碍，连续数年水流难以顺利通过。1965年，临汾行署成立工程指挥部，由农工部长李连任总指挥，李子云任副总指挥。襄汾、新绛两县各成立指挥分部。襄汾县由农工部长田腾跃任指挥，薛来福、杨金铭任副指挥。两县共组织民工5000余人和山西省建设分公司于1966年1月26日（正月初六）正式动工，对连村岭段跃进渠进行改建。经过半年的施工作业，建成了4700米长的箱型涵洞。农历六月初，举行竣工仪式，晋南地委副书记申杰应邀到会剪彩。

第五阶段是1972年至1974年的截弯取直施工。由于跃进渠渠线长，弯道多，淤积大，流速慢，虽经多次施工，仍难以发挥应有作用。通常仅能浇灌景毛以北两三万亩土地。为解决这一问题，襄汾县请示临汾地区批准，对跃进渠线路中的黄崖湾、司马湾、景毛湾三段弯道进行改线取直。这一工程主要由襄汾县贾罕、景毛、南辛店、曹家庄、古城等公社民工5000余人突击施工。改线后的跃进渠缩短线路3600米，渠道的标准达到：底宽3米，内边坡1:1.5，纵坡1:5000，加大流量2立方米/秒，增加浇灌面积近万亩。

第六阶段是1996年的四战连村岭。自1966年三战连村岭修成4700米的箱型涵洞之后不久，“文化大革命”迅速席卷全国。由于“文化大革命”动乱的影响，连续多年涵洞内再未进行清淤，泥沙堵塞涵洞，渠水无法通过。时隔30年后的1996年11月，临汾地区汾西水利管理局和襄汾县共同负责对连村岭箱型涵洞进行清淤改造，使跃进渠水顺利流入七一水库。

第七阶段是全线防渗。1996年连村岭箱型涵洞疏通后，汾西水利管理局和临汾市（县级）、襄汾县共同组织领导，用了两年时间对跃进渠进行全线防渗，极大地提高了用水、输水效率。开建近40年的水利工程终告一段落。

（三）七一水库的修建

七一水库是这次汾西水利规划中的又一个重要工程，该水库位于襄汾县西贾乡万东毛沟，除流域天然来水外，主要通过以上之七一渠、跃进渠向水库输水，灌溉襄汾、新绛二县土地。

1957年冬，该项目由襄汾县委书记处书记宋澜任总指挥，副县长左保江、水利局刘笃祥及中国民航局支援水库建设的技术指导脉副书记任副总指挥的工程指挥部。指挥部下设办公室（兼管后勤）、工程处和政治处。

该工程自1958年初正式开工，至8月15日结束，用8个月时间建起一座坝高33.5米，坝长400米，库容1470万立方米的中型水库。整个工程上马劳力1万余人，投工228万个，完成土方量210余万立方米。

工程建设的设备极为简陋，除几台拖拉机压坝外，再无其他现代化机械。为此，指挥部组织了2000余辆小平车，挑选了4000余名男女青壮年劳力，两人一车，男的拉女的推，每天实行两班倒，换人不停车，多拉快跑，昼夜奋战。

建设工地的战斗场景是极为壮观的。七一水库所在的万东毛沟深110米，如何把土从高处运下来是加快建坝速度的关键。“这伙男女青年在运土过程中，不仅拉车技术越来越高，而且配合得十分默契，在20多度的斜坡上运土，遇到平路时，男的用劲拉，女的使劲推，心往一处想，劲往一处使；遇到弯路时，男的七转八拐，女的紧随其后，使平车不偏离路线、掉入路旁；遇到直坡时，男的把好辕杆，双脚离地，女的紧拽绳索站在车后，车似游龙，人如飞燕，长驱直下，直奔坝基，动作十分惊险壮观，好看极了。”[①] 夜间，指挥部借用柴油机发电照明。没有电灯的地方，民工们点起马灯挑灯夜战。一万余农民劳动大军，按营、连、排编队，过着军事化生活。他们上下工列队行进，“日落西山红霞飞，战士打靶把营

---

① 郭成家：《七一水库建设片段》，载政协襄汾县文史资料委员会编：《襄汾文史资料——水利专辑》，第49—52页，2002年12月印刷。

归”的嘹亮歌声响彻云霄。

根据亲身参加过七一水库建设的襄汾人乔名振先生的回忆，水库建设期间，党员、团员和青年突击队争先恐后，起到了模范带头作用，其中的“刘胡兰突击队”更是模范中的典型。1958年初春，寒气袭人，水面结冰。刘胡兰突击队接受了排水清淤，挖建坝基核心墙的艰巨任务，她们在队长徐福秀的带领下，顶着西北风跳下冰冷的水中排水清淤，一干就是几个小时，群众称赞她们“真不愧是党和毛主席教育出来的好青年”。刘胡兰突击队的铁姑娘们经过半个多月的奋战，高质量地完成了任务，她们的事迹得到临汾行署副专员胡文元的肯定和表扬。突击队中表现突出的倩倩、青云等几位姑娘，还被评为七一水库建设的模范，受到了工地指挥部和襄汾县的表彰奖励，《襄汾小报》多次报道了她们的模范事迹。在这种激励机制的影响下，七一水库工地上掀起你追我赶的建设热潮。甚至在1958年春节前夕，水库工地依然红旗飘扬，一派热闹的战斗场面。当时工地上流传着“干到腊月二十九，吃了饺子又动手”的口号。[①] 人们的巨大热情由此可见一斑。

为保证民工能够安心在工地劳动生活，各公社组织生产大队按时把面粉、蔬菜送到工地。各供销社也把饭店、商店搬到工地，水库需要什么就供应什么。襄汾县定期组织电影队、文艺团到工地进行慰问演出以鼓舞士气；还把全县修理自行车的好手组织起来专门修理小平车，以确保运输工具及时修复。

由于组织严密，后勤供应保证有力，思想工作深入细致，对安定人心，凝聚力量起到了积极作用，大大加快了水库建设的速度。七一水库建成后，襄汾县永固、西贾、赵康和新绛县的店头数万亩旱地变成水浇地，促进了当地农业生产的发展。

为增加水库蓄水容量，进一步扩大灌溉面积，1978年襄汾县组织力量对七一水库进行扩建。1980年又对七一水库进行改建，将七一水库和1978年扩建的南贾沟水库合并。合并后的两库之间有一道土岭相隔，从464米高程以上两库大坝贯通。大坝为碾压式均质土坝，坝长1350米，坝高43米，坝顶宽8米，两库各设

① 乔名振：《七一水库建设的难忘岁月》，载政协襄汾县文史资料委员会编：《襄汾文史资料——水利专辑》，第115—117页，2002年12月印刷。

一廊道式输水涵洞。设计库容达到5578万立方米，设计灌溉面积28.3万亩。但多年来，七一水库一直被列为病险水库，蓄水高程只能达到462米，每年蓄水仅为2000万立方米左右。1998至1999年，汾西灌区对七一水库进行除险加固，先后完成了薄岭防渗墙、大坝进水塔、廊道的维修改造及七一水库管理处的新建，完成投资2040万元。建成后的七一水库蓄水高程可达473米，蓄水近6000万立方米，改善水浇地10万亩，也为开展新的供水项目提供了必要条件。[①]

三大工程的修建是龙子祠灌区发展史上重大的转折性事件。至此，传统的龙子祠灌区只成为新灌区的一个组成部分，灌溉面积不足新灌区的三分之一。新灌区的水源也发生了极大改变，由原来的单纯依靠泉水资源变成引泉与引汾两种类型。由于政府在灌区发展上的积极倡导和投资注血，灌区的管理亦带有明显的政府主导性质，完全不同于传统时代以灌区村庄为主的民间自治性质。另外值得注意的是，新老灌区渠系名称的变化，带有明显的时代特征。如1952年由高石河、李郭渠、中渠河合并而成的“统一河”就带有“统一河道”和“统一祖国”的双重意味；1955年由横渠河更名的“红旗渠”，则与新中国的红色政权有关；1957年始建的“跃进渠”与三面红旗之一的“大跃进”紧紧相连；七一渠选择中共的成立纪念日作为通水日期命名；“红卫渠”、“反修渠”则是“文化大革命”的产物，这一切都深深地烙上了时代的印迹。

① 席德喜、许国强：《汾西灌区襄汾段工程续建情况》，载政协襄汾县文史资料委员会编：《襄汾文史资料——水利专辑》，第161—165页，2002年12月印刷。

第三章 水利组织的结构与变迁

水利工程建成后，维护用水秩序成为关系民众生活、社会安定的重大问题，无论对于官方还是民间均是如此。

水利组织是负责水利管理与运行的机构，其结构形态、人员组成、产生方式、权力职责、官民属性等，都无不散发着浓浓的社会史意味，因此历来受到学者的广泛关注。但是，检讨当前明清时期水利组织的研究可以发现，结构性的静态研究仍然占据多数，对水利组织的变迁特别是结构内部的分化等方面的研究尚有不足，资料的缺乏和单一性可能是造成这一现象最主要的原因。如水册条例中所载水利组织为一般常态下的结构形态，保守地分析，一种水册只能反映一个时期的结构常态，如果没有前后水册的对比或其他资料的补充，很难进行历时性的变迁研究；另一方面，如果没有反映非常态的文献资料，要更深入地探讨结构内部的张力也是不可能的。这些信息很多都可以通过相关的契约（合同）、诉讼档案、碑刻等得到补充，若能在时间上实现前后呼应则价值愈大。我们有幸发现的龙子祠水利文书为深入考察水利组织及相关问题提供了重要线索。本章以此为中心，一方面探讨了宋、金以来龙子祠泉域水利组织的结构形态、人员组成、产生方式、权力职责及内部张力等基本问题，另一方面也对地方精英与水利组织的关系进行了分析，揭示了地方精英在水利组织中的力量消长及历史背景。

一、传统时代的水利管理组织及其内部张力

（一）宋、金、元时期的定型

龙子祠水利的开发到北宋时期已基本定型，并且有一套相对稳固的水利管理组织和制度来保障用水秩序。其实，各河在开发之初即已建立了各自的管理系统，待到北宋后期最终确定分水格局后，南北十二河成为一个形式上统一、内部管理各自为政的松散的集团。只是，我们并没有宋代的文献考证其最初的形态，而不得不用后世的水利文书进行倒推。另外，也不可能对每条渠道的组织、制度逐一复原，而只能就其要者论述之。好在各河管理情况相差不大，只是因渠道规模、位置的不同而表现出管理组织层级、名称上的差异而已。

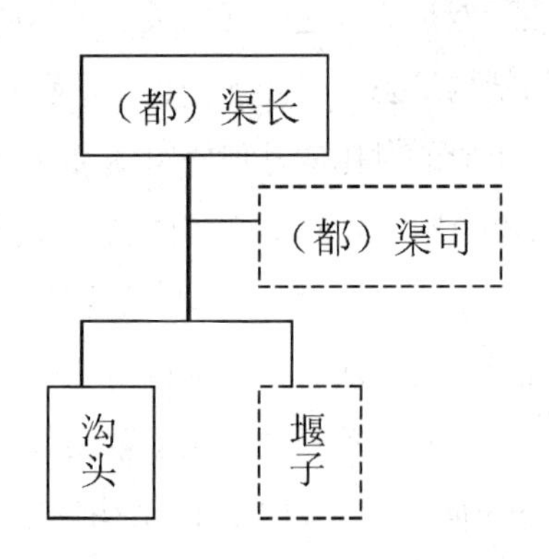

图 3-1　宋金元时期渠道管理组织结构图

“渠长—沟头”二级体制是南北十二河最基础的管理组织。这一组织体系诞生于渠道管理之初，最早出现在元代元贞二年（1296）《重修康泽王庙碑》中，碑文有载：“水之源釃渠十二，以导其流。渠有长，既支分脉散而沟洫之。沟有老，以上下相统，平繇行水为灌溉节。”只不过，这里把沟头称之为“沟老”。在此碑碑阴所列各河管理人员中，还可以发现“沟主”的称谓，其实都

是“沟头”的地方性表达。从碑文还可看出，渠长的责任主要是将一渠之水分至各沟，沟首则需统筹本沟上下游用水，确保均平。其实，渠长—沟头应然和实然之情远出其右。图 3-1 是宋金元时期龙子祠灌区一带典型的管理组织体系。图中实线框内之渠长、沟头是各渠共有的管理职务，（都）渠司、堰子则视情况而定。

先看渠长。渠长是水利组织中的最高“行政长官”，直接指挥沟头、堰子办事。疏泉、掏河、灌溉、修庙、祭祀等重要渠务都是由渠长组织、领导。办事之前，渠长要与耆老们共同商量，决定具体时间、各沟分工情况及其他注意事项。

第一，渠长要组织人力疏泉掏河。在上官河，“历来旧规每年各河公举渠长，会通绅衿、士庶、督工、总理于二月间起夫掏挖”[①]。雍正五年重修上官河时，督工、渠长共同商议，“公觅壮夫疏其壅塞，修其残缺”[②]。南横渠的情况是：“渠道若有塌坏壅塞并山水涨漫，渠长照依旧规即时督率佃地人户应开掏者开掏，应补修者补修。”[③] 其余各河情况类似。

第二，行水灌溉时，“管理渠长务要协心跟水”[④]，遇有违犯渠规的破坏行为，即时制止。“巡水”也是金元时期渠长的基本职责之一。元代上官河的“四纲”中之“任人”纲就规定“置四渠长以巡水而司赏罚”[⑤]。不过，到了明清以后，各渠一般都雇募了专人巡水，其名称就叫“巡水”。

第三，组织龙子祠的修建及祭祀。渠长是水利组织的责任人抑或法人，若是官方决定修建庙宇时，首先将命令下达给渠长，再由渠长纠集耆老人等共同行事。民间自觉的修庙行为也是由渠长组织的。工程结束后，渠长还要请地方名人撰写铭文，立碑为志。如至正九年（1346）庙后小渠主持重修龙子祠后，渠长申恭、贾和二人就邀请襄陵名士陈克敬撰写碑文，并请申恭的同乡（同是下当里），曾任

① 《龙子祠疏泉掏河重修水口渠堰序》，乾隆三十二年。
② 《重修平水上官河记》，雍正五年。
③ 《平阳府襄陵县为水利事》，万历四十二年。
④ 《上官首二三河分水合同》，嘉庆三年。
⑤ 《兴修上官河水利记》，至正二十六年。

“冀宁路平遥县酒醋提领”的段庸篆写书丹，以记其事。龙子祠祭祀也是由渠长主持操办的，在祭祀前几日的“通气会”上，渠长会安排好祭祀的程序和各沟应当准备的祭品。祭祀当天，渠长也是仪式中的主角。

第四，保管水册，执掌赏罚大权。在龙子祠渠系当中，水册等重要水利文书一般都是由渠长保管的。如南横渠“渠长收执水条并合用文簿”[①]；下官河有一式三本渠册，“渠长收贮一本，本县贮库一本，连申本府备照一本”[②]。渠长不但保管总渠的渠册，还保管各沟的“均役簿”，乾隆四十年（1775）重新誊录的《南横渠职田沟水利均役簿》记载：该簿由“接管渠长轮流收执”，我们今天所看到的南横渠职田沟、官员沟、四柱沟、宿水沟四沟的均役簿，极有可能是渠长一任接一任传下来的。有了渠册、均役簿，就等于有了维护水利秩序的宝典，渠长就可以行使“生杀大权”。渠长可以按照均役簿派夫兴工，也可以按照水册查验各沟用水时间，各引水口的大小等，并对损害渠道利益者进行处罚，轻者罚款罚物，重者“呈县究治”。

各渠一般有渠长二名，上下游[③]各一；较大干渠的支渠一般也有一名渠长，如上官河之首河、二河、三河分别有渠长一名，下官河、北磨河之各分渠有渠长一名。这一规定至少从金元时期就已形成，而且对渠长所出村庄也做了明确规定。从元贞二年（1296）《重修康泽王庙碑》我们可以看到最早的关于龙子祠泉域各渠渠长数量及其来源村庄的记载，直到道光七年（1827），这一格局几乎被完整地保留了下来（见表3-1）。

---

① 《平阳府襄陵县为水利事》，万历四十二年。

② 《龙祠下官河志》，康熙二十二年。

③ 上下游如何分界是因渠而异的，南横渠、中渠河跨越临襄二县，故其以县界为上下游之分。临汾县境内的诸渠道一般依地势分为上下游，如下官河上游有席坊、录井、兰村三村地亩，兰村以下的五默等十一村为下游。渠道分为上下游不仅是完全出于管理方便的考虑，有时也是对差别利益的认可和执行。同样在下官河，上游三村“每地六亩兴三工”，下游十一村则是“每地五亩兴三工”，上游因为地理优势而享有一定的特权。

表 3-1 元清两代龙子祠泉域各渠渠长数量和所在村庄之对比

渠道名称	渠长数目		渠长所在村庄	
	1296年	1827年	1296年	1827年
上官河	3	2	南刘北、西宜、界峪	南刘北、西宜里
下官河	2	2	不详	西曹村、麻册里
北磨河	2	2	下当、金店里	下当、金店里
上中河	2	2	席坊、小榆里	席坊、小榆里
庙后小渠	2	2	下当、席坊	下当、席坊
南横渠	2	2	西杜、双浮	西杜、双浮
南磨河	2	2	贾册、崔村	贾册、崔村
中渠河	2	2	东靳、东紫	东靳北
晋掌小渠	2	2	晋掌、北杜	晋掌、北杜
高石河	2	2	北陈、下寺	北陈、下寺
李郭渠	2	2	郭村、李村	郭村、李村
东靳小渠	2	不详	录井	不详

资料来源：元贞二年（1296）《重修康泽王庙碑》、道光七年（1827）《八河总渠条簿》。

由表 3-1 可知，除上官河、中渠河在渠长数量和渠长所在村庄有些许变化外，其他各渠的情况在500余年间几乎保持不变。[①] 这一格局的长期保持实际上正是出于对水利秩序稳定的考虑，渠长固定在几个村庄，也是村庄权威在该渠系的体现。以上官河为例，元代出任渠长的南刘北实际上就是今天临汾市尧都区刘村的前身。刘村位于上官河的最末端，也是每次灌溉最先开始的地方。要有效地维持灌溉秩序，防止灌区以上霸下情况的发生，下游村庄必须承担起更多的责任，拥有更多

① 应当指出，上官河的情况较为复杂。元代上官河极有可能已经出现首、二、三河的分支，各支渠出渠长一名，而有三名渠长。至正二十六年的《兴修上官河水利记》中出现四名渠长，则可能包括青城河渠长在内。在清代的诸多碑文中，下官河、北磨河等支渠较多的渠道会出现多名渠长的现象，其情况与上官河类似。但是，作为整个渠道而言，代表本渠的只有两位渠长。

的权威。刘村就担当了“带头大哥”的角色。可能的情况是刘村在当时本来就是一个区域中心，一直延续至今[①]。固定渠长所出村庄，不免也会引起其他村庄的觊觎和不满，但改变始终没有发生，直至民国年间的革新尝试。

渠长采取保举的形式产生，其候选人的资格认定也极为严格，不仅要人品高尚，有相当的经济基础和文化水平，还须熟谙水利业务。在南横渠，“渠长许众用水人户推保年高有德有地之家，通晓水利之人充当，不许滥举不堪之人”[②]。在下官河，“渠长、沟首、堰子三人于用水人户地广之家选保。务要丁粮物力相应、闾里美爱、性行温平、颇通经史、散水均平”[③]。中渠河也有类似的规定：“渠长于临汾县襄陵县上下流有地数多者合举出一名，谕众推保临事谨慎，有德之人充当”[④]。

在龙子祠泉域，除下官河渠长一年一选外，其他各河渠长任期二年。兹以上官河为例说明其换届选举程序。隔年的十二月初一日，南刘北、西宜里开始推举新任渠长。新渠长产生后，为了得到整个渠系的认可并树立渠长权威，须到临汾县衙注册报到，于县令案下祈得“禁牌一面，以御强梁”。之后，新老渠长还有正式的交接仪式，“旧渠长在清音亭摆酒交代新渠长”[⑤]。

渠长最初是没有任何报酬的，这也是要从殷实之家举充渠长的原因之一。没有津贴，为何还有人愿做渠长？起初的情况可能是渠长是作为一项公益性质的职务存在的，担任渠长更多的是出于服务乡里的目的，同时也可在地方社会赢得更多的声誉。但渠长必须为此付出代价，即每年渠道的一切开支都由渠长先行垫付，待到水费征收完毕才能得到补贴。很显然，担任渠长是有风险的。如果不出事故还罢，倘若遇有纠纷等事，渠长常常有家破人亡之危，以致每到改选换届之时，

---

① 据万历《平阳府志》，当时刘村一带即包括南刘南里和北刘南里。到了清代，这里依然是临汾河西地区的政治、经济中心之一。1937年10月中旬，受日军攻占大同、威逼太原的影响，中共中央北方局、八路军驻晋办事处南迁至刘村。1973年临汾县迁驻刘村，1975年迁驻临汾市。时至今日，刘村作为镇政府所在地，是一个人口密集、交通便利、经济发达、历史悠久的区域中心城镇，在河西一带很有影响。

② 《平阳府襄陵县为水利事》，万历四十二年。

③ 《龙祠下官河志》，康熙二十二年。

④ 《中渠河渠条》，光绪十年。

⑤ 《上官河水规簿》，咸丰二年。

可能举充之人纷纷逃避，让人哭笑不得。为了改变这种尴尬的局面，水利组织认识到，必须给予渠长一定的优惠政策，才能保证水利秩序的有效运行。上官首河于乾隆五十九年（1794）订立《立帮贴渠长合同》，对渠长的沉重负担及具体帮贴事宜进行了明确记载：

> 凡充应者，其昼夜奔驰，劳碌固不以言，而顾□□□□□酒饭，其费用不赀，更有难以枚举者，会事非数□□□，有事则家产难保。所以每逢举报临期，人人逃避，□□□居，甚至举报之甲挟利秉意掩其不备，如同捉兼□□贿行私举报失宜废公遗害，讼端滋起，其弊皆由于渠长苦累难办，毫无帮贴之故也。今合村人议定：自六十年为始，每亩地除齐掏河夫钱外，复又集帮贴渠长钱八文，统计合河一十二沟半地，每沟地四百亩，共计五千亩，应帮贴钱四十千文，务于开春掏河之先公齐夫钱外，每亩齐钱八文以给渠长，私自费用不在公同掏河之数。①

乾隆皇帝在位的最后一年，远在千里之外的上官首河渠长们终于得到了梦寐以求的经济补贴，但这似乎并不足以改变渠长难觅的状况。为此，在原有按里甲轮流充任的基础上，首河对各里甲渠长的具体产生方式做出了调整：

> 至挨里挨甲充应举报，□照前现不得紊乱，而应该充膺渠长之甲须于举报临期之前议定可应者二人，举报者拣择而披，其各里各甲私自征帮亦可，不必定例。②

各甲由原来举保渠长变为议定和指定相结合的渠长产生方式，确实灵活了不少，这样，渠道就不可能出现没有渠长的情况。同时表明，对于渠道而言，选出最终的渠长才是最重要的，而不必拘泥于渠长产生的方式。若此，渠长的资格审查及

① 《立帮贴渠长合同》，乾隆五十九年。
② 同上。

其乐于渠事的主观意愿很有可能大打折扣，相应地其在渠务中所发挥作用的大小和优劣就成为另一个未知的问题。

再看沟头。沟头又称沟首、沟老，管理各沟渠务，主要包括维持灌溉秩序、组织人夫兴工、收缴水费、准备祭品等。灌溉时，沟头应事先告知用水人户，本沟用水结束，沟头需将行水木牌送至下一沟。遇有掏泉挖渠，沟头要在本沟内召集人夫，组织派送到指定地点兴工，并交代清楚工程的标准。每年收水费时，沟头还要到各家收河租。龙子祠祭祀之前，各沟头要准备好渠长分配的祭品，且必须保质保量。

每沟之下又分为若干甲，各甲土地相当。甲头需是该甲土地较多者，如南横渠四柱沟规定，水地在五亩以上者可充任甲头。① 沟头就来自各甲甲头，每年一换。沟头须听从渠长之命，若是抗拒渠长，则可以进行罚款罚物，严重者甚至可以呈县究治。如在中渠河“东靳、郭下四沟、东柴、刘庄、北陈等沟头抗拒渠长，不伏使唤者罚白米贰石”②。龙子祠每年春秋二季祭祀时，“各沟头预备祭献物料，俱要洁净齐整”③。

与乾隆末年渠长实行的津贴制不同，各沟一般采取优免制来作为对沟头的补贴。中渠河的规定是，对各沟给予一名夫役的减免政策。沟头上任也有定期，南横渠规定：“沟头自正月初一日为始照地亩数应当，如有奸猾躲避日期，挨查得出呈县究治。”④

在渠长—沟头之外，还有都渠长、堰子、渠司、都渠司等职。都渠长是十二官河渠长中的领袖，充当集体事务发起者的身份。“都渠司”是“渠司”中的领袖。那么渠司为何？检阅历代碑文、水册、档案，可知渠司既是一个职务，也是一个机构，一般有固定的办公场所。其主要职责是管理水利簿籍，如元代上官河管理“四纲”之一的“任人”之法中提到：“渠司一人，以掌簿籍。”⑤ 换句话说，

---

① 《南横渠四注沟均役水利簿》，道光四年。
② 《中渠河渠条》，光绪八年。
③ 《平阳府襄陵县为水利事》，万历四十二年。
④ 同上。
⑤ 《兴修上官河水利记》，至正二十六年。

渠司相当于今天各单位的办公室，只不过办公室只设主任一人（其他渠道容有不同）。除了保管簿籍之外，渠司还是各渠规令的传达者和渠务的招集者，游走于上下游各沟首及民众之间，为乡里所熟知。正因为如此，他的实际权力有时甚至搀越渠长，垄断渠务，甚至常常尾大不掉。

每年春秋两次打堰，掏修渠道，都是渠司转帖纠集各沟沟首、有地人夫，将他们组织起来。如李郭渠“春初秋后要水浇溉地土，渠司转帖集一十二沟上下流沟首修淘长渠并打大堰”；若是山水“吹破大堰，其用水人户须要即时申□，渠司发帖集有地人夫修理”，中渠河规定，如果“人户交到水程被猛雨冲破渠堰”，须及时报告渠司，“渠司即发文帖集夫修垒”。晋掌小渠也是如此，“春浇地时渠司行帖集众修淘”[1]。

如果有破坏渠道建筑物，或买卖水程等违反渠规的行为，渠司还充当“司法”者的角色，须带人现场勘验，若情况属实，还可对违规行为做出处理。例如南磨河，“用水之日有人盗水豁破大堰者，渠司集众踏验明白呈县究治”。中渠河的情况是，如果在自家水程内“浇了邻畔青苗，渠司集众踏验，轻重赔罚不依呈究”，若是“将水卖于地人浇灌，有人状申，渠司不以卖水多寡，罚白米壹石；买水人罚白米五斗，若不是本程诈卖他人，罚白米贰石”[2]，这说明渠司可现场决断，权力不可谓不大。

民国年间，南横渠恢复水利局之时就曾发生渠长从渠司手中重夺大权的事情。民国三十二年（1943）农历十月初六，新任南横渠渠长王太和上任。但是，因为渠司长期把持南横渠管理大权，直至次年年末，上任一年的王渠长仍不能顺利行事。无奈之下，襄陵县主任委员阎谷青，县长兼委员贾文琮电求省府帮助，将王太和加委，以“驾驭渠司”[3]。可见，此时渠司的权力已经过度膨胀，远非小小的办公室主任，甚有“一家之长”的风范。这里虽然不能排除渠司借时代动乱之机篡夺渠长大权之嫌，但至少说明渠司在渠道权力格局中具有潜在优势。

渠司作为一个机构，一般有固定的场所，是渠长、沟头等渠道管理者共商渠

① 《平阳府襄陵县为水利事》，万历四十二年。
② 同上。
③ 《襄陵县组政经军统一行政委员会代电》，1944 年 12 月 28 日，山西省档案馆：B13-2-116。

事的地方。因为是公事，地址就不好选在某家某户，而最好是公共空间。像中渠河就有二郎庙渠司，每年春秋二季及农历四月十四日祭祀龙子祠前夕，渠长、沟头等人汇集于此，安排祭祀各项事宜。文献记载：中渠河春（二月）秋（八月）二祭时，渠长、八沟沟头“于十五日在二郎庙渠司商议大典祭祀，选择日期”，并详细安排各沟应备之祭品用物。每年农历四月十四日龙子祠祭祀前数日，上下游渠长、各沟头依然在“二郎庙渠司商议备办祭品及吹手执事各项用物”。中渠河还有东靳渠司，其具体属于何种类型的公共空间我们不得而知，但在这里亦是商讨祭祀等重要渠务，不过它的规格相对小些，商讨的只是该渠内的祭祀事项，“每年三月二十一日、五月初一日、六月初六日、六月十九日俱为本渠小典，祭祀之期前数日渠长行帖达知各沟头俱在东靳渠司拈香祭祀”[①]。

堰子是具体管理“堰”[②]的人员，并非每渠都有，十二官河中仅上官河、下官河、北磨河、南横渠、南磨河、庙后小渠有堰子一职，这也说明仅此六渠有“堰”这种渠道建筑物，或者此六渠的堰较为重要，均需专人进行管理和维护。如南磨河在朔村村西鳖盖滩引水处就建有堰一座，春秋两次下水“打堰”[③]，规定堰子必须用心看守，若“冲破大堰有误淘河者，呈县究治”[④]。除了看守渠堰外，一些渠道的堰子还是渠规的执行者和渠长命令的转达者。元代上官河制定的“四纲”之中，就有“堰子四人，以备使令”[⑤]的规定。每年掏渠之时，渠长“使令堰子转帖晓谕，沟甲人夫各带锹镢钩镰应用等物剜捞泥草疏通”[⑥]。堰子的人选一般采取就近原则，如南磨河的堰子就出自朔村，以佃种该河三亩下稻地作为报酬，“除纳良外出备租子粳米三斗充龙祠庙秋祭赛用”[⑦]。

此外，有的渠道或沟还有执笔一人，“选识字熟会写法者充当”，负责一切文

---

① 《中渠河渠条》，光绪八年。

② 《说文》中对堰有两种解释，一是拦河坝，二是灌溉工程。龙子祠泉域一带的堰均属前者。

③ 打堰，即是筑堰。在民间和一些地方文献中还有“打坝”的说法，同义。

④ 《平阳府襄陵县为水利事》，万历四十二年。

⑤ 《兴修上官河水利记》，至正二十六年。

⑥ 《上官河分水规》，康熙三十三年。

⑦ 《平阳府襄陵县为水利事》，万历四十二年。

字性工作，相当于今天的文员。对执笔也实行优免制，“免一工夫役”[1]，“一年一替”[2]。

应当指出，以上管理组织结构并非适用于所有渠道，但各渠均以渠长一沟头为基本的组织体系，在此基础上应实际需求或有增加。因为具体事务不会有太多变化，新派生出的职务部分担当了原来渠长一沟头的职能。有时候，虽然职务的名称不一，但承担的具体事务可能相似。比如在转帖一事上，李郭渠、晋掌小渠都是由渠司负责，而上官河就是由堰子执行的。事无定法，这就是中国历史多样性的表征之一。在下面的论述中，也会有同样的情况。

（二）明清时期地方精英力量的凸显

明清时期，渠道管理系统中出现了“总理”、“督工”等职，渠道管理之分工更加细化。随着时间的推移，管理系统中的权力格局出现分化和重组，一场“静悄悄的革命”正在进行。

“督工”一词最早出现在隆庆六年（1572）《院道府县分定两河水口》碑中。该碑文记述的是隆庆五年上官河与上中河因分水口一事酿成讼端，最终由提刑按察司钦差、平阳府、临汾县共同审理一案。在该碑文末的落款处，位于上官河渠长、上中河渠长之后有“督工官”的字样。九年之后，晋掌小渠与南横渠同样因为分水问题发生纠纷。平阳府、临汾县、襄陵县共同审判，并将判决结果勒碑竖于龙子祠，此即万历九年（1581）的《平阳府临汾县襄陵县为违断绝命事》。“督工官”同样出现在相同的位置，其样式如图 3-2 所示：

① 《平阳府襄陵县为水利事》，万历四十二年。
② 同上。

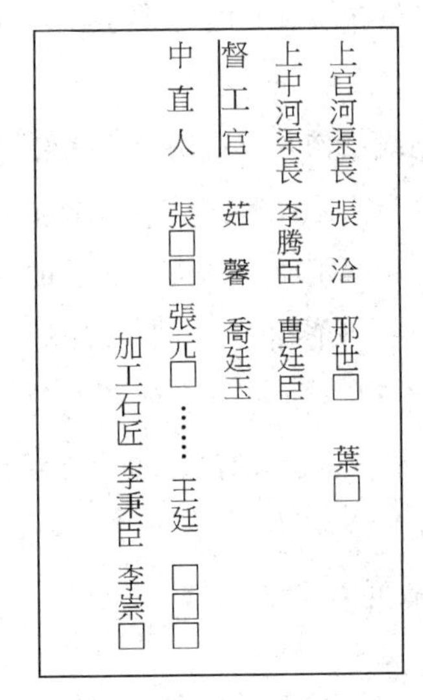

图 3-2　隆庆六年《院道府县分定两河水口》碑中的“督工官”位置

不难看出，明代的“督工官”至少是渠道打官司时的重要成员，但其地位应当在渠长之下（如图 3-3）。

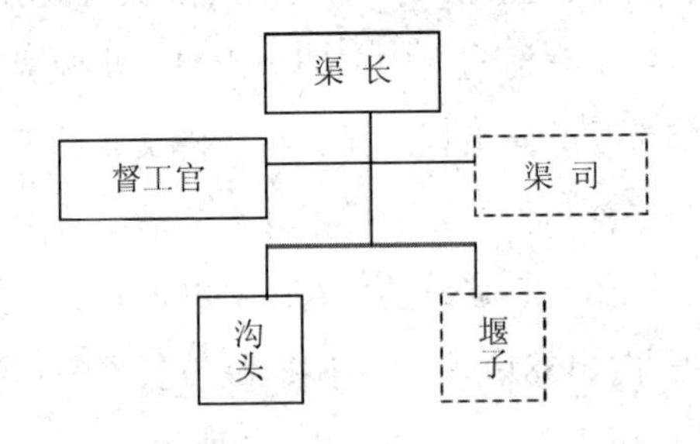

图 3-3　明代渠道管理组织结构图

到了清代，“督工官”的称谓不再出现，取而代之的是“总理”、“督工”、“公直”等职务（如图 3-4）。总理本是协助渠长办事之人，督工则出自各沟，公直与督工相当，只是名称因渠而异。如《上官河水规簿》“每年公举总理数人协助渠长，各沟仍各举督工二人更代董事”[①]。乍一看来，总理似乎是渠长的助手，督工

① 《上官河水规簿》，咸丰二年。此处表明各沟之前还有“董事”，裁汰原因不得而知。

之地位则更为次之。然而，在具体操作中，其情况是极为复杂的。这不仅表现为南北河间的不同，还体现在表达与实践之间的差异。

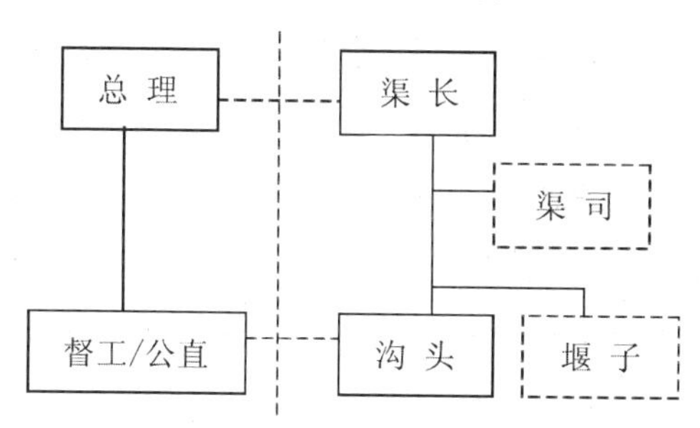

图 3-4　清代渠道管理组织结构图

检阅清代各碑文、水册，可以发现北河各渠均有总理、督工（或公直），且位于各渠管理人员名单之首；与北河不同，南河只有共同之总理，督工则分列于各渠渠长和沟首之间。这似乎说明，督工在南北河有着不同的地位：北河之总理、督工地位较高，而南河督工地位相对较低。因为南河有共同之总理，相对而言更像一个团体。从道光二十三年（1843）的《重修康泽王龙母神殿序》碑阴所列各河组织人员名单格式中可探其一二。

如图 3-5 所示，北河各河名单次序为总理督工—渠长—沟首，南河则是单独列出总的总理督工，然后各渠分别列出渠长、沟首（或堰长）。由此我们可以认为，南河是一个较为集中的团体。在这个团体内，南横渠即是所谓的“老大”或主心骨，在各种公共活动中充当着领袖的角色。因此，南横渠有时又被称为南横总渠，渠长则是总渠渠长，可见南横渠在南河地位之高。

形式上表现出的地位差异是否也体现在实际操作层面？我们从南北各河渠册、均役簿等水册中寻找答案。

在上官河，“总理统领督工”[①] 参与的事务有：组织渠道开挖、掏淤，修复、祭祀龙子祠，掌管、誊写水利簿籍，代表本河立合同、打官司等。雍正五年（1727）春，天气亢旱，上官河渠道湮废，平阳府知府樊钱倬步行至龙子祠祈雨，

① 《龙子祠水规簿》，咸丰二年。

并主持修复河道。“公举数人总理之，再举数十人分理之。”[①] 这里，分理之人即为督工。关于总理、督工参与修复、祭祀龙子祠之文献极为普遍，清代各修庙、祭祀碑（阴）文中均有体现，兹不赘述。督工还是上官河水利簿籍的掌管者和修改者。如咸丰二年（1852）《上官河水规簿》的修订就是由绅衿总理杨俊声和督工张友奎笔录，应当说，在此项任务上，总理、督工已经代替了元代渠司的职责，渠司也极有可能在元代以后即从上官河管理体系中淡出甚至消失。此外，总理、督工还是上官河重要的“法人代表”，在处理与他渠事务时常常是重要或者主要参与者。雍正五年（1727）的《上官首二三河用水规》和嘉庆三年（1798）的《上官首二三河分水合同》的订立，除渠长之外，就分别有上官首二三河的总理和督工参加。在咸丰元年（1851）发生于上官河与赵半沟、雷段二口、窑院村等相关利益体之间的数起纠纷和水案，以及次年发生在首二三河之间的水利争端中，上官河的总理、督工扮演了极为重要的角色。这几次纠纷中，上官河总理张兆熊时刻冲在最前面，为了赢得官司，他可以在平阳府府衙班房熬住 20 余日，甚至忍痛告别自己 84 岁老母到省府太原为上官河辩护。我们相信，在上官河之外的其他北河渠道，也有许多张兆熊似的总理和督工，他们在渠道和地方社会中的地位和影响值得关注。

相比而言，从现有的资料来看，南河诸渠当中督工、公直等人参与的事务有限，主要涉及修复、祭祀龙子祠，见证水册修订等事，其余事务大都由渠长负责。同样通过重修碑、祭祀碑碑阴文字可以看到南河诸渠督工的名字，可证其为修复、祭祀龙子祠的一份子。乾隆四十年（1775）修订《南横渠职田沟水利均役簿》时，南横渠渠长、沟首、公直分别参加。正如前文所及，公直的位置是相对靠后的。这也与其参与事务的多少成正比，即：不同于北河，南河督工、公直等参与渠务较少，地位并非如北河总理、督工那样显赫，但其作用亦不可低估。

总理、督工等人何以拥有如此地位和威望？这还需从其身份本身进行考察。前已述及，在龙子祠的诸多碑刻中，碑阴或落款部分提供了大量关于渠道管理体系的详细内容，这里我们选取从乾隆到光绪初年的 6 块碑文进行统计分析，以此

① 《重修平水上官河记》，雍正五年。

来说明水利组织中的地方精英构成情况。

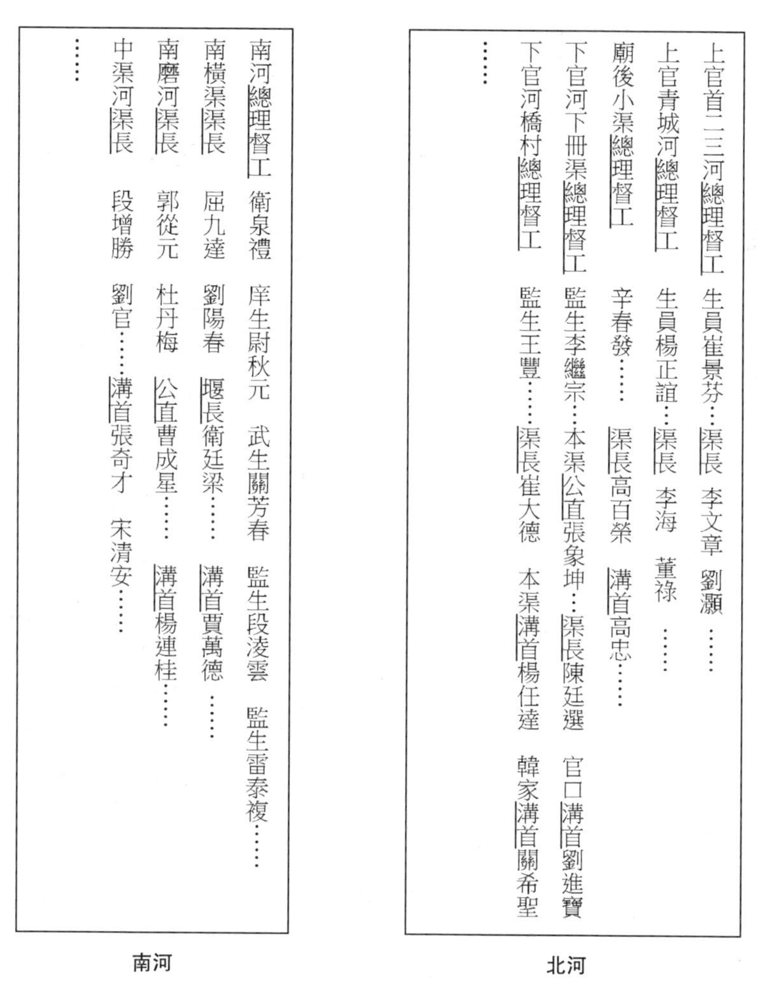

图 3-5 道光二十三年《重修康泽王龙母神殿序》碑阴中的南北河督工、渠长位置示意图

统计的方法是：首先将 6 块碑文中涉及的水利组织人员的所有头衔一一摘出；然后按水利组织人员的工作性质分为三类，即将总理、督工、公直归为一类，渠长单独一类，沟首、堰长（或称堰子）归为一类；其次，为了说明南北河在管理人员身份来源上的差别及其历史的变迁过程，我们将二者以时间为顺序按类别统计人数。表 3-2 即是统计结果。

表 3-2　18—19 世纪龙子祠泉域水利组织中各类身份头衔统计表

时间	区域	职务	拥有功名人数																												总计人数	资料来源
			生员	贡生	监生	吏员	庠生	典吏	礼生	介宾	耆宾	武生	拔贡	廪生	佾生	乡耆	从九	典籍	附生	孝廉	武举	增生	都司	举人	修生	千总	军功	知印	议叙	不明		
1754	北河	总理督工公直	8	1	5	1																								2	79	乾隆十九年《重修碑》
		渠长	1																												15	
	南河	总理督工公直																													1	
		渠长																													14	
1767	上官首二三河青城河	总理督工公直	6	1	5		2	1	2																						77	乾隆三十二《龙子祠疏泉掏河重修水口渠堰序》
		渠长																													8	
1828	北河	总理督工公直			5	3	2			1	7	5	1	3	1	1	1	1													74	道光八年《重修龙子祠记》
		渠长									1	1																			25	
		沟首									1	1					2														38	
	南河	总理督工公直	2		1									1			2	1													22	
		渠长									1						1														14	
		堰长沟首	1		1							1					4		1												49	
1843	北河	总理督工公直	4		8		11			3	4																				121	道光二十三年《重修康泽王龙母神殿序》
		渠长	1																												23	
		沟首					2																								34	
	南河	总理督工公直			3		1				1	2																			23	
		渠长			1																										14	
		沟首堰长															1														75	
1874	北河	总理督工公直	8	5	21						17	3		1			5	6		1	1	1									78	同治十三年《龙子祠重修碑记》
		渠长		1	5		1				1	2					1						1								35	
		沟首			1						1	2																			28	
	南河	总理督工公直	7		5						2	5					7	2						1							46	
		渠长	1		1						2																				12	
		沟首堰长	1		2							1					1								2						59	
1876	北河	总理督工公直	3	5	19	2	2			2	18	8		1			2	4			1		1			1	1				126	光绪二年“恩沛伦音”碑
		渠长			1						1																				18	
		沟首																													28	
	南河	总理督工公直	5		10						2	5					10	3								1		1	1		63	
		渠长	1		4							1						1													13	
		沟首堰长	1	1	5							1					5									1					64	

备注：生员：明清时期又称秀才、庠生，分三等，有廪生、增生、附生。由官府供给膳食的称廪膳生员，简称廪生；定员以外增加的称增广生员，称增生；于廪生、增生外再增名额，附于诸生之末，称为附学生员，称附生。考取生员是功名的起点。各府、州、县学中的生员选拔出来为贡生，可以直接进入国子监成为监生。

耆宾：每岁由各州县遴访年高有声望的士绅，一人为宾，次为介，又次为众宾，详报督抚，举行乡饮酒礼。所举宾介姓名籍贯，造册报部，称为乡饮耆宾。倘乡饮后，间有过犯，则详报祥褫革，咨部除名，并将原举之官议处。乡耆：乡里中年高德劭的人。

佾舞生：清代朝廷及文庙举行庆祀活动时充任乐舞的童生，文的执羽箭，武的执干戚，合乐作舞。又叫“乐舞生”，简称“佾生”。

拔贡：科举制度中由地方贡入国子监的生员之一种。清朝制度，初定六年一次，乾隆中改为十二年一次，每府学二名，州、县学各一名，由各省学政从生员中考选，保送入京，作为拔贡。经过朝考合格，可以充任京官、知县或教职。

吏员：是指有官员身份但没有官员品级或者品级不高的下层办事人员。典吏：清代司、道、府、厅、州、县的吏员都叫典吏。

千总：明代驻守京师的京营兵分为三大营，设千总、把总等领兵官，职位低下。清代绿营兵编制，营以下为汛，以千总、把总统领之，称“营千总”，为正六品武官，把总为七品武官。又漕运总督辖下各卫和守御所分设千总，统率漕运军队，领运漕粮，称为卫千总、守御所千总。京师内九门，外七门，每门设千总把守，称为门千总。又四川、云南等省的土司官也有此职，称土千总、土把总。

都司：官名，隋大业三年（607），置尚书左、右司郎于尚书都省，辅助尚书左、右丞处理省内各司事务，简称都司。唐宋的尚书省亦称尚书都省，其左右司为尚书省各司的总汇，因称都司。明代都指挥使司为一省掌兵的最高机构，简称都司。又清代绿营军官职位次于游击，称为都司，秩四品，位次游击，分领营兵。

孝廉：本是汉朝选拔官吏的科目之一，为士大夫的主要途径。明清俗称举人为孝廉。举人：参加乡试而被录取的称举人。举人可授知县官职。

军功：因立有军功而受爵的人。礼生：重要祭典活动中专行礼仪的人，身着礼服举行仪式、唱礼等。武举：这里特指武举人，指通过武举乡试者。

议叙：清代吏部考核官吏后，对成绩优良者加级或纪录，以示奖励，称议叙。功多者加倍议赐奖盛称，优叙。又由保举而任用的官员亦称议叙，如议叙知县等。

知印：主持用印。明洪武二年（1369）始设，由衍圣公保举咨请吏部铨用，俸禄比照翰林院令史，由免粮田收入内支给。清代定为正七品。

典籍：又名奎文阁典籍，元至大二年（1309）设，例由衍圣公保举咨请吏部铨用。清代为正七品。

可以发现，水利组织中管理人员名目繁杂，122年间出现了生员、贡生、监生、吏员、庠生、典吏、礼生、介宾、耆宾、武生、拔贡、廪生、佾舞生、乡耆、从九、典籍、附生、孝廉、武举、增生、都司、举人、千总、军功、知印、议叙等20余种称谓。这虽与撰写碑文者对功名认识的不统一有关①，但并不影响水利

① 按照清代科举制，生员包括府、州、县学中的廪生、增生和附生。各府、州、县学中的生员选拔出来为贡生，可以直接进入国子监成为监生。贡生又可分为拔贡（每12年考选1次）、岁贡（每年选1次，按在学时间依次选补）、恩贡（无定期）、优贡（无定期）、副贡（每3年举选1次，由乡试取得副榜的生员中选送）。碑文撰写者显然没有对此进行详细的甄别。这不仅是综合后的特点，即使具体到某一碑文，情况亦然。例如光绪二年《恩沛伦音碑》中同时出现生员、贡生、监生、庠生等功名。

组织管理者来源的广泛性特征。这些称谓中不仅有通过科举得到名分的生员、贡生、监生、孝廉（举人）等文化人，也有取得军功、中过武举的功夫手，还有典吏、典籍、千总、知印、议叙等为清廷供职的在官者。他们与素服乡里、德高望重的耆老们共同构成了地方社会的精英集团。一定程度上说，精英集团规模的大小、层次的高低以及在此影响下所占有社会资源的贫富决定了其所在水利组织的话语权。

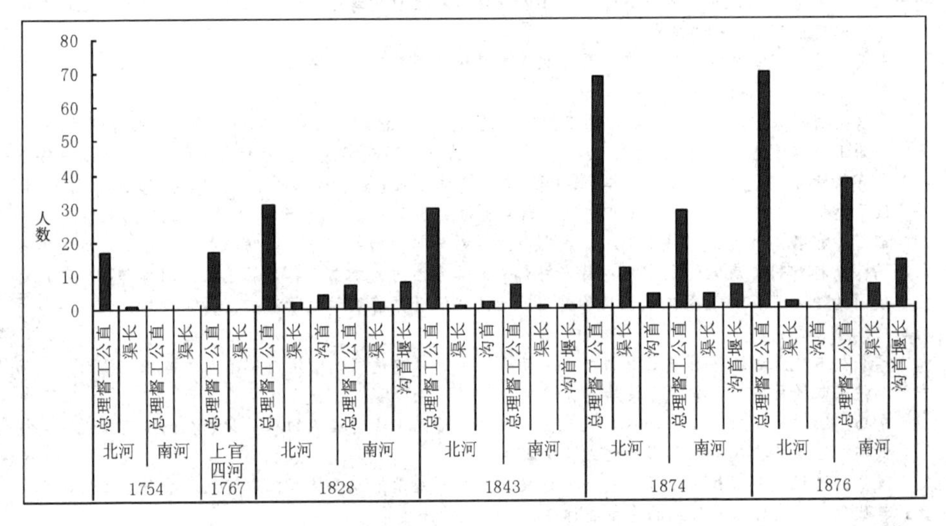

图 3-6　清代龙子祠泉域渠道管理体系中地方精英数量之变迁

图 3-6 给出了清代龙子祠泉域水利管理体系中精英集团人数变迁的情况。由图可知，18 世纪下半叶，精英集团几乎全部集中于北河（主要是上官河）的总理、督工、公直等非渠道日常事务的管理者中；在渠长—沟首体系中，仅有北河一二名渠长属于精英集团；南河管理体系中竟无任何精英任职。19 世纪前半期，南北河精英集团的规模都有扩大，并突破性地渗透到沟首、堰长及南河的各种水利管理职务当中，遍及整个管理体系。19 世纪后半期，精英集团规模在前期基础上又有了很大的扩充，人数成倍增之势；特别在南河，精英数量骤增，在渠长—沟首体系中的数量逐渐赶上、超过北河，但在总理、督工、公直中的数量还与北河存在一定差距，只及北河的一半左右。

为了进一步说明精英集团有可能在水利管理体系发挥的影响和作用及其程度的大小，我们制作了图 3-7。该图表现的是南北河水利组织中各职务内地方精英比例的变化情况。总体来说，无论南河北河，总理、督工、公直中的精英份额最大，尤其到了 19 世纪中后期，一半以上都来自于地方精英，在同治十三年（1874）北河总理、督工、公直中的精英更是占到近九成的比例。相比而言，渠长、沟首、堰长中的精英比例较小，光绪二年（1876）南河渠长中的精英份额最大，达到 53.8%；沟首、堰长中的精英比例最多时也未超过三成。从历史变迁来看，各职务中的精英比例总体呈现逐年增多的态势，如果以 50 年为周期，这种趋势更加明显，从 18 世纪下半期到 19 世纪下半期几乎是阶梯式的增加。南北河对比来说，南河的总理、督工、公直中的精英人数虽然总体较少，但精英所占比例相对较大，到了 19 世纪中后期，在三类职务的对比中，南河精英比例几乎都要超过北河。[①]

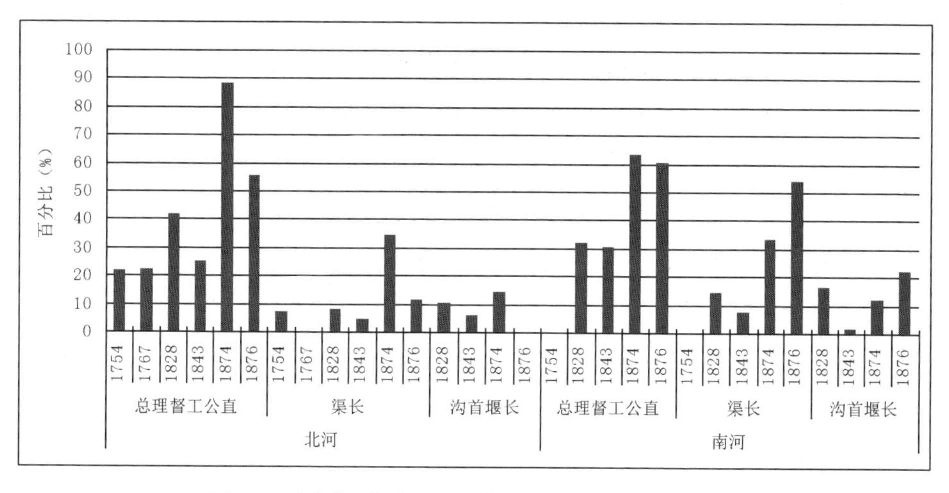

图 3-7　清代龙子祠泉域渠道管理体系中地方精英所占比例

资料来源：乾隆十九年（1754）《重修碑》、乾隆三十二年（1767）《龙子祠疏泉掏河重修水口渠堰序》、道光八年（1828）《重修龙子祠记》、道光二十三年（1843）《重修康泽王龙母神殿序》、同治十三年（1874）《龙子祠重修碑记》、光绪二年（1876）《"恩沛伦音"碑》。

---

① 1874 年北河总理督工公直中的精英比例较高，在南河之上。

通过对地方精英在水利组织中的数量和比例分析，我们可初步判断：从18世纪后半期到19世纪的一百多年间，水利组织中的精英人数和比例发生了较大的变化，人数从无到有、从少到多，比例从小到大，甚至在一些职务中占得半壁江山，体现了精英集团在水利事务中发挥的作用和影响日益增强，有时竟然越权行事，引起渠长的不满。道光二十九年（1849）上官河就发生督工挪用公款，公直把持渠事，而被渠长状告至平阳府一事。十月二十日，平阳总捕水利分府以《告示》的形式将判决结果公示于上官河，其文如下：

特授平阳总捕水利分府纪录二十二次联　为出示晓谕

事照得上官首二三河并青城河均有盖印渠册，各村浇灌地亩以及办理渠事自应遵照渠册内规矩办理。兹有上官三河渠长周全德以倚仗督工掉使公钱告督工邓永恒。又据青城河公直闫在酉以既不遵规让伊为首告柴文训等。经本分府讯明督工邓永恒掉使钱文是实，公直闫在酉实系把持渠事。查渠长乃办理渠事之人，督工、公直皆渠长邀请帮记账项之人。今督工、公直人等霸办渠事，实属不按渠规。若不照规严禁，则渠规从此紊乱矣。为此，示仰上官四河士庶人等知悉。自示之后，渠长邀请督工、公直务须合村公举正直老诚之人光膺。凡举、贡、生、监有功名之人不得违例滥膺渠长、督工、公直。再，每逢渠内兴讼，向系按地派钱以为词讼之费，尔等乡民不知敛钱兴讼定例綦严嗣后遵照渠规渠事责成渠长一人经理，不得假手公直人等揽办。如再有举、贡、生、监充膺渠役，并按地派钱兴讼，均各按本例严办，决不姑息。□宜凛遵，特示。

右仰通知

道光二十九年十月二十日

告示押　实贴上官首河[①]

如此，我们又对督工、公直等人的原初权限有了新的认识。他们本应是渠长

① 《平阳总捕水利分府告示》，道光二十九年。

邀请帮记账项的正直老诚之人，随着历史的变迁，考取功名的地方精英逐渐打入水利组织内部，并进一步霸办渠事，水利组织的权力中心发生转移。这给渠长—沟首的日常管理带来了极大的不便，他们像戴了紧箍咒，时时处处受到督工、公直等人的牵制，甚为不爽。无奈之下，不得不撇开情面，在王朝秩序下打出最后一张牌——寻求司法帮助。根据张俊峰的研究，“率由旧章”是前近代司法实践中解决水利纠纷的习惯性原则[①]。其实，这一原则适用于整个19世纪甚至20世纪上半期的龙子祠泉域社会。在这起诉讼案件中，官府依然是按照渠规旧例进行判决，特别强调将那些举人、贡生、生员、监生等获取功名的地方精英拒于水利组织门外。稍显仁慈的是，可能出于灌溉秩序稳定的考虑，并没有对水利组织中的在任精英进行清理整顿。这种对既成事实的默认，实际上往往助长了地方精英的嚣张气焰，以致在今后的组织换血过程中不可能完全做到判罚结果中所规定的禁令。若此，我们就不难理解在同治十三年和光绪二年的两块碑文中，水利组织中精英的数量不是减少而是增加了，精英所占的比例不是下降而是上升了。

水利组织中精英数量和比例的上升归根结底是由精英集团本身规模的膨胀所致。据张仲礼的研究，19世纪后半期，因为太平天国运动，政府为了寻找财政支持而奖励军功，增加了各地学额，导致“正途”绅士和“异途”绅士的数量“猛增”。更严重的是，绅士内部的构成也因此发生了重大变化。“异途”绅士的增加比例远远大于“正途”绅士，他们侵入到原为“正途”绅士掌控的领域[②]。在龙子祠地方社会的精英集团中，绅士是最主要的组成部分。故而，绅士规模的扩大也会相应地渗透到水利管理组织中，他们迎来了在乡里社会活动的黄金时代[③]。可以

---

① 张俊峰：《率由旧章：前近代华北乡村社会水权争端中的习惯性行事原则》，《史林》2008年第2期。

② 参见张仲礼著，李荣昌译：《中国绅士：关于其在19世纪中国社会中作用的研究》，上海社会科学出版社1991年版，第152—153页。

③ 美国学者孔飞力在《叫魂：1768年中国妖术大恐慌》（上海三联书店1999年版）中提到：在叫魂危机过程中，地方士绅们始终谨慎地置身事外，反映士绅利益的地方志对此也鲜予评价。这表明，官府并没有求助于士绅，而士绅也不愿自找麻烦去追缉妖术案犯，保护无辜民众或调解争端。由此，他认为在叫魂案发生的18世纪后半期，“士绅活动的黄金时代还未到来”；并指出“‘地方士绅’的出场要在一个世纪以后才变得显著起来”（第303页）。当然，他所谓的“出场”是指在官方的档案中。这里要强调的是，士绅阶层在地方文献中“出场”的时间要早了很多，但其活动的黄金时期——正如孔氏所言——是在“一个世纪以后”的19世纪后半期。

推想，由于“异途”绅士人数增加的更快，其劣质性也会对水利管理产生一定的负面影响。

其实，地方精英长期霸占渠务在某种程度上也是地方社会保持稳定的需求，是精英身份在地方社会长久崇高形象的体现。因此，总理、督工、公直的人选长期保持不变，有时甚至出现一家甚至一人盘踞把持渠事的局面。如上官首河中总理督工张兆熊，他先后在道光八年、同治三年和光绪二年整修庙宇中担任主要职位。换言之，终其一生他都在当地渠事中担任主角，更在同治年间任“钦赐六品壬戌制科孝廉方正改就教职恩贡生”，光绪年间“敕授承德郎六品职衔孝廉方正改就教职恩贡生”，可谓恩荣有加。又如高石河负责人从道光八年到光绪二年先后出现李汾春、李迎春、李含春、李继春；常建福、常建寿、常建功、常建康等。可见，若为一家，则或兄弟，或叔伯，或远房，总之都有着扯不断的亲缘关系。此外，尽管碑刻中许多人名出现别字，如上官三河道光八年总理督工有李长德（吏员），到同治十三年总理督工李常德（监生）；北磨河下当管道光八年总理督工刘复亨，到道光二十三年刘福亨等此类情况，种种迹象表明虽字有差异，但可确信为一人，这是碑文、水册中常有的书写习惯。

究其原因，在传统农业社会中，占有土地和水这两样基本的生存资本某种程度上已经成为权力的象征，尤其是该区域“近为山西之地，山多石少，地广水缺，土瘠民弱，十日无雨即成旱，全凭沟洫或引汾河之水或引山下之泉水以溉田禾，滋润土地”，水作为稀缺资源，它的宝贵是毋庸讳言的。占有了水权就等于拥有了地位、财富；占有了水权，身份、地位和财富才能得到进一步彰显。士绅阶层和其他地方精英都趋之若鹜也就不难理解了。

综上所述，水利开发基本定型于宋代的龙子祠泉域，从那时起就有了一套较为稳固的管理体系，从元代的水利碑刻中我们得以窥得其较早的结构形态。可以说，以“渠长一沟头”为基础的水利组织贯穿了元明清五百余年。五百年来，水利组织一方面整体上呈现出一种类似结构性的固定模式，另一方面，在其内部也体现着种种张力。这一点，在渠长及其与渠司、（总理）督工之间表现得最为明显。渠长一职是为掌管渠务及祭祀等相关事宜的最高领导，在帮贴制实行之前，更多地体现了一种荣誉和威望。然而，水利纠纷、水费征收中的不确定性大大增加了水利组织的管理风险，即使富庶之家也常受此拖累，渠长为此喋喋叫苦，并终于在乾隆年间迎来了转机。鉴于渠长选举之难，渠系通过议定或指定产生渠长，并用帮贴制予以保障。帮贴制的实行将原来不确定的秋后算账变为春季掏河时的事前结算，渠长由此获得工程款项及个人补贴，而不再先行垫付，当然是乐成其事的。

我们不禁要问，那些素服乡里、家境殷实，本应被选为渠长的人哪里去了？一个合理的推测是他们去做了水利组织中的总理和督工。他们感于渠长事务缠身兼有风险，于是从具体的事务中解脱出来，但又不想放弃在渠系中的权威和利益，便以督工这种辅助的角色出现在水利组织中。如上官首河的武生、千总王嘉谟自咸丰至光绪初均为该河总理督工①，其间曾开设纸局、创办水磨②。二者均为耗费水量极大之项目，渠系对此有严格限制，王嘉谟能成其事，必然与其督工身份有关。督工利用职务之便谋取利益自不待言，甚者更是僭越渠长，越权行事，违规行事，如前文所述挪用公款、把持渠事之例。

进一步而言，运行了数百年的龙子祠泉域水利组织发展至清代，一方面是地方精英崛起后对公益事业极为热心而强势进入，另一方面则是水利社会内部张力所致的重新平衡——督工从原来的渠长—沟头体系中分化出来，专门处理杂务，担当辅佐；渠长、沟头则专事清淤、行水、灌溉等较为专业的渠务，并由整个渠系的受益者予以帮贴，身份趋于职业化。这时的督工，拥有功名，投身公益，不拿报酬，威望自生；这时的渠长，偶有功名，身怀本领，拿钱办事，坦坦荡荡。渠长—沟头体系中的风险经过内部调整和制度创新得到了较好的释放，水利组织达到了新的平衡。

（三）民国时期水利组织的继承与革新

1912 年中华民国建立，结束了两千余年的封建帝制，在中国历史上留下了浓

① 参见咸丰七年《重修龙子祠记》、同治十三年《龙子祠重修碑记》和光绪二年《“恩沛伦音”碑》。

② 《王氏家谱稿》，民国三十六年修。

墨重彩的一笔。新成立的资产阶级民主政府及其领导人对建立一个新世界充满了憧憬。他们中的很多人都曾接受西方教育，至少可以感受科技革命给西方带来的巨变，也初步认识到近代中国被动挨打的原因所在。故而，建立一个民主的、现代化的国家成为一个美丽的追求。这首先体现在国家行政体制的变革上，在机构名称、组织体系方面都夹杂着鲜明的西方化特征。在水利组织方面，也在自上而下进行着一场变革风波。

1. 民国十七年上官首河的改革

民国建立伊始，中央主管水利机关最初分属内务及农商两部（在内务部属土木司，在农商部则属农林司）。民国三年（1914），成立全国水利局，嗣后水利事项即由以上三机关会商办理。山西水利总局成立于民国二年（1913），次年改为山西水利局，裁并于巡按使公署。民国六年（1917）又在全国水利局之下成立山西水利分局。[①] 与中央水利行政一样，山西之水利事业并非完全由水利分局负责，其职能在民国七年（1918）阎锡山政权设立六政考核处后逐渐被弱化。该六政考核处负责省内各项建设事宜，而阎锡山将水利列为六政之首，并于当年对全省河渠灌溉情况进行了全面调查，最终完成《山西省渠道调查表》。调查表明，截止民国七年，山西全省 80 个县有河渠灌溉之利，全省干渠总计 1700 余条，总长 5200000 余米，可灌溉面积约 383 万亩。

龙子祠灌区所在之临襄二县是否也建立了水利局，我们不得而知。但对前清之水利行政的变革是必定无疑的。然而，在乡村社会我们并没有发现官方水利行政变化所带来的任何影响。龙子祠泉域仍然执行着亘古不变的那套体制，每年依旧照常灌溉、掏泉挖渠、祭祀龙子祠。水利组织在修完庙宇后，依然会把督工、渠长、沟首、堰子们的大名刻于碑上，以垂永久。各渠、各沟的水册到了年头也会照样请人誊写更新。民国十年（1921），全国防灾委员会颁布《全国防灾委员会水利公会规则》，在全国推广水利公会这一体现民主进程的乡村水利管理组织。但地方社会的响应并不积极，无论是在关中地区还是晋南的龙子祠泉域都是如此。[②]

① 参见《最近二十年水利行政概况》，《水利月刊》1934 年第 3 期。

② 关于关中地区水利公会的情况，可参见周亚：《1912—1932 年关中农田水利管理的改革与实践》，《山西大学学报》2009 年第 2 期。

传统的力量有时让人惊奇。在上文所述从元代到清代500多年渠长所出村庄的变化对比中可以发现，几乎每条渠道都保留了传统的状态，这种状态一直持续到民国。由表3-1还可看出，秩序最初的构建是建立在里甲制基础之上的，但里甲制已于雍乾之际被保甲制取代，民国六年（1917）阎锡山又开始在山西推广村本政治，实行编村制，设村长、村副，并设村公所。可以说，此时乡村的政权体制已经发生了巨大的变化。然而在水利组织内，渠长依然从当初里甲制所确定的村庄内产生。

以上官首河为例，渠长一职向来按官亦里、二南里、段村里三里依规分配充膺，具体而言即固定在刘村、卧口村、南刘村和段村。民国十七年（1928），上官河的主事者们终于觉醒，认为此法积弊过多，亟待革新。

> 历年久远，贫富变易，有地者不尽义务，无地者无得避免，顾名思义，实非完善。且里制去消，旧法自不适用。加以无名之耗财大多，渠长之亏累甚巨，人民之负担亦重。况时值旱歉，办事人等对于修治沟洫自应力为整顿，而冗费浮耗亟宜节俭，以纾民财。公民等思维至，再认有变通之必要。[①]

新的办法扩大了渠长候选者的范围，规定即使不在此三里应充渠长之户的四村居民，如果“其居年为法律所承认，而所有之地在规定范围内者得充渠长，不得有外视及避免之情，事庶义务与权利平均”。不仅如此，按里轮充的渠长轮换制也改为按沟依次分配。首河还对“全体办事人等亦稍为另行组织”，取消了“十五督工”，代之以“绅士七人”，由“新渠长和新沟长商请”。

具体而言，上官首河分为十二沟半，每沟十甲，以每二甲为一节，共63节，渠长即以节为单位，从夫定沟第一节开始依次轮充，将原来二年一替变为一年一替，一周63年。因为渠长一职事关重大，这次还规定“一周之内不令充第二次渠长，但已经分居者仍按规推举，不得借口”。换句话说，一周63年，又怎可能第二次充任渠长，更不要说一周之后的分家情况了。

---

① 《临汾县县长关于上官河渠务的批复》，1930年。

沟首此时改曰“沟长”，并对其候选资格做了特别强调：“沟长应由上年全体人等检选出本沟有地□□□品端正、热心公务者为准，不得纯取地亩多寡，致碍□□。”可以看出，新的规则把沟长之“德”与“财”放在同等重要的位置。与渠长正好相反，沟长的任期由原来的一年变为二年，而且要求“每年更换至多不得过半数”，以达到旧人带新人，使新任沟长尽快熟悉渠务的目的。

绅士由“声望素着、深知水利者担任，可不拘任期”，这与对督工的要求并无二致，只是名额减半而已。另外，首河对绅士与沟长在各村的分配也做了明确规定：即“按距离与户口关系，刘村出绅士三人、沟长五人；卧口村及南刘村出绅士二人、沟长四人；段村出绅士二人、沟长四人”[①]。其组织结构变化情况如图 3-8 所示。

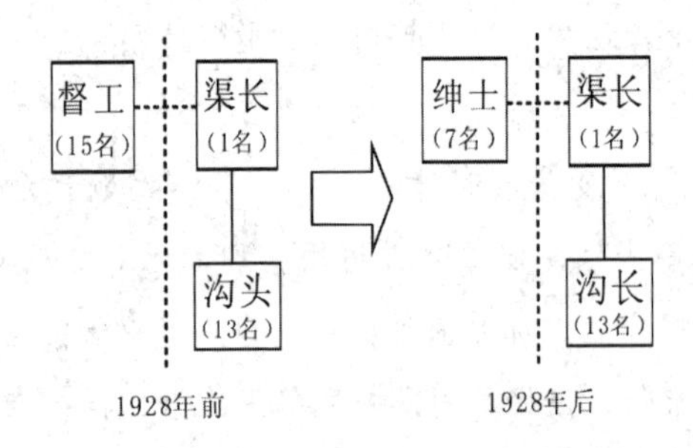

图 3-8 1928 年上官首河水利组织变化图

新的渠长轮充程序试行一年后，首河绅士、十三沟沟长及四村村长副认为：按照章程，“刘村应四五年渠长始得到卧口村、南刘村，至此又必三四年始到段村，权利义务隔离太远”。遂重新拟定“每间四沟充膺渠长”的新办法，“同人等认与原章无大出入，即据原章第九条通过，作为有效”。该办法实际是对传统的“按里轮充”制和民国十七年“按节轮充”制的中和，既吸取了“按里轮充”制使渠长在四村之间的轮转在最短周期内实现的优点，又保证了渠长候选者的广泛性，一定程度上可以避免渠长为一人独霸或者无人充任情况的发生。

综上所述，民国十七年发生在上官首河的水利机构改革是在传统基础上根据实际情况做出的调整。改革者们试图通过这次自己的努力改变过去督工专横渠务，渠

① 按：南刘村与卧口村为联合村，南刘村须出绅士或沟长一人。

长无人充应的局面，用水利秩序得到有效地运行。在这次改革中，我们发现渠长与沟长地位发生了根本性的变化。渠长由过去任期二年变为一年，沟长则由一年变为二年。更重要的是，沟长与村庄管理者紧密联系在一起，民国十七年刘村的村长副张汉相、徐登贤和卧口村村长副张清春于民国十九年当了沟长，民国十七年任段村村长的王廷弼到民国十九年则同时担任村长副和沟长。这表明村庄越来越作为一个行政单位与乡村社会联系起来，从而在形式和内容上真正取代了里甲制的余晖。在此意义上，与其说它是变革，倒不如说是带有自我否定意味的对现实的适应。值得欣慰的是，在经历了千年的率由旧章后，龙子祠泉域终于迈出了具有突破意义的一步。如果套用美国宇航员阿姆斯特朗的一句话，那就是：上官首河的一小步，是龙子祠泉域的一大步。因为在社会层面，特别对于中国传统社会而言，对政治变动、体制革新等国家事件的反应往往要滞后很多，如果不是自上而下进行强制性的推广执行，地方社会很难做出任何冒险行为。换句话说，往往是这种自觉式的冒险才能真正奏效，进而探索出适合自身的发展道路。由于资料所限，我们很难断定民国十七年改革给上官首河带来多大的作用和影响，但至少它在临汾县米县长那里备案通过，这多少也算得到官方的认可。虽然，这并不足以作为三年后临襄南横渠水利局成立的具有多米诺骨牌效应的有力证据。

2. 临襄南横渠水利局的成立与徘徊

前已述及，南横渠跨越临、襄二县是龙子祠泉域中开发最早、规模最大的渠道，也是南河的领袖。在同渠之内，因为临汾地处上游，襄陵位于下游，上游五陡口截霸下游十三沟水程之事经常发生，这也常常引发两县之间的矛盾。在龙子祠泉源的引水口，因与晋掌小渠、下官河等渠引水口相连，又不时引发渠道之间的矛盾。如此说来，南横渠要算是龙子祠泉域中各种关系最为复杂的渠道之一。所以，民国成立后，伴随着国家一层又一层体制改革的浪潮，官方也开始把目光转向基层，希望通过新的管理体制的建立解决传统水利面临的危机。就像在关中著名的渭北灌区，于民国十年（1921）设立冶峪河渠水利局，民国十一年（1922）设立龙洞渠管理局一样，山西也在进行着类似的尝试。

民国二十二年（1933），临襄南横渠水利局的成立是龙子祠泉域水利管理近代化过程中一个具有里程碑意义的事件。7月29日，临汾、襄陵二县共同颁布《临襄南横渠组织水利局简章》（以下简称《简章》）和《临襄南横渠水利局施行细则》（以下简称《细则》），标志着临襄南横渠水利局的正式成立。

与传统的水利组织相比，水利局之组织的性质和结构发生了较大变化。按照《简章》，临襄南横渠水利局是由临、襄二县共同设立的水利专管机关；而且有关水利局成立事宜及该局《简章》、《细则》都要呈请省政府民政厅、建设厅、实业厅备案，具有明显的官方性质①。局内成员包括局长一人、办事员二人、水警十名（闲月可酌减数名）、夫役二名②，水利局局长取代原来渠长统领南横渠事务。办事员2人分别来自临汾、襄陵二县，分管上下游事务。水警监视土堰等渠道工程的修建，并对违犯渠规行为进行处理，夫役则负责渠道日常的养护。原来的渠长、治事人等被纳入“亲睦乐利社”内，附设于水利局下，并要求其“仿古时乡饮酒礼联络感情”，协洽渠事③。其组织结构变化如图3-9所示：

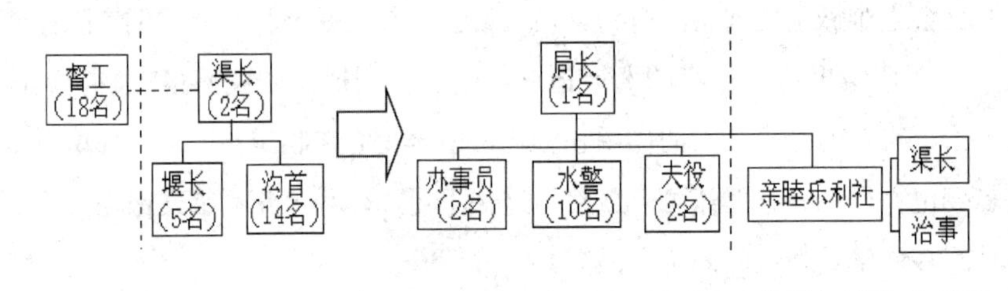

1920年南横渠水利组织结构　　1933年临襄南横渠水利局组织结构

图3-9　1933年南横渠水利组织之结构变化图

说明：1920年南横渠水利组织系根据此年《重修龙子祠记》碑阴内容整理。

与以往的帮贴制不同，水利局成员按月发放工资或工食补助，局长每月支薪60元，办事员每月薪水20元，水警每月工食补助7元，夫役工食补助6元。另外，水利局每月公杂费需30元。这样，水利局每月共开支212元（闲月因水警裁

① 民国三十二年八月六日，南横渠渠长、治事人等在向襄陵县长郭兰亭呈送的《呈为呈请恢复旧有水利局，以利浇灌，而资加大生产事》（山西省档案馆：B13-2-116）文件中提到：临襄南横渠“直辖省府”。但是并没有给予进一步说明。从《简章》、《细则》等文献可知，所谓直辖，其实在业务上并没有太多的联系，主要是在组织建设、授权方面须得到省府的核准、批复。

② 《简章》第三条。

③ 《简章》第七条。

员，开支略有缩减）。但经费并非由国家拨付，而靠自筹，即来源于南横渠的无工地[①]水费。如果无工地水费不足，则按全渠地亩分摊。如此看来，相比原来的渠长—沟首管理制，水利局无疑具有近代意义。它不但具有专职的管理人员和较固定的人员编制，而且有固定的办公场所（位于临襄交界处之较大村庄），管理进一步走向规范化。

除了组织制度的变化之外，南横渠水利局还进行了以下几个方面的改革：

（1）清查地亩，保障收入。水利局成立后，"由渠内督同上下游当事人清查无工地亩确数，免有遗漏，并可预计水费收入之概略"。具体办法是规定各沟及五陡门原有水地之外所有新增加的地亩归为无工地。

（2）按照一定的规格尺寸修理陡门，并在各陡门拟建闸板[②]，杜绝上游任意泄水行为。

（3）完善奖惩制度。为了及时有效地解决和预防渠道内的违规行为，《细则》设立有奖举报制度，鼓励民众对违规行为进行揭发、检举。例如，对无故泄水（即盗水）行为的揭发，报告人即可从罚金中获得 20% 的奖励。[③]

虽然采取了一系列的新措施，但是，这并不意味着与传统的一刀两断。灌溉制度、兴工制度、祭祀制度、处罚程序等依然保留了传统的一套。《细则》规定，"一切实行之古规习惯，但与本水利局章程不相抵触者仍不得轻易变更"；"浇灌地亩均宜遵守旧日行程时间"。对违犯渠规的行为，情节较轻的在局内进行惩罚，情

---

① 所谓"无工地"，原文批注曰："原无浇地股份，实际水能上地，谓之无工地。"即新扩大的没有列入水程的那部分水地，但是也得到认可。按照我的理解，这些所谓新水地很可能是通过霸水或偷水浇地所造成的既成事实，他们情愿浇水地，纳水粮。但在管理者看来维护传统、保持原有灌溉秩序是更为重要的。面临种种对现有秩序的挑战，管理者进行了折中，即在表面上禁止霸浇，而在实际运行中又与灌区内的强恶势力达成妥协，允许其浇地纳粮。同时，为了不影响整个灌溉秩序（水程、摊派等），保持原有习惯，这部分水地之水程、摊派并不写入渠册，而由灌区专门管理，将其摊派用于灌区管理成本等公共事业，也可从舆论上得到一定的支持。这大概可以算作民间的智慧吧。

② "陡门"是由总渠流向支渠的分水口。下游灌溉时，上游须关闭陡门。因为陡门为石砌，极易开启泄水，故而水利局拟以闸板代替石头，以保证下游用水。但"因上游当事人诚心承认不使泄水，闸板暂缓设，嗣后如确实查出某陡门有泄水情事，即由水利局于泄水之陡门强制设立闸板，以资保障，而示惩儆"。

③ 《细则》第四条规定："当此推广水利时，绝不能弃有用之水于无用之地。无论各陡门及各沟均不准无故泄水，自由投入无工地及他渠，倘有违者，一经水利局查处或被人告发，由水利局从重处罚。倘有不遵，由局长加重究治。此项罚金，提出二成奖励报告人，再提二成归水利局办事人，下余六成备充水利局经费之用。"

节较重的则会“送县究治”。

通过国家的介入，进行组织创新和大体保留传统灌溉秩序的临襄南横渠水利局在防止、解决水利争端上发挥了一定的积极效应，以致上下和睦，全渠人士无不称赞[①]。然而，好景不长，随着抗日战争的暴发，位于同蒲铁路干线上的临汾城于 1938 年 2 月被日军攻占，临襄一带遂成为日占区，并由日伪政权进行统治。成立不足 5 年的临襄南横渠水利局被迫解散，龙子祠泉域的水利秩序也进入一个非常时期。

水利局撤销后，南横渠又陷入混乱状态，上游趁机“仍蹈前辙，肆意捣乱，强霸水程，并将有用之水而流放汾河之内，下游各村之田未能浇灌，连年收获之利益大为减少，致人民之田赋不但不能清缴，而生活亦难维护”[②]。1943 年夏，政治局势稍有缓和，襄陵县长郭兰亭“千方百计筹谋良策，始将水利稍归就绪，秋禾得以下种，人民得有厚希”。然而，在此国难当头、政务繁忙之际，由县长兼司水利毕竟不太现实。“为久远计，为息讼计，为免斗争计”，南横渠渠长常志贤，治事张云科、丁春山、尹子文、杜宝德、王登科、郭绕清、黄登宵、尹廷芳、段加级、张登科等于 8 月 6 日联名呈请县长郭兰亭，请求“迅速将旧有水利局重行恢复，以统一事权而利灌溉”[③]。

民国《水利法》[④]第六条规定，水利区关涉两县市以上者，水利事业应由省主管机关设置水利机关办理。南横渠惠及临、襄两县，按法律规定应当由省设置管理机构。郭兰亭收到南横渠渠长、治事等人的呈报后，又将此提议上报十四专署，并最终呈报省建设厅水利局。水利局回复让“两县政府按现时实际情形妥拟报核”。

1943 年 10 月 26 日下午 4 时，南横渠水利会议在蒲县十三区统委会[⑤]办公室召开。十三区统委会专任委员刘相臣，检点秘书李子登，十三专署秘书何荫远，

---

① 《呈为呈请恢复旧有水利局，以利浇灌，而资加大生产事》，1943 年 8 月 6 日，山西省档案馆：B13-2-116。

② 同上。

③ 同上。

④ 1942 年 7 月 7 日由国民政府正式公布。

⑤ 当时的政治体制是组、政、军、经统一行政委员会，简称统委会，为最高权力机关。临汾属十三行政区（专署）管辖，襄陵属十四行政区（专署）管辖。

十四专署亲导员杨馨斋，襄陵县政府建设科科长师崇仁，襄陵县南横渠治事尹子文等参加了会议，吉县区政务会议主席李景阳，特派员宋履忱、高新栽也应邀列席了会议，唯独临汾县政府没有派代表出席。但是，会议依然就恢复南横渠水利局达成共识：（1）依照水利局旧有章则办理；（2）编制内再增加水警五名，闲月酌量减少。[①]

会后，十四专署将会议内容上报省水利局，并抖出了临汾县缺席会议的情况。省水利局局长关民权对此极为重视，于11月29日就此事专门致信十三区专员兼委员孟祥祉，让其查明原因[②]。而十三专署的信息通道似乎并不流畅，他们关于会议情况的报告迟迟未能到达省水利局和第二战区司令长官阎锡山那里。也就是在当天，建设厅水利局即以省府名义电告十三专署，催促其将南横渠水利局筹办事宜迅速上报[③]。十三专署不敢怠慢，统委会主任委员李江和孟祥祉于12月8日即将会议情况呈报阎锡山和山西省政府主席赵戴文，不过并没有提及临汾县缺席会议之事。

其实，在十三专署尚未电复之前，关民权即于12月3日将南横渠水利会议决议转呈给阎锡山，呈请能否在1933年南横渠水利局的基础上另加5名水警。12月6日，阎锡山批示："应否恢复，建厅负责提出意见，如有恢复必要，所设人员是否太多。"[④]数日后，水利局给出了恢复南横渠水利局的理由："查南横渠灌溉临襄两县田地五千余亩，两县人民常以县界观念，时起纠纷。如设水利管理局，则统筹计划，可免争执。"并根据阎锡山的批示，对水警的数额进行了调整，依然为1933年的10名，并在闲月减至5名。但阎长官对此并不满意，他决定将"夫役减为一人，水警减为捌名，闲月减为四名"[⑤]。省水利局也只好按照阎长官的意思办，于12月14日向十三、十四区下发文件，准其恢复南横渠水利局，要求其呈报局长人选和人员编制简表，并"仰令转饬临汾县、襄陵县，转饬沿渠各村

① 《山西省第十四区行政督导专员公署代电》，1943年11月8日，山西省档案馆：B13-2-138。

② 1943年11月29日信件，山西省档案馆：B13-2-138。

③ 《省政府代电：电饬将会商临襄两县成立水利局一案情形具复由》，1943年11月29日，山西省档案馆：B13-2-138。

④ 《呈请报告》，1943年12月3日，山西省档案馆：B13-2-116。

⑤ 同上。

知照”①。文件还未到县，事情又起了变化。在12月17日关民权向省府的呈请报告中，他提到要将南横渠水利局二名办事员中的一名改为干事。此项提议得到了阎的同意②。

从夏到冬，由热到冷，临汾的天气已经完成了四季轮回中的一半。虽是寒冬，常志贤、尹子文、郭兰亭，甚至关民权的心中应当是火热的，因为距离从前的那个南横渠水利局也已经轮回了一半，孕育在他们脑海中的南横渠水利局之骨架已经成型。那就是由局长（1名）、办事员（1名）、干事（1名）、水警（忙时8名，闲时4名）和夫役（2名）组成的水利管理组织。组织框架确定后，轮回中的另一半路程就是具体人员的确定和局址的选择、经费的落实等组织运行的保障问题，因为南横渠灌区临近敌占区，这些问题就显得更为慎重。为此，省府于次年1月8日决定派建设督导专员令狐元积前往临襄调查筹办事宜。

1月18日，令狐元积束装起程，这天正是农历的小年。从吉县克难坡到临汾城有1500000米的路程，因为天寒地冻，令狐的行进并不算快，21日方抵达临汾，并在当天与李正平县长会晤。23日又到达襄陵县政府与贾文琮县长会晤。将恢复南横渠水利局之“意义及局址地点并其他应注意筹办各节先与各县长考察商讨”。经过勘定，确定将局址设在临汾县峪里村王家院，即日移驻③。

春节刚过不久，令狐元积觉得应当将半个多月来的工作向省里进行汇报，2月5日他起草好文件，发予省府水利局。2月18日，就在令狐离开克难坡整整一个月后，省府决定任命其为“临襄南横渠水利管理局”局长，并规定在接到委任状当日即开始办公。省府还就所需经费和物品问题做出明确指示：所需经费由临时费内核实开支，临时需款暂由襄陵或临汾县财政局借用，事后由受益田亩起派归垫；局内一切应用什物，会同县渠负责人尽先向附近村庄借用④。

万事开头难。令狐元积上任后，即开始着手全渠事务，但他很快就发现，事

---

① 《山西省政府代电：电知临襄南横渠水利管理局准予恢复仰转饬遵照由》，1943年12月14日，山西省档案馆：B13-2-116。

② 《呈请报告》，1943年12月17日，山西省档案馆：B13-2-116。

③ 《呈报勘定局址兼请速发印花图记以资应用由》，1944年2月5日，山西省档案馆：B13-2-116。

④ 《山西省政府代电：电示委该员为临襄南横渠水利管理局局长并发编制表委状等件仰查将即日设局办公报查由》，1944年2月18日，山西省档案馆：B13-2-116。

情远非想象中那么简单。在水警人选和经费落实问题上，他遇到了极大的麻烦，甚至为此丢了乌纱帽。

在水警人选一事上，省府认为丙级丁即可，但令狐坚决认为丙级丁人老体弱、迟缓误事，应当选用甲乙级壮丁，并两次向省府呈报缘由[①]。3 月 31 日，省府做出最终批示，不得使用甲乙级壮丁[②]。始料未及的是，令狐元积以“包庇兵役，又摆官架子”之名被人密告至第二战区司令部。就在省府对水警一事给予批示的当天，第二战区司令部下发命令，撤销了令狐元积的局长职务，临襄南横渠水利管理局暂由临汾县李正平县长进行指导[③]。令狐元积虽被撤职，但他并没有完全停止工作，直到 5 月 1 日才由李县长正式接替。李正平上任后，开始筹建南横渠水利管理局，其成员设置与前面之筹备计划几乎没有什么出入（夫役数量由 2 名减为 1 名），只是在人员的选用上他大胆使用本县籍人士，除两名副手按规定必须有一名为襄陵人外，其余 8 名水警中 7 名为临汾人，1 名夫役亦为临汾人（见表 3-3）。无论李出于何种目的，这都为日后两县之纠纷埋下隐患。

表 3-3 民国三十三年临襄南横渠水利管理局员警姓名表

职别	姓名	年龄	籍贯	到局日期	备考
局长	李正平	29	安邑县	5月1日	
干事	尹子文	47	襄陵县	6月1日	
办事员	徐同龄	43	临汾县	5月1日	
水警	郭三元	59	临汾县	5月1日	
水警	贾长海	52	临汾县	5月13日	
水警	荀天申	50	临汾县	6月1日	
水警	常凌香	56	临汾县	6月1日	
水警	张致祥	53	临汾县	6月1日	

① 《临襄南横渠水利管理局代电：续陈丙级丁不便充当水警理由，仍请准用甲乙级壮丁并添设警额由》，1944 年 3 月 12 日，山西省档案馆：B13-2-116。

② 《山西省政府代电：电示水警不准补用甲乙级壮丁由》，1944 年 3 月 31 日，山西省档案馆：B13-2-116。

③ 《第二战区司令长官司令部：电知南横渠水利局令狐元积撤职，事务暂由临汾李县长负责由》，1944 年 3 月 31 日，山西省档案馆：B13-2-116。

续表

职别	姓名	年龄	籍贯	到局日期	备考
水警	尉余庆	38	临汾县	6月1日	此二警系已编组出粮花领份地之现役国民兵，奉长官部及省府令与原籍县统委会洽商办妥，不得妨害兵役
水警	邢长春	32	临汾县	6月1日	
水警	刘治国	50	襄陵县	6月1日	
夫役	张友琴	14	临汾县	5月22日	

资料来源：《临襄南横渠水利管理局代电：电报办理渠务初步进行工作情形由》（总字第壹号），1944年6月7日，山西省档案馆：B13-2-116。

粮款问题是南横渠水利管理局的又一大事。因为该灌区临近敌区，时常遭受驻军侵扰，渠务不举已有数年。故而在筹办南横渠水利局时，就将粮款问题作为一项临时政策，由临襄两县政府筹措，待局势缓和，渠事恢复后再由全渠分担。但是，水利局成立二十多日后，临襄二县对粮款一事没有丝毫落实，统委会与之协商再三仍然没有结果。“所有需款及员役食粮均由私人乞借，而债权者催债不已，无法支持”，另外，水利局成立后，还没有行水灌溉，让灌区地户起款更不可能。粮款无着，新生的水利局陷入解散的尴尬境地。面对此景，关民权提议“将该局经费食粮改由临襄两县分别担任，以利进行”，他甚至想到将“该局暂行停办，所有灌溉事务由两县督饬原负渠务之人办理，俟环境转好，再行恢复”[①]。当然停办是不可能的，因为它是关系到省府行政能力的大事，既然已经设立，就不好随意撤销了。

经过省府几次饬令，临汾县终于借款2000元，但这毕竟只是九牛一毛。而襄陵县政府不但“一文钱、一粒米不予借垫，反给种种之打击阻挠，致河渠上粮款摊派不起”。4月底，可用粮款已山穷水尽，私人再也无力挪垫支撑。25日，终至粮断炊停，局内办事员、干事、水警、夫役各自逃归谋生，局务、人事予以瓦解。[②]省府获知南横渠水利局解体后，即于5月5日电复临汾统委会，饬令李县长

① 《关民权呈请报告》，1944年4月9日，山西省档案馆：B13-2-116。

② 《临襄南横渠水利管理局代电：电报职局员警役以无粮断炊解体由》，1944年4月25日，山西省档案馆：B13-2-116。

迅速负责指导南横渠水利局，积极筹借粮款，召集员警，以恢复正常工作[1]。

虽然李正平是按省府命令接管南横渠水利局，但襄陵县对此是极为不满的。因为临汾本身就地处南横渠上游，若再由临汾县县长担任南横渠水利局局长一职，不免有失偏颇而引发上下纷争。为此，襄陵县县长贾文琮专门致信关民权，请求其另派专员继任。信件内容如下：

厅长关钧鉴：

卯虞申建水电奉悉。查临襄南横渠水利局长令狐元积因故撤职，所遗该局承管事务暂由临汾县长负责指导，候派员接替一节，本应静候，实因正值夏麦浇灌之时，局长一职关系甚大，若近日局长人选未能决定，再着临汾县长兼任，恐不免发生以上霸下之争。为此电请如速派员继任，以利农事而免纠纷。恭请示遵为祷。

敬祝

健康

职 贾文琮

四月二十五日

应当说，贾县长所说亦是常人思维，关民权不可能置若罔闻。于是，他于5月3日分别致信襄陵县长贾文琮和临汾县长李正平，一面说明原委，稳住贾文琮阵脚；一面督促李正平公允办理渠务，勿生偏执，以打消襄陵各界的猜忌。信中提到：

文琮同志：

四月廿五日函诵悉。查南横渠水利局令狐局长案正在查处之中，所有继任人选俟结案后再行决定。在此期间关于浇地事应本合谋精神，与各有关开

① 《山西省政府代电：电饬着李县长负责指导南横渠水利局局务并筹借粮款以资维持由》，1944年5月5日，山西省档案馆：B13-2-116。

诚商洽、和衷共济，以利进行为盼。

专此顺祝

合谋

关　启

五月三日

正平同志：

荷据襄陵县报南横渠上游临汾村庄不按规定用水，致轮双凫沟浇地之日滴水未下，业经省府以卯梗建水代电分饬县局办行诉正矣。上游霸水不放，为历来恶习，务须切实消除。

同志主管县政，又兼指导局务，尤应特加检点，切实诉正，以利灌溉，免生诉饬为盼。

专此顺祝

合谋

关　启

五月三日

李正平的接任不知是否可以作为襄陵县在筹措粮款一事上不作为甚至予以阻挠的原因，至少是极不痛快的。贾县长的一封私信没有起到任何作用，李兼任的南横渠水利局局长一职到 1946 年方由姚绍光顶替。事实上，关民权所要求的"合谋精神"、"和衷共济"也没有产生丝毫的效果。南横渠内部上下游之间所表现出的临襄二县间的矛盾不断激化，愈积愈深。

在南横渠水利管理局成立后的第一次灌溉中，就出现上游临汾居民偷水以致下游无水可灌的情况。4 月 1 日轮下游双凫沟用水，未逢程前即请水利局于 3 月 31 日在齐村召开全渠会议。襄陵方面在渠办公人员全部出席，临汾却没有一人参加。结果可想而知，次日双凫沟水程以及 3 日胡村沟的水程内滴水未见。究其原因，即是上游临汾民众"逢程不治水，偷浇霸浇"所致。但因为上下游分属两县，襄陵县不可能越境处理，而临汾县政府并不配合，通常的情况只能是前者向上级汇报。4 月 10 日，襄陵县统委会主任委员冯明德、委员兼县长贾文琮即向阎长官上报了此事，希望省府出面解决以上霸下的问题。①

在我看来，只要李正平兼一天渠长，临襄二县间的矛盾就不可能消除，当然这只是解决南横渠水利问题的必要条件之一。既然南横渠水利管理局不能有效、公允地解决上下游纷争问题，确实保障下游利益，那么，下游只好自力更生，通过强化组织体系给自己维权。这时，临襄南横总渠站了出来，浑身透着一股与南横渠水利管理局相抗争的味道。

临襄南横总渠其实就是南横渠水利局建立之前南横渠传统的水利管理组织。1933 年南横渠水利局第一次组建时，并没有把传统的水利组织纳入其中。渠长、治事等渠道的主要负责人只是作为“亲睦乐利社”的成员联络上下游感情，协助水利局办理渠务。沟首、堰长等基层的管理者没有什么变化，继续维护民间的水利秩序。当时，水利局作为南横渠统一的管理组织，确实在统筹上下游利益关系，解决上下游纠纷和稳定灌溉秩序方面起到一定的积极作用，否则就不会有后来请求恢复的提议。

时过境迁，虽然 1944 年恢复的南横渠水利管理局几乎是对其前身的全盘照搬，但要让荒废多年的南横渠重新贯通流畅而至常态，仅凭水利局之力是根本不可能实现的；即使整合传统的水利组织也必须付出数倍于前的精力、代价，因为民众很可能已经习惯，特别对上游而言，若无视规矩，不兴工、不治水、任意灌溉，积弊成习，恐怕更是难以更正。好不容易由省府特派建设督导专员令狐元积担任局长，却上任不足一个月就因庇护兵役，摆官架子的名义被监视、撤职。不仅如此，经费问题一直是水利局立身所面临的头等大事。试想，这样的生存状态怎能保证水利局在渠务管理中发挥有效作用？传统的水利组织就必然重新抬头，因为老百姓要生存，渠长、治事等人也需要通过切实的水利实践真正体现自身价值并进一步树立其在乡里社会的形象，对于地处下游的襄陵县村庄而言更是如此。特别是在李县长接任局长后，这种向传统回归的想法和步伐更为迫切。我们看到，

① 《襄陵县组政经军统一行政委员会代电：电报南横渠各沟用水情形请鉴核示遵由》，1944 年 4 月 10 日，山西省档案馆：B13-2-116。

此时的临襄南横总渠为了进一步获得正统地位，在某些方面已经开始跟上了近代化的步伐，越来越显现出一个正规组织的形象。在对1945年王太和案件的审理中，它的每一次呈报都依照官方格式，文件均有渠内自身的分类编号，如5月15日文件抬头即是：

临襄南横总渠　代电　渠役字第拾号　民国三十四年五月十五日[①]

正是这每一次的呈报告诉我们，临襄南横（总）渠始终作为独立的一方与临襄南横渠水利管理局相抗衡。我们不妨看看这场别有意味的交锋。

前已述及，龙子祠泉水共划为四十分，南横渠占六分，灌溉临汾、襄陵二县民田。临汾地处上游，地理位置优越，一方面水量较大，灌溉充分，另一方面也为霸水、盗水提供了可能。这样，位居下游的襄陵村庄就不免有水量不足，灌溉不畅的情况。上下游之间常常为此纠纷四起。按照规定，下游灌溉时，上游应将陡门用石头垒砌以免泄水。但是，上游为了私自灌溉田地而将石块挪走，下泄渠水，甚至故意将水泄入他河。下游则不得不亲自巡水，再将陡门堵塞，若是被抓了正着，双方必起冲突。二战区长官部少将参事周庆华如此描述上下游间的争执及其要害：

……统计所占余润仅有四分左右[②]，但其兴工修渠所费工料全由襄民负担，而上游不惟坐享其利，并且节外生枝。例如陡门曾规定堆积活石以拦水，开放均有定期，但居上游者不守规定，期间任意盗取堆石，藏于他处，乃使

① 《临襄南横总渠代电》，1945年5月15日，山西省档案馆：B13-2-116。

② 这里指：以十分为率，下游所占南横渠水量份额为四分。查万历四十二年《平阳府襄陵县为水利事》规定："上流五陡门夹口轮流每日取水三分。"至道光七年的《八河总渠条簿》中依然规定上游五陡门取水三分。可以推断：民国之前，五陡门与下流各沟实行三七分水。到了民国二十二年成立临襄南横渠水利局时，情况发生了重大变化。在当年7月29日颁布的《临襄南横渠水利局施行细则》第三条中如此写道："为联络感情，五陡门得分二分之一，下余一半归各沟均分。"明显地，上游五陡门之水量份额不断增多，从三分到五分，此时实际上已到六分之多。如此变化为他渠所没有，上游之"霸权"由此亦可见一斑。

> 减少下游水量，冀获奇利。而下游正灌田时水忽低落，急往上游巡视，乃见堆石他移，明知其故，不敢作声，唯有出资购买再集合人搬运于陡门，水势始能恢复原状。偶遇巡水之人不能忍时，立即发生斗殴；即在平时，下游对于上游视之如父母，奉之若神明圣，微逆其意，即断其流。宁使余水空流于汾河，不令下游沾润，此亦世间最不平事。所以每次之争在上游或为奇利，或为意气，在下游实为命脉。以上均为临襄水利相争之焦点，因而成讼数百年不能解决之真相。

周的观点虽不免有夸大上游“罪行”之嫌疑，但上游长期或明或暗截霸水源确系事实。民国时期的各种纷争只是历史的延续。

新恢复的水利管理局成立一年以来，由于上述经费、矛盾等问题以及战争状态下的动荡局面，渠道淤塞、分水设施破败的情况始终没有得到很好的解决，南横渠之灌溉秩序仍然堪忧。1945 年初，襄陵敌伪大兴水利，凡县属中渠、高石、李郭等渠先后开工修浚。唯独南横渠系省属水利局管辖，渠长、治事等各方人士极为谨慎，敌伪接连召开几次会议均无人参加。后迫不得已，渠长王太和等当面请示李正平。李认为，利用敌人财力扩充南横渠水利亦无不可，遂表同意。5 月 5 日，敌伪召集上下游渠长、治事、五陡口堰长等人在临汾县西杜村召开会议，商讨兴工事宜。会议就以下问题达成共识：以伪洋[①]计，五陡口修理费 84800 元，中五沟 20000 元，下八沟 50000 元。款由县筹，工由各渠长负责，分段修理。5 月 8 日运输工料，12 日动工，20 日修竣。[②]

5 月 12 日，下游渠长王太和等按计划行事，带领民夫到达临汾北杜村修理渠道，不料发生意外，与北杜村人发生冲突，结果王太和等五人被扣押至南横渠水利局，民夫多人受伤，酿成震惊四座的“王太和案件”。在案件审理过程中，临襄南横渠与襄陵县结为联盟，自然水利局与临汾县站在一边，双方对事件经过及其原委各执一词，令案情扑朔迷离。

---

① 伪洋：即敌伪政府发行的货币。

② 《襄陵县组政军统一行政委员会代电：电覆南横水利局扣下游渠长王太和等五人详情敬请鉴核由》（统政建字第六六八号），1945 年 6 月 3 日，山西省档案馆：B13-2-162。

事件发生后，该渠即刻推举王登科出任代理渠长，与治事郭绕青、张云科、黄登宵、尹廷芳、丁春山、段加极、张登云等联名于15日将此事上报省府，请求严惩肇事者。报告内容如下：

会长阎钧鉴：

于昨十二日南横渠渠长治事等率领民夫修理水口渠岸，忽被临汾北杜村徐同龄率领恶徒将襄陵做工民夫伤十余人，失踪者三人，将渠长王太和，治事杜宝德、常志贤，沟首王云焕、杜来顺扣至临襄南横渠水利管理局，蒙押迄今未放，此事破坏水利，违规犯法请求钧座饬该局速释渠长治事以利浇灌并惩暴徒祸首以儆效尤，谨将南横渠渠规及肇事之经过略陈于后，公请鉴核为祷。

……

(1) 肇事之经过：自去年至今，民穷财尽，修理无力，更遭上游之横霸。去年滴水未见，今年仅浇地少许，水利局由徐同龄包办浇地与否，置若罔闻，伪县政府因征粮困难，召集本渠当事人修理水口渠岸，财力物力全由该政府统筹。渠长等不敢自专，除电请该局及各方示遵外，诚恐徐同龄在水利局阻止，由渠长王太和面请，李兼局长异常兴奋，批以可以利用敌力尽量扩充水利，渠长等方敢进行，又有该伪政府在临汾西杜村召集上下游渠长五陡口堰长会议，议决由渠长堰长负责限期修竣，而徐同龄以木已成舟，大表不满，挟水利局之名，私定修理南横渠计划大纲，以令全渠渠长等情。知其破坏水利，因是直属机关，敢怒而不敢言，只得遵行。讵意该徐同龄事前纠聚伊村恶徒百余人，暗伏村内，到开工之期，渠长治事沟首等率领民夫到渠，尚未修理，即由该局将渠长治事沟首等扣去，并唆使暴徒百余人乱打民夫，以致受伤者十余人，失踪者三人，失去大车二辆，牛四头，铁索锹镢修理各器具甚多，并霸下游滴水未见。

(2) 渠水之重要：查本渠浇灌第一区齐村、东院、河北、城关等四治村之民田七千余亩，去年滴水未见，每亩少产量二官石（因水地每年种两季），计少产粮一万四千余石，形成饥馑。不但有碍抗战，而一切政治无形停顿，造成恐怖局面。

(3) 请求之目的：渠长、治事、沟首等被扣，渠事停顿，无人进行，请求释放。该北杜村素则横行无忌，又有徐同龄在水利局狐假虎威，从此以后势焰愈张，若不惩办暴徒祸首，则襄属下游各村势将饿毙，渠岸水口历年破坏不堪，在治水期内不但事倍功半，妨碍下游浇灌，岸口一决，泥漫该村田禾，时起纠纷。

以上数事，恭请核会商临汾统会处办为祷。[①]

文中提到的徐同龄是这起案件的关键人物。其所居北杜村有陡门五处，执上游之牛耳。而徐氏祖孙父子又世为该村之领袖，其先世、二世胥膺上游渠长，曾因水利兴讼，经判徒刑，故与下游结成为三世宿怨。民国中后期，徐氏三兄弟（徐同龄、徐鹤龄、徐长龄）继承祖业，在村庄事务中担当领袖。1930 年，徐同龄曾因霸水伤人与下游累讼数年。1935 年，徐同龄弟徐长龄又因打死下游四柱村民关憨娃一案引发上下游前后五年之纠纷，直至解放后才得到彻底解决。1944 年南横渠恢复重建水利局时，徐同龄以办事员身份进入局内，与襄汾籍干事尹子文同时成为仅次于局长的第二掌门人。时年 8 月，尹子文在督导渠务时被日军残杀，“建厅为加强工程任务，期达水尽其利，于不增加编制人员的条件下将干事改为技士，并委景灵善充任之”。同时，兼任局长的临汾李县长，由于公务缠身，故对渠务未能专负，接任之初即委托景灵善代理局长[②]。须知，景灵善为徐同龄的外甥女婿。如此看来，水利局实由徐同龄一家把持。这也是襄陵一方最为不满的关键所在。若此，则其呈报中对事实或真实或夸大之陈述就不难理解了。兹略摘录一二：

5 月 19 日临襄南横渠代理渠长黄登霄，治事张云科、郭绕青、王登科、尹廷芳、丁春山、段加级、张登云等向省府呈报，细数了徐同龄的十条罪名：

缘临汾北杜村徐同龄处民国十九年霸水伤人祸延数年，民遭涂炭。迨事

① 《临襄南横总渠代电》（渠役字第拾号），1945 年 5 月 15 日，山西省档案馆：B13-2-162。
② 《建设厅水利建设室主任鲁宗禹呈报》，1945 年 6 月 26 日，山西省档案馆：B13-2-162。

变水利局成立，充任局内职员。职等宽大为怀，不念旧恶，冀其改过自新造福下游以赎前愆。讵意该恶等怙恶不悛，与技士景灵善狼狈为奸，复施霸水伎俩，以害万民谨陈事实于左（下）：

该恶等未到水利局以前，各沟尚有细流余润，浇溉下游田禾，该恶等到水利局充任职员后，襄属下游各村去年滴水不见，今年仅浇地少许，水利局维持浇灌，责无旁贷，该恶等倒行逆施，霸水不下。此其渎职殃民之罪一也。

职渠霸水偷水越规逾距者，屈指难计，该恶等职责所在，不闻管押一人，今敢惊天动地，拘留渠长、治事、沟首等五人，对于下游无理摧残，可想而知。此其滥施威权之罪二也。

去年下游滴水未见，今年仅浇地少许，该恶等秦越相视，漠不关心，而惟悉索食粮经费，不为人民办事。此其尸位素餐之罪三也。

李兼局长示以利敌力扩充水利而该恶等因修渠岸陡口，拘留人，授意北杜村打伤夫役，抢去车牛器具，力阻事偾。此其破坏成命之罪四也。

该恶自民国十九年霸水行凶，被下游人民代表厅控省诉，冤状盈箧，该恶等不求诸己而到水利局狐假虎威，为所欲为，以酬宿怨。此其借公报私之罪五也。

北杜村打伤下游多人，该恶等不过问抢去车牛器具，而不提滥拘渠长治事沟首等，借口北杜村人民绑送来管押，显系串通伊村人，伊用智而民用武。此其上下协谋霸水之罪六也。

景村段家磨以上，距泉源十里之遥，该恶等不提开挖而令浚挖段家磨以下干河二尺深，十里相隔，水焉能下？各岍自有浇灌雷鸣地亩，筑坝修岍，不令而行，该恶等令以洋灰石等筑修岍道。此其劳民伤财之罪七也。

渠岸陡口其宽深尺寸闸板闭水渠条载明，昭然若揭，该恶等令修岸四尺宽，陡口按破坏旧痕迹修理。此其推翻旧章，破坏渠规之罪八也。

陡口取水有分，开闭有候，省县各志新旧渠条彰明较著，该恶等依照乃父弭讼小志为杀下游之利器，强令昼浇五陡口，夜浇十三沟。此其世袭霸水之罪九也。

肇事之下午，敌保安队到北杜村弹压，而该村将霸水行凶推卸干净，言金殿敌行凶来支吾，敌保安队带走二人去金殿证明后即释放，而该恶等借题发挥，报以张云科等带领敌倭保安队到北杜村捉人等情，纯系巧蔽天聪。此其小题大做之罪十也。

以上十罪，此其大者，过去破坏水利殴打看水夫役之罪擢发难数，万祈垂怜下游蚁命，饬修陡口渠岸，释回渠长等五人，放回牛车器具等物，除此元恶大奸以利民生而主公道，则下游人民有生之日即感恩之年。[①]

简言之，此十大罪状为：渎职殃民、滥施威权、尸位素餐、破坏成命、借公报私、合谋霸水、劳民伤财、破坏渠规、世袭霸水、小题大做，可谓“老账新账一起算”。下游民众对上游之恨之入骨由此可见一斑。

在襄陵县政府，亦与境内之下游渠长、治事等同仇敌忾。“王太和案件”系列档案中，襄汾县统委会主任委员阎谷青，县长兼委员王根盛多次以统委会名义向省府呈报该案件的实情及处理建议。毋庸讳言，其主体精神与南横渠渠长、治事等如出一辙。相比而言，我们在案卷中并没有找到徐同龄及其他上游精英的任何声音，取而代之的是兼任南横渠水利局局长的李县长。在他那里，我们看到了与南横渠下游精英以及襄陵县统委会完全相左的关于“王太和案件”的表达。李县长在5月31日的呈报中提到：

主席阎钧鉴：

长巡政建水代电奉悉。兹将该局上下游纠纷情形分条呈报如次：

(1) 下游渠长王太和、张荣科素系无赖土棍，企图借争水利名义欺骗民财，贪污肥己，遂鬼计奇出，以大批伪钞贿通驻襄陵城敌方顾问，于五月十三日突率襄陵伪保安队百余人将上游俗名曹子、辛桥等五用水陡门悉数拆毁。当时上游人民以畏敌势，怒莫敢言。陡门破坏，大水直注，冲毁敌稻田百余亩。适住金殿敌出来巡验稻田，见被水冲坏，遂扣获渠长王太和、襄陵民夫，伪军遂退出。后张荣科等以企图未遂，又率伪军到北杜村大事骚扰，

① 《黄登霄等人呈报》，1945年5月19日，山西省档案馆：B13-2-162。

抓去村民二十四名，刺伤村民陈甲富左臂甚重。据报抢去财物甚多（正在统计中），该等返途经过西杜，又被驻西杜敌截释。该等贿通敌伪，目无政府，破坏陡门捣乱渠规率敌横行，祈同汉奸，事实俱在，欲盖弥彰，意返诬报上流霸水、水利局狼狈，真乃无理，国法难容。此等颠倒是非之蠡贼，请即查明严处。此要陈复者一也。

(2) 事后肇事罪首王太和被殿敌寄放北杜村，遂关该渠水利管理局扣押凭处，复经襄陵县统委会保释，现双方统委会正商同该渠水利局妥处。此要陈复者二也。

(3) 水利管理局成立以来本县渠民听从水利管理局之指挥，依照渠规水利均沾，去年滴水未见，显然荒谬已极。此要陈复者三也。

除处理情形再为随时呈报外，谨上恭请鉴核。

县主委续林莹，县长兼委员李正平代表世统县建印[①]

6月29日，李正平再次以南横渠水利管理局的名义呈报省府，讲述事情原委，并据理力争为自己开脱。

主席阎钧鉴：

奉悉除遵示将所有水量不使稍有废弃之原则，连夜计划督饬整修完工以利灌溉外，谨将事实详呈于下：

渠身上年曾被洪水淤塞一部，经发动督饬上下游人民积极整修，自水源挖浚至襄陵齐村十里余地，后因天雨过多，下游人民恐遭水灾，遂弃工停止掏河。工作期间，局内员警率皆出入敌区，昼夜奔波。干事尹子文即在督导时被敌刺杀毙命，并呈报有案。至所报下游上年滴水未见，是其自动停工。仰赖天雨，今春掏河时曾召集上下游渠长、治事、沟首等开会商讨，因其不努力发动民夫，致未能撤底挖浚，水流欠畅，尚非渠水从上游流于无用之地。

---

① 《临汾县委会代电：电复南横渠水利纠纷情形由》（统县建字第五二一号），1945年5月31日，山西省档案馆：B13-2-151。

如旬日前曾会同钧府委员鲁宗禹及十四区统委会李主委景阳到渠视察，并试将上游五陡门水口仍用石块垒住后，下游渠道之水即溢出横流而不能容纳。本年敌伪为其稻田兴修水利，下游渠长王太和向局请示可否，经指示利用敌伪力量照本局计划办理，惟如何修理须先将计划图表报局审核，务比违本局计划。嗣因该渠长不会计划，伪方亦无具体意见，遂由管理局全盘筹划制发修理南横渠计划大纲。该渠长借敌声势，囿于成规，不明水理，不疏通渠道，反改筑上游水口，不照计划办理，亦未向本局声明，竟自率民夫到上游五陡门改筑水口。上游人民因未奉指示，遂发生争执。适敌伪出发巡视稻田，见其拆毁水口，淹及稻秧，遂将其民夫哄散，上游人民并将王太和等送管理局请示处理，本局询明后即着其返回，且有谈话记录在卷可证，至牛车器具亦无扣留情事。

奉电前因据实呈报，敬请鉴核为祷。

兼局长李正平[①]

对比两份呈报可以发现，李正平等关于“王太和案件”之陈述有以下几处疑点：

（1）王太和等是借襄陵保安队狐假虎威，还是带领民夫拆毁陡门？前者提及，王太和“率襄陵伪保安队百余人将上游俗名曹子、辛桥等五用水陡门悉数拆毁”。若真系保安队压阵，上游人民当然怒莫敢言。后者则称，王太和系“自率民夫到上游五陡门改筑水口”。肇事主体是襄陵保安队还是下游民夫乃疑点之一。

（2）王太和等是被驻金殿之日军扣押，还是被上游人民扣押？前者提到，王太和系金殿日军扣押而寄放北杜村。后文则谓，王太和系被上游人民押送至水利局。扣押者是金殿日军还是上游人民，乃疑点之二。

（3）王太和等是被襄陵统委会保释放回，还是水利局主动放回？前者称襄陵、临汾二县统委会与水利局协商后，襄陵统委会将王太和等保释出局。后者则称，系水利局“询明后即着其返回”，是襄陵一方的被动妥协，还是水利局的“大发慈

① 《临襄南横渠水利管理局代电：电报本渠下游渠长王太和等不明水利囿于成见私自行动致与上游人民发生纠纷本局并无扣捕情事由》，1945 年 6 月 29 日，山西省档案馆：B 13-2-162。

悲”乃疑点之三。

面对种种疑点，我们不禁要问，从 5 月 31 日到 6 月 29 日之间发生了什么？何以日军、日伪保安队从事件的当事人之一抽离出身？何以水利局关于事件的认知发生如此大的转变？由于资料所限，我们并不能对此做出全景式的答复。但是，这样的推知是可能的：首先，日军和日伪政府极有可能过问此事，替罪羊并不总是温顺的。其次，随着事态的发展，襄陵一方向省府呈报不断，并有多位省府特派员调查此事，事实的天秤越来越向襄陵方面倾斜。6 月 11 日，省府电告南横渠：“已电饬管理局限期另行计划整修陡口，并饬即日释放所扣之王太和五人及车牛器具等交还原主矣。”[①] 说明在省府看来，王太和等系被水利局扣押，也确有抢夺什物器具的情节。在各方压力下，水利局不得不承认部分事实，在尽可能的情况下据理力争，表明事出有因而非无理取闹。另外，在襄陵一方，也并非没有过错。因为按照渠规及 5 月 5 日会议精神，渠道兴工乃分段修理，各负其责。王太和等于开工之日赴北杜村修理，亦有违规范之处。可能在下游看来，上游对渠务有不作为之实，故专赴上游替之兴工。但这替法却大有文章可作，李正平所谓下游借修复渠道之名到上游五陡口改筑水口不是没有可能。进一步地由改筑水口而淹没稻田，并引致敌人出洞恐怕也在情理之中。不过，在这里，事实到底是什么对我们而言已经不是最重要的了。重要的是它背后所隐藏的各种复杂关系，以及它的意义所在。

“王太和案件”归根结底还是反映了上下游间的利益和权力关系，因为上下游分属临襄二县，实际上又是两个地方政权间的明争暗斗。若将矛盾具体化，上下游间的矛盾又可看作是上游北杜村与下游的矛盾。由战乱所致的渠务不举，使下游水权长期得不到保障；而北杜村徐同龄及其外甥女婿景灵善在水利局中担任要职并实际上操控南横渠渠务，更使下游心态失衡。敌伪有意兴修渠道，给下游与北杜村讨价还价提供了极好的机遇。为此，下游显示了无畏的冒险精神，同时也付出了惨痛的代价。事件的发生使原本简单的上下游间的争斗因为徐同龄之于水

---

① 《电知南横渠已电饬管理局限期另行计划整修陡口并饬即日释放所扣之王太和五人及车牛器具等交还原主矣》，1945 年 6 月 11 日，山西省档案馆：B13-2-162。

利局、县长李正平之于水利局，而扩大为南横渠下游传统的水利组织与官方之水利管理局，以及其背后支持者襄陵县与临汾县之间的对抗。

事件的发生引起人们对南横渠水利问题的重新思考。南横渠下游治事张云科认为：由于上下游分属二县，要解决事权统一问题，必须在临汾置办插花地[①]。二战区长官部少将参事周庆华则更为激进地建议“将同龄远调他方，改组水利局，并请自局长以至夫役全体人员回避临襄二县之人”[②]。建设厅水利建设室主任鲁宗禹的意见更为具体，他拟定了三条改进措施：

(1) 加强水利管理局职权并饬襄陵临汾二县统委会与该局征用民夫修筑水利工程时协助征用，并责令该局按实际情形拟据整修计划，于临时灌溉完毕后确实执行修挖。

(2) 取消渠长、沟首及水头等名义，以便改革恶习而节省人民开支。

(3) 该渠全长三十余华里，计分五陡口、十三沟等十八单位，设水警一名以专责任（原设水警九人），并于每单位由人民自选代表一人协助水警征收粮款工作。[③]

相较而言，置办插花地的想法未免天真，它将牵扯到另一个更为棘手的界限纠纷问题。“将同龄远调他方”则不切实际，甚有“驱逐出境”的味道，太失人情。改组水利局并加强其职权当是最为迫切的，随之改革民间水利组织也是一项积极的尝试，但在多大程度上得以实现值得怀疑。

7月3日，新任局长姚绍光到任，遗憾的是随后并没有上演一场改革的大戏。南横渠水利秩序也没有在短时期内恢复常态。8月6日，襄陵县统委会主委阎谷青，县长王根盛即联合向省府呈报：“上游北杜村徐同龄竟乘姚局长初到任未就绪之际，竟乘便暗放陡口，用水漏流，致各村每日只能浇十数亩，轮到最下游之双

① 张云科：《呈为呈请速令临襄两县努力协助修渠惩办祸首而水利事》，1945年7月19日，山西省档案馆：B13-2-162。

② 《二战区长官部少将参事周庆华呈报》，1945年5月25日，山西省档案馆：B13-2-162。

③ 《建设厅水利建设室主任鲁宗禹呈报》，1945年6月26日，山西省档案馆：B13-2-162。

凤（凫）、胡村，则滴水未浇，促成秋苗之枯死，致损失甚大。似此污陷暴戾之做法，非严厉绳之以法不能以收复民心。伏请将该徐同龄扣办，以根绝上游污赖之残害行为为祷。”[①] 看来，经过“王太和案件”的风波，徐同龄之于水利事务中的权威丝毫未减，南横渠的权力结构也并没有发生根本性的改变。水利社会的变迁期待新的环境因素。

综上所述，民国时期，在新的时代背景下，政府和民间都在尝试对传统水利管理进行改革。在这个过程中，传统水利体系显示了巨大的张力，它不可能被完全取代。相反，最基层的水利秩序还要靠传统的一套来维持，水利社会的结构没有发生质的变化，这还体现在各种利益关系的表达上。以上下游村庄为例，村庄的地理优势和村庄势力是左右其在灌区内权威的两大因素。北杜村同时具备此二因素，其在南横渠灌溉体系中的突出地位就不难理解。刘村虽处上官河最下游，但其村庄势力极为强大，所以能保证其在渠系中的领袖位置。这些村庄长期独占渠长一职，既是水利秩序稳定的保障也是隐患所在。在其他村庄看来，这即是一种独霸和垄断；在其自身看来，则是一种权力的象征。拥有权力才能保障用水权，并最终维护自身利益。相反，在南横渠由于下游之区位优势先天不足，长期以来又没有成长起势力更为强大的村庄，只好以下游联合的姿态与北杜村相抗衡，其他渠道亦有同样的态势。

民国年间南横渠管理机构的改革也是水利现代化进程的表现，政府在这场改革中起着主导作用，这也是后发外生型国家现代化进程的特征之一。1933 年南横渠水利局的创设正是省府出于统一上下游渠务之考虑，以实现利益均沾、和谐相处。但是，日军的入侵阻断了这一现代化进程。1944 年，恢复重建的南横渠水利局并没有做好充分准备，虽为省直单位，但其权力有限，人员配备不合理，未能在统筹上下游及二县关系上起到积极作用，达到其重建时的本意。经过“王太和案件”的洗礼，水利局又做出了部分调整，但收效甚微，水源的使用实际上仍受地方传统精英的控制。这基本宣告了以政府为主导的水利体制改革的失败。南横渠水利秩序的重建任重而道远，龙子祠灌区水利现代化的进

① 《襄陵县统委会主委阎谷青、县长王根盛呈报》，1945 年 8 月 6 日，山西省档案馆：B13-2-162。

程也布满荆棘。

二、集体化时期水利管理组织的变革

新中国的成立给水利制度和乡村社会带来了翻天覆地的变化，但其间又经历了不同的阶段过程。1957 年前，对传统水利制度的颠覆是这一时期的突出特征。地方政府首先通过土地改革重新分配地权，水权也随之发生变化。在此基础上建立专门水利管理组织——龙子祠水利委员会对龙子祠泉域水权进行统一管理，改变了传统时期渠系之间松散的关系格局。新成立的水利专管组织被纳入地方政府的事业编制体系，属于自收自支的公益性事业单位。在乡村一级，传统时期的渠长—沟头体系被取缔，渠长、沟头、堰子、督工等传统水利管理者的名称一去不复返，取而代之的是乡村新政权的管理者。这一时期，国家自上而下进行了大量的正式制度安排，完全覆盖了传统的水利规约和水神信仰等一系列非正式制度。应当说，民国时期关于水利开发和加强水利管理的设想和尝试在新中国才真正得以实现。

1957 年开始的三大水利工程在建设时组成临时性的工程指挥部（或称兴工委员会），所在行政区党政领导任总指挥。参加工程建设的民工则以军队编制进行编排，将工程战争化。同时，国家也试图对老灌区的基层水利组织进行改造，使之逐步专业化，以加强对乡村水利的管理。在工程建设者的来源方面，与以往相比发生了重大变化，他们不仅来自受益区，也包括非受益区民众。水利大跃进时代结束后，临时的工程建设指挥部撤销，新建工程的管理成为灌区的头等大事。原有之水管单位已经不能满足整个灌区管理的需求，水权的统一、管理的统一问题再次被提上日程。为此，在地方政府主导下对原来之水委会进行改组，筹建新的灌溉管理局。由于初创之时对诸多利益关系考虑欠妥，管理局之组织权限又经过了多次调整，直至 1965 年终得确定方案。不幸的是，“文化大革命”的来临再一次使它陷入窘境。

（一）1948—1957 年的机构改革

1948 年 5 月 17 日临汾解放，成为影响龙子祠水利现代化进程的一个转折性事件。临汾解放后，临汾市民主政府即刻于当月成立，开始接管各项行政事务。此后，灌区的民主改革[1]陆续展开。

1. 统一：1949 年的改革先声

临汾解放后，新解放区的土地改革成为一个最紧迫的问题。1948 年 8 月初，贺龙从前线抵达临汾传达中共中央有关土地改革等问题的决定。11 月，中共临汾县委组成若干土地工作团，深入各区开展土改工作。因为下游用水困难，问题容易发现，工作组首先到问题最多、纠纷最复杂的上官河、横渠河[2]下游进行试点工作。

1949 年春节过后，南横渠、上官河分别召开水利代表会议，决定了“统一用水，统一兴工”的原则[3]。在该原则指导下，又根据各村土质、作物等具体情况因地制宜，适当调剂照顾，避免绝对平均主义，如规定韭地、稻田可酌情增浇等。

工作组在横渠河和上官河的试点工作取得了很大的成效，对之前不合理的、不对称的水权分配格局进行了基本的调整，制定了新的分水原则，并就管理体制改革形成了一致的意见。试点工作结束后，工作组开始在全灌区推广工作经验，各渠道纷纷召开水利代表会议，并就各渠实际情况定出了新水规。以下官河为例，其召开的“临时水利代表会议”对用水、兴工、组织等问题进行了新的规定：

关于用水问题做了五点调整：（1）由下而上浇灌。为了争取多浇一水，把清明前三日上水制度改为正月初六上水；这样赶惊蛰泄水掏河时，即可浇完所有水地。到清明前七日就开始第二遍浇水。（2）要使种麦种秋合乎节令。本河固定四个主要节令，从头开始浇，按亩分水，如清明前七天开始浇种高粱、棉花地，秋分前浇秋麦地，过迟过早不是误了上游，就是误了下游。（3）在不浪费水的情况下，稻田韭地按所需可细水长流，水孔大小由水利委员会酌情确定。（4）水磨只

---

① 所谓民主改革，在当时看来即是对传统的不合理的水规和水利管理组织进行改造，取缔霸权，平均水权。

② 即南横渠，解放后的文献中多将南横渠称作横渠河，当地民众也如此称呼。

③ 按照笔者的理解，“统一用水，统一兴工”就是使权利义务关系相对等，取消差别待遇。

是在紧急浇水时才停止转动。（5）凡愿用水的人都得出工。

关于兴工问题：无论干渠支渠一律按地亩摊派，建立预算结算批准制度，定期向群众公布。各委员在掏渠期间，每人每天允许支面 1.25 公斤。各村如有必要开支，须经过村政权及农会[①]通过后始可向渠民摊派。

关于组织问题：下官河设立了统一的临时水利委员会，民主选出正副主任各一人，委员七人，下分工程、管理、事务三股。在主任领导下，建立民主管理制度，大家讨论、大家决定、大家执行。水委会还雇用检查员一人，在用水期间巡视水口，防止浪费，视察所浇田禾是否适当。过去之渠长、督工、堰子、沟首等一律取消。

在下官河之外，其他各河也都召开了水利代表大会，建立了类似的水利委员会和用水、兴工制度，上下游基本实现统一、平衡。

各河制定统一原则后，全河的统一被提上日程[②]。1949 年春，龙子祠灌区召开了由灌区总代表、各河分会（水委会）主任、委员等 84 人参加的“各河总代表大会”。大会历时 5 天，就进一步建立龙子祠统一水利管理组织和解决过去纠纷、兴工、用水等问题进行了商讨，并最终达成以下决议：

成立龙子祠水利管理委员会：大会选出常委 8 人（脱离生产），执委 22 人，候补执委 5 人，监察委员 7 人；主任 1 人，由政府委派。管委会的费用由全灌区地亩均摊，每亩水地每年出粮食一合半[③]。按照笔者的推测，管委会成员应该来自各河水委会。这样，在制定各项措施时才能充分代表各河利益，而且也有利于管委会决议的统一执行。管委会与各河水委会存在业务上的领导关系，二者之关系结构如图 3-10 所示：

---

① 其前身是抗战时期的临汾县农民救国会，抗战胜利后更名临汾县农会，隶属中国临汾县委领导，下辖一至四区农会组织。1948 年 4 月，成立临襄县（河东）农会，隶属中国临襄县（河东）县委领导，下辖一至六区农会组织。解放战争期间，临汾县农会在解放区和边沿区发动群众开展减租减息、反奸清算、实现耕者有其田和土地改革。1949 年 8 月，临汾县农会成立，隶属中国临汾县委领导，下辖一至九区农会组织。1950 年 5 月，临汾县土地改革任务完成，临汾县农会撤销。

② 其实，在民国年间（1944）的一份《勘查南横渠报告书》中，作者孔宪庚就曾建议“扩大南横渠水利局为龙子祠泉水管理局”，以实现对各渠进行统一管理，合理调配、统筹使用龙子祠泉水，从而扩大灌溉面积。但囿于时局，该提议也只能停留在理论层面。

③ 合（音 gě），旧时量粮食的器具，也是一个容量单位，十各为一升。

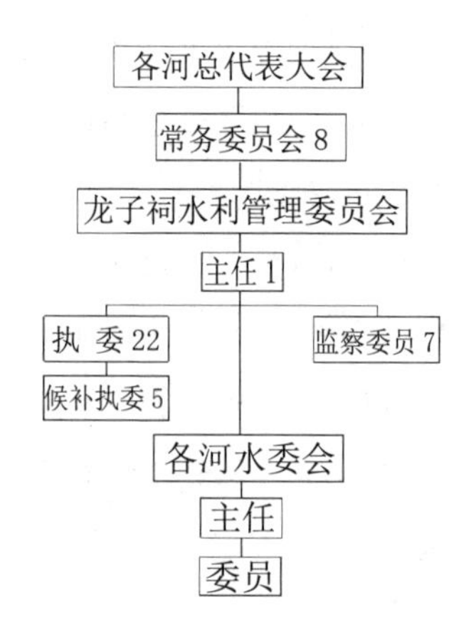

图 3-10 1949 年龙子祠水利管理体系示意图

用水和兴工方面：（1）按各河实有亩数分水，依据可能条件求得各河用水基本上一致；（2）扩大水田，节省用水，削减一切不入工的水地；（3）龙子祠门外，官路以西、分水口以外，为龙子祠各河公共水源，所有工程开支均按各河实浇地亩数摊派；（4）因地质耐旱程度、作物种类和历史条件的不同，各分会可自行调剂和妥为照顾。

龙子祠总代表大会召开后，各渠于惊蛰前后开始动工修理，普遍采取按地兴工的办法，有人力者出人力，无人力者出工资。管委会还对烈、军、工属均予免费或少出工等照顾。全渠共用工 26500 个，掏渠 14000 余丈，宽度与深度三尺、五尺不等。此外，还筑成五道较大的石堤和分水口，均由工匠包做，共出麦子 57 石 5 斗 2 升。至 5 月份，共修竣五条渠道，灌溉面积由原来的 73635 亩增至 76250 亩。

实行统一调剂后，各河灌溉周期一般均较前缩短。如上官河之刘村、西庄、段村等三十多村，之前分首河、二河、三河用水，有的水用不了，有的不够用，全河轮一次，须三个月才完，统一用水后只用 34 天即可浇完，且灌溉面积较过去增加 2069 亩。下官河过去浇地一轮需时一个月，统一用水后缩短为 26 天。其他各河平均二十五六天即可轮浇一次。灌溉周期的缩短增加了灌溉次数，大大提高了水的利用率，为作物丰产和进一步扩大灌溉面积提供了有力保障。

统一用水的实施提高了农民种田的积极性，保证了水力型经济有效运转，也为支前工作做出了一定的贡献。民国末年，龙子祠灌区一共有水磨93盘。统一用水后，管委会统一调剂水量，用水磨保持了经常转动，平均每盘磨一日磨麦6石，每日共可磨麦558石，供给了临、襄二县汾河以西十几万人民的食用。6月份，正是支前任务最紧张的时候，为保证供给任务，管委会将水量统筹集中到磨河的20余盘水磨上，仅10余天时间即磨完20万石小麦，保证了西进大军的供应。

需要强调的是，这一时期的一系列统一措施都是在民主政府的主导下制定和实施的。也正因为民主政府的临时性质和进行统一改革的初始性，其改革成果就不可能是最终的，改革的步伐和特征也会随着时代的演进而发生变化。

2. 新中国成立初期水利组织的重建

机构组建是任何一届新任政府首先要解决的问题。1949年10月1日，中华人民共和国中央人民政府成立。政务院下设水利部，统管全国水资源的开发、管理和防洪除涝工作。10月19日，中央人民政府任命傅作义任水利部部长，李葆华、张含英任副部长。当月，中央人民政府农业部成立。农业部下设农田水利局，主管全国的农田水利工作。1952年农田水利局划归水利部建制，农田水利业务由水利部管理。可以说，同以往的历届政府一样，新中国的领导者们亦把农田水利建设与管理放在突出位置。

大力发展农业生产是建国初期水利工作的基本出发点。早在1949年9月29日，中国人民政治协商会议第一届全体会议通过的《中国人民政治协商会议共同纲领》（简称《共同纲领》）中就有关于发展水利事业的规定。《共同纲领》第34条提到“应注意兴修水利，防洪防旱”；第36条规定“疏浚河流，推广水运”。新中国成立后，水利部即于11月8日至21日在北京举行全国各解放区水利联席会议，会议提出建国初期水利建设的基本方针：“防止水患，兴修水利，以达到大量发展生产之目的。”1950年水利工作的重点：“在受洪水威胁的地区，应着重于防洪排水，在干旱地区，则应着重开渠灌溉，以保障与增加农业的生产。同时，应加强水利事业的调查研究工作，以打下今后长期水利建设的基础。”关于组织领导问题，会议决定设置黄河水利委员会、长江水利委员会、淮河水利工程总局，由水利部直接领导；各省设水利局，各专区、各县设水利科（局），以加强对各行政区及较大河系水利事业的管理。1950年农业部召开的农田水利工作会议，同样强调了水利组织和制度的重建。其在当年的农田水利工作方针中指出："广泛发动群众，大力恢复兴修和整理农田水利工程，有计划有重点地运用国家投资、贷款，大力组织群众资金和吸收私人资本投入农田水利事业，帮助改善原有管理机构，加强灌溉管理，逐步达到合理使用，并建立健全各种制度。"

山西省水利局的成立早于中央水利组织。1949 年 9 月 1 日山西省人民政府成立时即有水利局设置。新中国成立后，为使各项水利事业得以恢复和发展，在中央整体水利工作部署的基础上，全省自上而下迅速建立了各级水利管理机构。除地、县两级设置水利专门机构外，省水利局提出了"大力发动群众、废除封建的水利组织与规章，建立新的水系组织与水利代表会"的方针，以改革各河系原有的水利机构。1950 年 2 月 24 日，省水利局颁发《山西省河系水利委员会组织通则》，晋中汾河、潇河、滹沱河、文峪河 4 大河系水利委员会相继建立。龙子祠灌区已于上年完成水利组织（即管委会）的组建，此时亦在原有基础上进行了调整，与云中河、牧马河、阳武河、霍家渠、洪山河、鼓堆泉等 38 个中型河系相继成立了水利委员会，统一领导本河系的水利建设和灌溉管理。各河系范围内的各条渠道，乡村的水利组织均经过改选，建立了新的基层水利委员会。

1951 年 11 月 5 日，山西省人民政府第 58 次行政会议通过了《山西省农田灌溉管理暂行办法》。12 月 20 日，省水利局就两年来全省各河系水利委员会和各级水利代表会议的情况上报省政府，文中提到："各河系水利委员会、各河系及省、县、村水利代表会的组织形式，二年来的经验证明是正确的，唯其组织办法，迄未正式公布。"为了进一步健全组织，规范管理，省水利局将之前拟定的《山西省河系水利委员会组织通则》、《山西省河系水利代表会组织通则》和《山西省各级政府召开水利代表会议办法》一并呈报省府，请求提交行政会议正式公布施行。[①]此后各河系先后制定各自的组织、管理章程。

新中国成立初期，龙子祠灌区的水利组织主要是通过国家的制度安排进行组建的，并没有形成一套适合自身的相对制度化的体系。1954 年 2 月 15 日和 1955 年 1 月 13 日，水委会先后两次拟定《渠规渠章草案》，对灌区组织管理予以制度

---

① 山西省档案馆：C78-6-6A。

化规定。1955 年 5 月 28 日，晋南专员公署农林水利局对《草案》进行批复，提出了 11 条修改意见。1955 年 11 月 10 日，原来的《草案》更名为《晋南专区龙子祠水委会灌溉管理暂行办法》（以下简称《办法》）正式公布，标志着灌区的灌溉管理步入正轨。

就灌区整体而言，在国家政策的安排下，通过召开灌区水利代表会议组建了龙子祠水利委员会，各渠道也建立了相对独立的水利委员会。就乡村水利管理而言，乡一级通过召开乡水利代表会议产生了乡水利委员会，负责管理全乡水利事业。村庄一级则由水利委员负责全村水利，村庄内的各渠道灌区再分别产生水利组长具体负责。

（1）灌区水利管理组织

灌区水利管理体系包括：灌区水利代表会议，灌区常务委员会和灌区水利委员会。灌区代表会议是最高权力机关，选举产生常务委员会和水利委员会。代表会闭幕后常委会为灌区最高权力组织，水委会为权力执行机关（图 3-11）。水委会下又设南站、北站，分别建有管理处，分管南、北河水利事宜。各管理处所管渠道也建有水利委员会。兹分述如下：

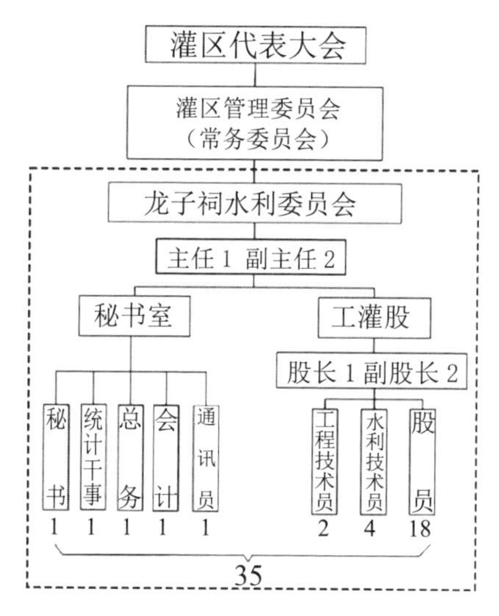

图 3-11　1955 年龙子祠灌区水利组织结构图

①灌区水利代表会议

选举水利代表并召开水利代表会议是新中国成立初期民主改革的一项重要内容，是人民当家做主的重要表现形式。1950年春季，省水利局提出了选举水利代表的办法，规定以渠、村为单位，由受益户50至100户选举产生1名“为人正派，热爱水利，能为群众办事，群众拥护”的人为水利代表，组成河系、县水利代表会。为吸取经验，省水利局又抽派干部，配合专、县水利部门在汾河沿岸平遥县南良庄进行了选举水利代表的试点工作，取得经验，通报全省。龙子祠与汾河、潇河、滹沱河、文峪河、阳武河、霍泉渠、通利渠等较大河系，榆次、孝义、临汾、洪洞、忻县、定襄、平遥、介休、代县、繁峙等23个重点县先后建立了水利代表会，共选出水利代表4000余人。水利代表的产生和水利代表会的召开，既反映了灌区广大农民对修渠兴工、灌溉用水的要求和建议，又发挥了推翻封建水规，建立新的用水规章，贯彻新水利方针政策的巨大作用[①]。

与省水利局规定的以受益户为单位产生代表的方式不同，龙子祠灌区实行按亩选举水利代表。1954年的《龙子祠水委会渠规渠章草案》规定：每自然村选水利代表1人，灌溉面积超过2000亩者选2人。1955年《晋南专区龙子祠水委会一九五五年渠规渠章（草案）》对此做了修正，规定“每乡水利代表会选举灌区水利代表一人，每个农业生产合作社选举灌区水利代表一人，有三个以下农业社的自然村由社共同选举灌区水利代表一人，三个农业社以上的自然村由社共同选举水利代表二人，组成灌区水利代表会”。每届代表任期三年，任期年限内如有特殊原因可另行选举[②]。

灌区代表会召开的时间由1954年规定的10月前变为1955年草案中规定的12月，而实际召开时间随意性较大，1955年和1956年均在11月份召开，1957年在12月召开。代表会议原则上每年召开一次，但在1955年2月和11月分别召开第六、第七次代表会议。

代表会议主要完成如下事项：其一，通过计划，听取全年工作总结报告及财

① 吴守谦：《建国初期山西的灌区民主改革》，《山西水利》1987年第2期《水利史志专辑》，第18—27页。
② 《晋南专区龙子祠水委会灌溉管理暂行办法》，1955年11月10日，临汾市档案馆档号：40-1.1.1-2。

政收支之审查事项。其二，有关水利建设各项政策法令之传达及群众意见之反映建议事项。其三，协商有关水程之分配变更事项。其四，较大规模灌溉工程之通过决定事项。其五，审议提出水费征收标准数字事项。其六，其他有关水利之较大事项。[①]

灌区代表会选举委员25人（1955年后改为18人），组成常务委员会，临襄农林局长及正副主任为委员。代表会闭幕后常委会为灌区最高权力组织，负责检查全年水利工作。每年的水费征缴，行程紧迫时各召集会议一次，必要时也可临时召开。以1954年龙子祠水利常委为例（见表3-4）可以看出，常委会委员在灌区之分布较为广泛，各乡均有名额。委员一般都在本村担任职务，如水利委员、生产委员、调解委员、居民组长、团支书等。从年龄构成上看，在已知的14名委员中，50岁以上者占2名，40—50岁者占7名，30—40岁者占3名，20—30岁者占2名，中年群体占绝对优势。从个人成分来看，14名委员中有11名中农，3名贫农，充分表明了贫下中农在集体化时期管理机构中的阶级优越性。委员中文盲者较少，除2名未接受教育外，其余12名中的5名接受过初小教育，7名接受过高小教育。但此番教育背景并没有与其人生经历形成必然联系，9人依然在本村务农（其中包括3名高小毕业者），1人曾当兵，其余4人或从政，或从教，或从商。从政治面貌来看，在18名有信息登记的委员中14名为普通群众，党团员各有2名。

表3-4 1954年龙子祠水委会水利常委登记表

姓名	村别或单位	职务	年龄	成分	文化程度	个人简历	是否党团	备注
席树棠		龙子祠水委会副主任	45	中	高小	赵城常委会秘书，专署管理股长	党	常委会主任
杨嘉勋	涧上村	水利主任	48	中	高小	教学五年	否	常委会副主任
许振兴	南柴村	水利委员	33	中	高小	务农	否	常委会副主任
刘永贵	南段村		42	中	无	务农	否	

① 《晋南专区龙子祠水委会灌溉管理暂行办法》，1955年11月10日，临汾市档案馆：40-1.1.1-2。

续表

姓名	村别或单位	职务	年龄	成分	文化程度	个人简历	是否党团	备注
申吉祥	河南村		48	中	高小	务农	否	
张洪范	城居村	水利委员	37	中	高小	务农	否	
史增荣	中刘村	居民组长	31	中	高小	顽伪工作五年，任村长等	否	
张岭	马务村	水利委员	53	中	初小	务农	否	
潘连级	伍级村	生产委员	55	中	初小	务商十余年，后任水委等	否	
程风云	朔村	团支书 人民代表	21	中	初小	务农	团	
畅立邦	西杜村	生产委员 人民代表	44	中	初小	务农	否	
芦元管	李村	调解委员 信贷社代表	45	贫	无	务农	否	
白家保	胡村	水利委员	29	贫	完小	当兵	否	
贾从贤	小榆村	水利委员	48	贫	初小	务农	否	

资料来源：《龙子祠水委会水利常委登记表》，山西大学中国社会史研究中心藏，1954年。

总体而言，与明清时期水利组织中精英力量凸显的格局相比，新中国初期的水利组织中虽然没有了地主、富农这些极有可能作为本村受过最好教育者的影子，但其中并不乏高小毕业生此类在明清时期相当于生员的人，水利管理者的精英化取向并没有发生根本改变。这反映了国家和社会对水利事业的基本态度是一致的，即国家希望有能力者管理水利，而社会也同样把希望寄托于精英身上。

②龙子祠水利委员会

水委会的组织机构通过代表会，经专署批准产生，是执行代表会的权力机关。关于1950年成立之初的龙子祠水委会，由于资料所限，我们并不能给予准确的复原。这里以同一时期的晋中汾河水利委员会作为参考，或能略知一二。如图3-12所示，该水委会设正副主任各1人，下设总务、会计、材料、工程、组织等5股，并设秘书2人。各股设股长1人，材料、工程、组织3股另设副股长1人。总务股长下设伙夫1人、通讯员1人、股员2人；会计股长下设仓库会计1人、会计员1人、仓库员3人；材料股长下设股员4人；工程股长下设股员5人；组织股长下设股员5人。会内人员共35人。加之派驻各县水利组的65人，水委会共有人员100名。

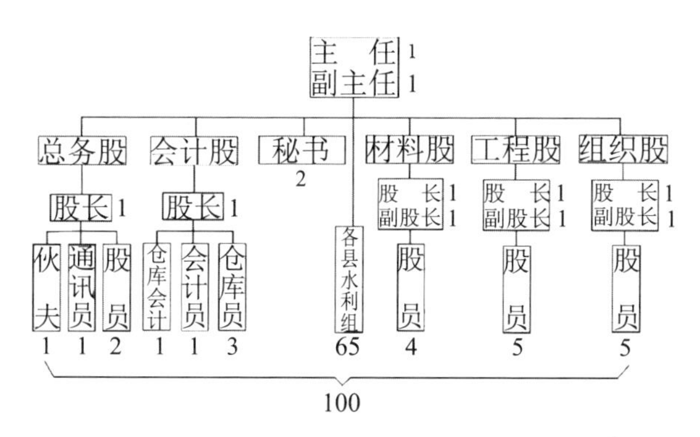

图3-12　1950年晋中汾河水利委员会组织结构图①

龙子祠水委会之组织规模应当不会如此庞大，因为晋中汾河灌区是山西省最大的灌区，南北跨越数县，就“各县水利组”一项之人员编制，恐怕是龙子祠水委会难以企及的。但对于其他各职能部门，龙子祠水委会亦当有之，即使名称上会有出入。

1954—1955年，龙子祠水委会先后三次制定灌溉管理方案，并最终得到专署水利局之批准，水委会之机构得以定型（见图3-11）。1955年《办法》规定，水委会正副主任均由国家委派，在正副主任领导下设秘书室和工灌股。

秘书室设秘书1人，办理贯彻水利政策之组织研究事项，日常行政、财务主管及机要事项，草拟有关全面计划总结报告事项及群众来信来访之处理事项；设统计干事1人，办理搜集有关全面规划基本资料及工程设计竣工绘制图表等事项，按期填报上级规定之统计报表及保管行政档案等事项；设总务1人，办理经费之开支，公物之购置修缮保管，领发人员生活管理及一切杂务；设会计1人，办理水费之收支及工程贷款投资之领用归还事项与预决算造表，掌握工作人员供给、福利、制度之执行及其他有关财务计划统计等事项；设通讯员一人，办理递送及

① 据原组织结构图改绘，山西省档案馆：C78-3-4。

一切有关通讯和内勤杂务等事项。

工灌股设正副股长 3 人，工程技术员 2 人，水利技术员 4 人，股员 18 人，分别办理水程之掌握分配事项，干渠及渠首工程之养护、管理事项，工程计划设计、勘查、绘图，施工材料预算、购置、报销及防洪工程计划、设计等事项。灌区作物需水之测量，气象及地下水位之观测，试验总结推广与防止盐碱地青苗灾害之技术指导等事项，以及灌溉管理工作计划和总结等。

以上编制共 35 人，完全由政府调任，其薪费按国务院规定标准，由水费项内支付。①

③渠道水利委员会和联村水委会

前已述及，新中国成立初期龙子祠灌区各渠道即通过民主改革建立了水利委员会。待龙子祠水委会成立后，各河水委会似乎并未步入正轨。1953 年，新一轮的渠道水委会陆续开始建立。

1953 年 4 月 25 日，横渠河召开第三次会议成立了横渠河水利委员会。该水委会设正主任 1 人（王生华），副主任 2 人（秦长文、丁清海），检查组 1 人（支云秀），管理股长 1 人（闫梦月），工程股长 1 人（杜玉惠），总务股长 1 人（王望明），委员 2 人（畅逢林、陈兴家），其组织结果如图 3-13 所示。此外，水委会下还组织了 10 个退水单位，每个退水单位管理一定数量的土地。②

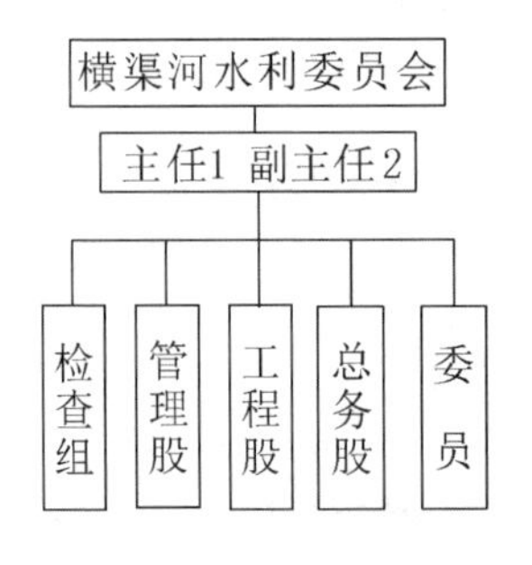

图 3-13 1953 年横渠河水委会组织结构

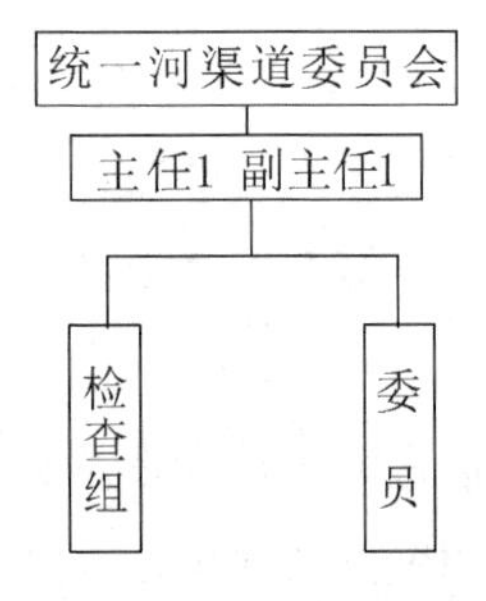

图 3-14 1953 年统一河渠道委员会组织结构

① 《晋南专区龙子祠水委会灌溉管理暂行办法》，1955 年 11 月 10 日，临汾市档案馆：40-1.1.1-2。

② 《南站管理处各种会议记录》，山西大学中国社会史研究中心藏，1953 年 4—8 月。

1953年5月，统一河成立渠道水委会，主任1人（李银保），副主任1人（解茂亨）。下设检查组3人（王望明、吴五元、师家喜）和委员4人（徐国荣、吴五员、王望明、师家喜）[①]，其组织结构如图3-14所示。

与横渠河、统一河的水利委员会相似，一些渠道沿线的受益村庄组建了“联村水委会”。该会由渠道沿线受益村庄分块划段，明确职责，由各村水利干部、劳模及热心水利的积极分子组成，定有渠规渠章。每程结束后，联村水委会通过召开会议进行“三评两比”（三评：评浇地组织、评领导经验、评规章的执行情况；两比：比干部的责任心，比进行按时配水浇地）检查工作。对灌溉中领导的不作为和其他违规行为进行及时批判，并对表现积极者给予表扬。如1953年春浇中，北灌区批判了樊家庄、周家庄等干部责任心不强，送牌不交水；中刘村、卧口村几次黑夜不浇；小榆等村个别干部领着群众偷水浇地等坏作风，表扬了兰村干部卫登朝在该村行程时不分昼夜在河垅地里检查浇灌，有不断疏渠行水的吃苦耐劳的精神。潘增寿、张次溪、刘万福、朱全仁、霍黑蛋、吴五元等热心负责的干部则被树为典型模范在灌区宣传。

灌溉行程时，在联村水委会的基础上抽选干部组成检查组，进行上下游间的互相检查，一方面可解决村与村的纠纷问题，另一方面也可收集评比材料。如1953年下官河杨家勋领导的互相检查组曾在夜间数次到下游韩家庄、乔村、泊段、马站等村进行检查，发现马站村浇灌土地时安排混乱，并及时向该村干部提出了纠正意见。[②]

（2）乡村水利管理组织

1952年，临汾县人委颁布水会字第七号文件，命令各地统一建立村级水利机构，加强对水利工作的领导。1954—1955年龙子祠水委会制定的三个管理方案中对乡村一级的水利组织做了更为具体而制度化的规定，乡村水利管理组织逐步稳固成型。其组织结构关系如图3-15所示。

---

① 《南站管理处各种会议记录》，山西大学中国社会史研究中心藏，1953年4—8月。

② 《临专龙子祠水委会五三年水利工作总结报告》，1953年9月30日，临汾市档案馆：40-1.2.1-7。

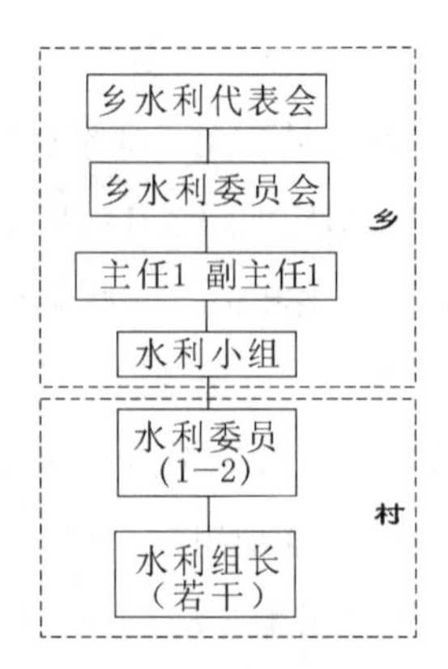

图 3-15　1955 年乡村水利组织结构关系图

水利代表会议由各村、农业社选举水利代表组成。乡水利代表会议根据各乡具体情况产生水利委员 7—9 人组成乡水利委员会，选举正副主任各一人，下设水利小组若干，领导全乡清洪水利事业，乡水委会由乡政府直接领导。

乡水委会职责如下：①执行上级计划及指示事项；②计划执行本乡范围内灌溉工程之兴修事项；③计划并执行放水灌溉事项；④水费之起收解交事项；⑤渠道工程及植树之养护事项；⑥工程动工劳力之动员组织领导调查统计事项；⑦向群众传达政策法令及收集群众意见和反映事项；⑧各种水利基础数字之澄清统计上报事项；⑨扩大灌溉面积之清丈、登记、统计上报事项；⑩其他有关水利之上级交付群众动议等事项。[①]

在乡水利委员会领导下，每个自然村选举水利委员 1—2 人，管理该村水利事务。在村水利委员之下，根据该村所在渠道情况，以 200—400 亩为准，选举水利组长 1 人，负责该管灌区水利工作。[②] 水利委员和水利组长亦是村政权的组成部分。

综上所述，新中国成立初期龙子祠灌区经过不断调整，逐步建立了渠系水利专管机构与乡村水利职能部门相结合的水利管理体系。在这个体系中，无论龙子

① 《晋南专区龙子祠水委会灌溉管理暂行办法》，1955 年 11 月 10 日，临汾市档案馆：40-1.1.1-2。

② 《晋南专区龙子祠水委会一九五五年渠规渠章（草案）》，1955 年 1 月 13 日，临汾市档案馆：40-1.1.1-2。

祠水委会还是乡村水利管理组织，都直接体现了国家意志：龙子祠水委会作为水利专管机关，其人员编制由国家规定，人员工资按国家标准在水费项下开支，属于自收自支性质的全公益事业单位；乡村水利管理组织则直接由基层政府进行领导，执行上级行政命令是其本职。如此看来，与前期相比，这一意志无疑是更为深广了。

（二）公社体制下的水利管理组织

1957年冬，临汾河西一带开展了大规模的水利工程建设，迎来了水利建设的"大跃进"时期。由于工程跨越洪洞、临汾、襄汾、新绛等数县，远远超越龙子祠传统灌区的范围，作为龙子祠水利专管组织的水利委员会就不可能担当起新修大型工程的建设任务。这不仅是因为水委会本身的管理权限只限临襄二县的龙子祠泉域，更重要的是国家为推动工程建设，协调受益县区利益的考虑，必须由上一级行政部门进行统一部署，建立由党政领导亲自挂帅的工程建设指挥部。这一组织形式是集体化时期大型工程建设的特征之一。在水利"大跃进"的同时，传统灌区的龙子祠水委会依然在发挥着重要作用，它的技术、管理人员成为新建工程的骨干力量。而在公社基层、水委会也试图进行组织的重建，其目的均是为了进一步加强水利管理。

水利"大跃进"时代结束后，新建工程的管理成为灌区的头等大事。它不仅涉及数县的利益问题，也涉及新灌区和老灌区的利益问题。水权的统一、管理的统一问题再次被提上日程。为此，1962年晋南专署主导成立了汾西灌溉管理局，统一了老灌区和新灌区的水权。但是，随之而来又出现了另一个问题，即水利专管组织与各县之间的权限、利益分配问题。接下来的几年，管理局又不得不继续进行调整、完善，直至1965年终得确定方案。不幸的是，"文化大革命"的来临再一次使它陷入窘境。

1. 水利"大跃进"时期的组织情况

（1）大型工程的临时组织

1957年跃进渠、七一渠和七一水库等大型工程修建时，为确保工程进度和质量，各工程均专门设立工程指挥部（又称兴工委员会）。指挥部成员一般由龙子祠水委会干部和工程所在县领导组成，跨县工程还会有专署领导亲自挂帅。如跃进渠修建时，即由临汾专署副专员胡文元、襄汾县委书记宋澜、副县长左保江、新绛县委副书记李靖卿、县长雷雨天、龙子祠水委会陈振乾组成龙子祠跃进渠兴工委员会，由胡文员、宋澜担任正副主任。委员会下设办公室、施工、材料、财务股，股长由县农林局长和陈振乾分别担任[①]，襄汾县水利局刘笃祥常驻委员会办公。

兴工委员会下，各县又成立分指挥部，由县委书记亲自领导。施工组织实行"兵团作战"方式。在襄汾县，以乡为单位成立兵团，下设营、连、排、班军事建制。工程以团分段分任务，以连为单位作战（一个村一个连），各兵团均设有指挥部。施工过程中，较大的桥梁、渡槽、涵洞、闸口等技术要求高的工程均由专业队承担，由指挥部工程处负责管理，一般的挖方任务由兵团负责。[②]襄汾、新绛二县还在工地成立了临时党团支部，除各乡乡长、支书和各社社长亲自领导外，两县另抽调 83 名干部参加这一工作。[③]

大型公益建设工程由政府和相关职能部门成立临时管理组织，是我国历史时期的一贯做法。新中国成立后，这一方式被延续了下来。因为有着强大的国家力量作为领导，这一组织的效率往往较高，对工程建设所起的推动作用亦很显著。然而，由于它的临时性特征，工程建设完成后，组织即行解散，工程的管理交由职能部门单独进行，客观上形成"重建设，轻管理"现象的发生，也为日后类似龙子祠水委会和汾西灌溉管理局的水利专管组织与工程所在各县间的不和谐关系埋下隐患。

（2）公社以下水利组织的调整

1959 年，随着公社化和水利化形势的迅速发展，灌区水委会决定在原有的基

① 龙子祠水利委员会：《龙子祠灌区灌溉管理工作进展情况》，山西大学中国社会史研究中心藏，1958 年 5 月 20 日。

② 马玉胜：《七战跃进渠》，载政协襄汾县文史资料委员会编：《襄汾文史资料——水利专辑》，第 54 页，2002 年 12 月印刷。

③ 龙子祠水利委员会：《龙子祠灌区灌溉管理工作进展情况》，山西大学中国社会史研究中心藏，1958 年 5 月 20 日。

层水管机构基础上，重新整合公社以下的水利组织。水委会提出：公社设水利部，各管理区或大队设水利股，管理区设水利技术员和灌溉员，人数多少按灌溉面积大小而定，十万亩以上的公社，水利部设 5—7 人，十万亩以下的 3—5 人；五千亩以上的区或队 2—3 人，五千亩以下的 1—2 人；每一百亩地确定一个灌溉员。[①] 其组织结构如图 3-16 所示：

图 3-16　1959 年公社以下水利组织结构图

与前期相比，这一方案中的公社基层水利组织很有水利专管组织的意味，它的机构设置与这一时期的水委会很有几分相像。特别是从"水利部"、"水利股"等名称看来，具有国家水利行政机关的影子。再者，该方案对灌溉员名额的规定，要求每 100 亩确定 1 名灌溉员，其标准是相当高的，因为 1955 年时只有 200—400 亩 1 名的要求。这些都是水委会加强基层水利管理意愿的表达。只可惜我们尚未找到相关资料来考察它的实践情况。

2. 1962 年：汾西灌溉管理局的成立

1961 年 9 月，晋南专署对临汾汾河西岸的老灌区 —— 龙子祠灌区和新灌区 —— 七一渠灌区、跃进渠灌区制进行了新的整合，统一了水权。1962 年 8 月又相继统一了人、财权。人、财、水三权统一后，设立了专署直属的专业管理机构 —— 晋南专署汾西灌溉管理局，下设三个分局，十个管理站，系企业经营性质的国家事业单位。

与之前的龙子祠水利委员会相似，新的汾西灌区的管理体系包括水利代表会

① 龙子祠水利委员会：《龙子祠灌区 1959 年灌溉管理工作方案（草案）》，1958 年，临汾市档案馆：40-1.1.1-5。

议和汾西灌溉管理局。前者是灌区的权力机关，对灌区的各项工作有审查、监督和决议权，凡是灌区的较大问题（如配水原则、维修计划、兴工负担、水费征收、各项计划的执行情况等），均通过代表会议研究讨论，每年定期召开一次会议。水利代表的产生亦有严格规定。原则上确定 2000—2500 亩受益面积出代表 1 人，不足此标准的社、队，可酌情出代表 1 人。为照顾代表的广泛性，代表会吸收了受益区内的党政负责干部、农业水利部门和其他工副业用水单位、水利劳模等人参加。在水利代表名额分配上，第一分局为 50—60 人，第二、第三分局各为 45—50 人，总局代表从分局代表中产生，人数不超过分局正式代表的 25%。水利代表委员会由 13—15 人组成，正副主任委员由主管农业的专员、县委书记或县长以及管理局局长担任，每年召开会议 1—3 次。会议闭幕期间，由 5—7 人组成常务委员会，主持日常事务。

管理局（总局）为代表会议的执行机构，它负有贯彻党的各项方针、政策、法令等有关指示和执行代表会决议的双重任务。下设三个分局，分驻洪洞、临汾、襄汾三县。总局在行政、业务上均由专署直接领导；分局行政受所在县领导，业务直属总局领导，但干部的任免和调动须事先取得总局同意。在权利义务关系上，总局或分局均须贯彻执行国家和上级的一切方针、政策、法令和指示，编制灌区的工程维修方案和用水计划，有权处理一切滥用职权、虚报论假、偷水、霸水、破坏工程等不良违章行为。分局下按渠系设配水站，干部由上一级人民委员会任免，配水站的行政、业务直属分局领导。不论总局、分局或配水站，均应受灌区代表和群众的监督。为了便于领导，分工负责，总局内设办公室、工程科、灌溉科；分局内设秘书室、工程股、灌溉股。此外，在管理局的直接领导下，根据需要建立渠道管理委员会，具体负责一条和数条渠道的管理①。其组织结构如图 3-17 所示：

① 1962 年的《晋南专属汾西灌溉管理局关于灌区经营管理方案（草案）》中又对此进行了修订，规定“凡跨社、跨队的较大支斗渠，各县必须支持，由受益单位选派 5 至 7 人组织渠道委员会，在公社、配水站的双重领导下，负责一条或几条渠道的灌溉和工程维修”。更加明确了渠道委员会的组织规模及职权范围。

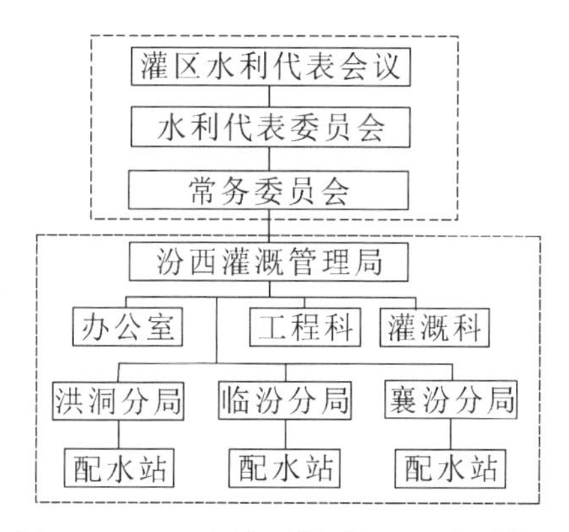

图 3-17　1962 年汾西灌溉管理局组织结构图

总局和分局有明确的职权分工。一切水量调配，工程的改建、扩建，配套和岁修护养等，统一由管理局负责，灌区内的一切水源由总局根据渠线长短、渠道输水能力和受益面积多少统一调配。上官河、下官河、北磨河至二渡槽，母子河至朔村西北的鳖盖滩，庙后小渠至龙子祠正西涵洞，晋掌小渠至进水口，均属泉源渠首，归总局管理；以下由第二分局管理。跃进渠至泉源启闭机，横渠河至二渡槽以下的启闭机，统一渠至朔村西北鳖盖滩以上归总局管理；以下由第三分局管理。七一渠从渠首至洪洞马驹村段归第一分局管理；马驹村至临汾晋掌河退水口段归第二分局管理，以下归第三分局管理。渠首工程由总局委托第一分局管理。通利渠按原规定不变，归第一分局具体管理，其渠首的养护管理与七一渠首同。根据划界，各负其责。

在基层水利管理方面，规定斗、农、毛渠归社、队集体所有，在管理局的统一规划布置下，由公社负责选派人员，建立与健全支、斗渠委员会。具体分工是：社、队组织劳力，支、斗渠委员会负责修建、管理和灌溉。[①] 另外，各受益社、队均须配备专职水利干部，负责本社、队一切水利工作。并以生产队为单位，建立长年固定包浇组。[②] 对于水利干部的报酬，灌区规定以“误工记工”的原则合理解

① 《晋南专属汾西灌溉管理局关于灌区管理制度的修订意见》，1962 年 11 月，山西大学中国社会史研究中心：7-1。

② 《晋南专属汾西灌溉管理局灌区经营管理制度规定（草案）》，1961 年 11 月 22 日，山西大学中国社会史研究中心：7。

决。包浇组实行定额管理，用工纳入“三包一奖”[①]。

作为灌区水利专管机构，如何处理与灌区所在行政区党政的关系对管理局而言是不得不面对的问题。灌区遵循的基本原则是：各分局须接受所在县的行政领导，而县、社在行政上亦应给予管理局大力支持，维护管理局的水权，并负责解决本县的水利纠纷、修建用工、水费资金等。各县召开的有关中心工作会议应吸收管理局参加，共同研究讨论，统一思想行动，达到有机配合，相互促进，团结生产。[②]

3.1963 年：组织的调整

1963 年，灌区组织体系进行了新的调整。灌区代表大会代表的产生原则由原来的 2000—2500 亩受益面积出代表 1 名改为每 5000 亩 1 人，5000—15000 亩出代表 2 人，15000—25000 亩出代表 3 人，25000—35000 亩出代表 4 人，35000 亩以上出代表 5 人，以渠系为单位进行民主选举，不足 5000 亩的渠系和国家农场、水电站亦应选代表 1 人。负责管理水利的上级党政负责人和受益县主管农业水利工作的县长，以及分析灌溉管理局负责，为当然代表。代表每届任期两年，可以

---

① “三包一奖”，即包工、包产、包费用和超产奖励的简称。中国农业生产合作社时期普遍实行的一种农业生产责任制度。这种制度是在 1951 年春天试办的初级农业生产合作社实行的包工包产的基础上，经过高级农业生产合作社时期逐步完善起来的。高级农业生产合作社生产规模扩大，使生产队（作业组）小集体与合作社大集体之间的利益矛盾、生产队与生产队之间的利益矛盾突出了。为了合理解决这些矛盾，又在包工包产的基础上增加了包投资的内容，把增加产品产量、降低生产成本的任务，与提高劳动报酬直接联系起来，有利于发挥生产队（作业组）和社员增产节支的积极性。三包一奖制度的主要内容和做法是：农业生产合作社在“四固定”（即把一定数量的土地、劳动力、耕畜、农具固定给生产队使用和经营）的基础上，按照积极而又留有余地的原则，将一定的生产任务（以产量或产值表示）以及完成任务所需的劳动工分和生产费用包给所属的生产队，年终结算。依照合同规定，超产受奖。因管理不善减产受罚（主要是扣劳动工分）。节约的劳动工分和生产费用归生产队所有，超支的劳动工分和生产费用则由生产队负担。在棉花和其他经济作物产区，还采取以产量计酬和以产值计酬等多种具体形式，实施三包一奖制度。在农村人民公社时期，有些生产队对所属作业组和社员户也实行三包一奖制度。在统一核算和统一经营的体制下，这种制度对于建立集体农业单位的正常生产秩序，贯彻按劳分配原则，加强经济核算等都起过积极的作用。但是，由于合作社年初制定三包定额难以准确合理，加上农业生产易受自然灾害影响，致使年终依照合同结算奖赔不可能准确合理，生产队（作业组）之间多劳多得、少劳少得的分配原则也难于体现。《灌区经营管理制度 40 条意见》，1962 年 11 月 28 日，山西大学中国社会史研究中心：7-1。

② 《晋南专属汾西灌溉管理局关于灌区经营管理方案（草案）》，1962 年 10 月 11 日，山西大学中国社会史研究中心：7-4。

连选连任。灌区代表大会每年召开会议一次，在特殊情况下，召开临时代表大会。在原有职责的基础上，1963 年的管理方案中还特别强调了水利代表大会“传达各项水利政策，听取和反映群众的意见与建议”一项。①

与 1961 年的常务委员会相似，灌区代表大会选举 9—13 人组成“灌区管理委员会”作为代表大会的执行机关于闭会期间主持日常事务。正、副主任委员由专署主管专员和汾西灌溉管理局局长分别担任。灌区管委会每年召开会议两次，情况特殊可临时召开，其职权任务亦有明确规定：

（1）贯彻执行上级党的方针、政策、指示和代表大会决议。

（2）研究各个时期的工作计划和督催检查工作的执行情况。

（3）听取管理单位的工作报告，研究有关水费征收的标准、方法，以及征收中的问题。

（4）讨论各渠道间的兴工负担，用水平衡问题。

（5）讨论各项规章制度贯彻执行的方法与措施。

（6）研究其他有关较大问题。

1963 年的组织方案中对基层管理机构进行了新的改革。在渠道一级重新设置渠道代表大会和渠道管理委员会。

渠道代表大会是一条渠道上的权力机关。代表由各受益生产大队按受益面积和集体经管的水力加工产业规模大小选举产生，受益面积在 1500 亩以下的生产大队选代表 1 人，1500 亩以上的生产大队选代表 2 人，在渠道上五个以上的水力加工作坊选代表 1 人，较大的水电站亦应出代表 1 人。各受益公社的主管书记或主任，以及管理分局的局长，管理站站长为当然代表。代表任期 2 年，可以连选连任。渠道代表大会每年召开会议 1 次，行使下列职权：

（1）贯彻执行上级党政方针、政策、指示和灌区代表大会决议。

---

①《晋南专属汾西灌溉管理局关于建立与健全灌区各级民主管理组织的方案（草案）》，1963 年 11 月 22 日，山西大学中国社会史研究中心：10-1。

(2) 选举渠道委员会委员和出席灌区代表大会代表。

(3) 讨论和决议本渠道范围内的工程岁修、配套、改建的负担办法。

(4) 制定出工负担、用水管理、工程管理，水费征收计划。

(5) 处理上下游用水矛盾。

渠道代表大会选举产生渠道管理委员会（七一渠为支、斗渠道管理委员会），是渠道代表大会的执行机构和灌区的基础民主管理组织，受管理局和当地党政机关的双重领导。委员会的委员，从渠道正式代表中选举产生，根据各渠道的管理规模和任务，确定委员名额。其中，通利渠、跃进渠各 9 人；上官河（包括北小河）、横渠河（包括南小河）各 5 人；磨河（包括母子河）、统一河、下官河各 3 人；七一渠万亩以上的支渠 5 人，万亩以下的支斗渠 3 人。渠道管理委员会委员的职权和任务是：

(1) 贯彻执行代表会和渠道委员会决议。

(2) 负责渠道护养管理。

(3) 组织受益区群众进行清淤、岁修和完成管理局分派的工程任务。

(4) 运行量水、分水，组织生产队浇灌溉，并负责编报本渠道用水计划，统计实浇面积，征收水费。

(5) 解决用水纠纷，向管理局汇报反映群众的意见和要求。

(6) 组织群众，绿化灌区，并负责树木的护养管理。

集中统一领导，克服了过去分县管理引起的上下游用水矛盾和受益不平衡问题，对发挥现有工程设施效益，促进灌区巩固与发展起了一定的积极推动作用。但此管理体制亦存在诸多问题：

首先，机构设置不合理。灌区实行总局，三个分局，九个管理站的三级管理体制，总编制 135 人，实有职工 126 人，其中：总局 46 人，分局 45 人，管理站 35 人，平均每个管理站不到 4 人，三分局每站只有 2 人。此种人员编制格局的缺陷是：分局人数多、力量大，管理站人员少、力量弱；有身重脚轻，轻重倒置的现象。更重要的是层次过多，分局只起了上传下达、督促检查的作用，具体的实际工作全部由管理站的 35 人负责。人员少任务大，使工作长期处于被动局面，不仅无法改进管理工作，提高管理水平，即是应付眼前局面也有力不从心之感。

其次，灌区与受益县的权益关系没有得到有效处理。1962 年实行统一领导后，灌区与受益县的责任范围并没有明确的分工。按照管理局的说法，“各受益县均有‘多受益，少负担’的思想存在，要求的权利多，应尽的义务少。基本上是甩手不管，一切群众纠纷、兴工中的行政领导等全部推给了灌区”①。事实上，各县确实没有具体的管理任务，在汾西灌区亦没有专业机构和人员，管理局无形中成了灌区“一揽子”项目的管理者，从干渠到田面工程、行政、业务全部负责；又纠缠到处理纠纷、催工、收水费等事务中。加之管理局在主观上亦有“拿不起，放不下”的思想，导致工作中顾此失彼，有些问题得不到及时解决，管理水平难以提高，特别是在施工方面表现得尤为突出。如统一河渠首工程，因临汾县撒手不管，而管理局又解决不了群众的思想问题，使连续两年列入国家计划的工程不能施工。又如洪洞井头过洪桥工程，全部工程量仅 2656 立方米，1964 年 3 月份开工，三分局 1/3 人员做了催民工和施工工作，但民工仍不到位，致使 8 月底仅完成全部工程量的 42%，严重影响了工程进度。

最后，组织机构与灌区任务不相适应。管理局的主要任务是管理工程和灌溉用水。但由于七一、跃进两灌区均系 1958 年修建的半成品工程，工程质量低，遗留的任务大，存在的问题也较多，新灌区受益后没有单纯设置兴工机构或专人进行遗留工程的建设，而是全部交由管理局负责。因而，管理局成立后把主要精力放在工程配套上，18 个技术人员全部服务于工程建设，其余人员也多做了施工、备料、催民工等为工程服务的工作，但真正用于管理工作的人员不足，致使工作性质倒置，中心任务转移，灌溉管理局实际变成了“工程局”。结果是抓了工程，丢了灌溉，老灌区失修，渠道淤积，水的利用率低，地下水位上升，盐碱下湿地面积扩大，保证水地不能保浇。如龙子祠老灌区北小河 3000 米的干渠有 1000 米不通；上官河高堆涵洞淤塞，下游 5700 亩土地不能受益；横渠河原设计 1.5 秒立

① 《晋南专属汾西灌溉管理局关于调整灌区管理体制的意见》，1964 年 9 月 11 日，临汾市档案馆：40-1.2.1-26。

方的渠道，实际输水仅0.9秒立方，且经常发生事故；母子河、磨河护岸坍塌，渠道漏水，使两岸土地经常遭受冲漫灾害；通利渠因渠首失修，上水困难，下游吴村段淤积严重，长期不能过水。1964年，龙子祠、通利渠两个灌区有9242亩保证水地因受益不好变为有效面积。同时由于工程失修和管理工作不到位，不仅大水漫灌，水量浪费，而且招致了土壤恶化，盐碱下湿地面积扩大，如通利渠1957年有盐碱下湿地6000亩，1964年扩大到11344亩，增加了近一倍；全灌区达到了35165亩，占到老水地面积的26.7%，并且仍处于发展趋势。

4.1964—1965年：组织的进一步完善

基于上述问题，汾西灌溉管理局于1964年9月11日制定了《晋南专属汾西灌溉管理局关于调整灌区管理体制的意见》，对管理体制改革提出两套方案：

方案一：减少层次，充实两头。灌区实行的总局、分局、管理站三级机构中的分局一级，原目的在于调解总局与受益县的关系，起桥梁作用。经过两年的统一管理，各县对此已经习惯，分局一级只扮演一个上传下达、督促检查的角色，既不承担编制计划、上行请示报告和观测研究的指导任务，也不做具体的业务工作。为此，管理局认为各分局已无继续存在的必要，并总结了将其撤销后的五大好处：（1）将分局现有的45人分别充实到管理站和管理局，以减少非生产人员，加强基层管理工作和计划管理工作，开展科学研究与观测记载；（2）总局直接领导管理站后，便于及时反映情况，指导工作和贯彻上级的方针政策与指示；（3）可减少会议、报表，有利于深入实际，消灭机关化作风；（4）总局直接与各受益县联系，便于解决问题；（5）总局、管理站人员增加后，可抽出一定力量深入群众，及时总结经验，既密切了与群众的关系，又便于接受群众监督。但此方案亦存在不利的一面，即管理局的任务加大，处理事务性的工作增加，若安排不当，易产生事务主义作风。

方案二：撤销现有机构，划分灌区，单独核算，分别管理。根据历史习惯引用水源，将汾西灌区划分为通利渠、龙子祠与跃进渠、七一渠三个灌区，分别归县或专署领导，实行单独核算。即通利渠仍由洪洞县管理；龙子祠与跃进渠均系引龙子祠泉水灌溉，且临、襄两县受益面积大致相等，一县不易管理，直接归专署领导；七一渠单独设立专直属机构，仍实行统一管理，以下按段分设漫地、熟堡、东羊、仙洞沟、岑村等五个管理站。按渠系分别管理的好处是：（1）管理范围缩小，便于领导；（2）新老灌区分开管理，存在的问题单纯，有利于集中力量解决主要矛盾；（3）单独核算，单独清工齐工，没有互相调剂的现象，体现了谁受益谁负担的政策。能够调动群众自力更生，加强管理的积极性。但带来的问题是：（1）水源不能实行余缺调剂，妨碍了工程设施效能的充分发挥；（2）两灌区之间的交叉工程管理和浇地余水的退泄矛盾不易解决；（3）三套人马，增加了行政管理与非直接管理人员；（4）对灌区的发展会因分别管理受到一定限制。

对比以上两个方案，方案二虽有诸多有利条件，但不符合统一管理和灌区发展的原则，而且会带来一些新的矛盾；方案一的积极因素相对较多，虽然存在管理范围大、问题复杂、不易管理的缺点，但统一管理是管理体制改革的方向。为此，管理局提出改进统一管理的两项措施：

第一，针对七一、跃进两渠遗留工程配套任务大，存在管理与建设相矛盾的问题，管理局建议在七一、跃进两灌区未达到配套前，应设单独兴工机构，使管理与建设分家，这样既不因建设影响管理工作，也有利于配套工程速度的加快。或在管理局内增加编制，专门设置一个工程队，承担灌区工程的勘测、设计和施工的技术指导，以解决工程建设和灌溉管理的矛盾。

第二，管理局是企业性质的事业单位，只能起宣传发动和业务技术的指导作用，没有行政指示、命令的权力。因而，有些问题必须是在各级党政领导的大力支持下才能得到解决。为此，管理局认为，各受益县应承担灌区管理工作中的水费征收，群众纠纷处理和兴工负担的责任，尤其是配套工程的施工，涉及整个劳力调动的问题，灌区则承担不起。改革后，在基本建设工程配套方面，管理局只承担设计和施工技术指导，施工的组织领导则由各受益县负责。

1965年2月17日，汾西灌溉管理局按照第一方案制定了具体的改革方案，即《晋南专属汾西灌溉管理局关于调整灌区管理体制的方案（草案）》。在统一管理的基础上，明确各受益县的权利义务关系，同时对管理局本身进行调整。

山西省人民委员会于1963年颁布的《山西省水库灌区灌溉管理和工程管理工作试行办法》规定：跨县的灌区由专署管理；一县、一社、一队范围内的渠道，在专设机构的统一领导下，交由所属县、社、队管理；跨地区的支、斗渠可依托一个主要受益县、社、队管理。根据上述办法，管理局对灌区范围内的水源、渠系及建筑物之管理权进行了如下划分：

涉及两个受益县以上的七一、通利、龙子祠泉源三个渠首和七一、通利、跃进三条干渠均存在水源相互调剂余缺、上下游用水平衡和兴工负担等问题。鉴于交县管理后问题不易解决也不利于灌区的发展，决定仍由专署直接领导管理。

七一、跃进、通利三干渠的支、斗渠，根据县界分别交由各县自行管理。龙子祠灌区的上官河（至一渡槽以下）、下官河（至庙前与上官河分水口以下）、磨河（至二渡槽以下）、母子河（至朔村村西节制闸以下）、南北小河（至渠首）等6条干渠与干渠以下的支斗渠均为临汾县受益，交由临汾县自行管理。横渠河（至泉源二坝启闭机）、统一河（至渠首）等两条干渠，虽地跨临汾、襄汾两县，但临汾县受益很少，用水、兴工均有历史习惯，矛盾不大，委托襄汾县直接管理。洪洞县的七一渠、通利渠干渠以下的支斗渠全部交洪洞县管理。七一渠、九支渠虽跨临、洪二县，但主要受益方为洪洞县，委托洪洞县直接管理。

灌区范围内的排水与退水渠道，不论干排或支斗排，均随同支斗渠由各县管理；支斗渠以下的农毛渠和田间排水沟，在县社领导下，由生产大队或生产队自行管理。

权责明确后，管理局将一些敏感、棘手的问题转交给各受益县解决，从本质上减轻了自身的责任和负担。首先，实行建管分离。管理局建议，三个渠首和七一、跃进、通利三条干渠上的工程配套、改进、返修由管理局统一编制计划和技术设计，经灌区管理委员会通报上级批准后，分别纳入各受益县水利建设计划。投资由县掌握，器材由县购置，自行组织劳力，按照设计要求负责施工。在各县施工技术力量不足的情况下，管理局给予必要的施工技术指导或派技术人员参加施工。工程竣工后，经省、专组织施工单位和管理局共同验收，在专署派员参加下，正式移交管理局接管。其次，体制调整后，原七一、跃进渠兴工时所发生的民工伤亡残废遗留问题，仍由各县自行处理或由县上报省、专解决；渠首和三条干渠因公负伤的民工，除由工程费和水费内一次性给予抚恤、安葬费外，此后的生活救济等问题一律由县民政部门或社、队自行解决。再次，因七一、跃进渠渗漏引起的民房倒塌，除管理局采取防范措施减少或杜绝渗漏影响外，移民和排水问题由县处理，或由各县上报省、专解决。

在权责下放的基础上，管理局对自身的组织机构进行了适当调整。

汾西灌溉管理局保持不变，直属晋南专员专署领导。局内设办公室，财务、工程、灌溉三科和配水、试验两个站。管理局下，七一渠以县为界，设洪洞、临汾、襄汾三个管理段，通利、跃进渠各设一个管理站，撤销三个分局和九个管理站，人员编制压缩至104人。改革后的管理局职责为：

(1) 负责灌区规划和所属干渠的工程设计，以及施工中的技术指导；

(2) 编制与执行计划用水，进行水量调配，掌握供需水平衡；

(3) 组织受益县、社进行渠首和所属干渠的护养管理，掌握各受益县进行配套，改建工程中的兴工负担平衡；

(4) 分派水费，按照省规定范围，审查、监督，上报水费减免与开支情况；

(5) 开展科学试验，总结与推广先进经验，负责全灌区的业务技术指导；

(6) 组织培训管理技术人员，改进与革新管理工作；

(7) 筹备灌区管理委员会和代表会，贯彻执行决议；

(8) 调解县与县之间的兴工、用水、负担等问题。

部分干渠和全部支斗渠由县管理后，增加了各受益县的责任。按照受益面积、管理范围和工程情况，管理局从编制内分别派洪洞9人、临汾12人、襄汾9人，由各县设立汾西管理所或管理处，行政上直接由县领导，业务上受灌区管理局领导，代表各县委领导所属范围内社、队和渠道与支斗渠管理委员会的管理工作（机构编制详细情况如表3-5所示）。其具体任务是：

(1) 执行灌区规章制度和一切决议；

(2) 负责渠首、干渠上的配套，改建、扩建工程的施工组织领导，按期完成工程修建计划；

(3) 督促检查受益社、队完成渠首和干渠所分派的清淤、岁修、防汛抢险任务，并负责支渠以下工程的改建、配套和整修；

(4) 负责水费征收，掌握社、队负担平衡；

(5) 组织社、队编报单位用水计划，执行渠系用水计划填报工程、灌溉完成情况；

(6) 解决社、队之间的用水纠纷。

表 3-5　1965 年汾西灌溉管理局改制草案中的汾西灌区机构编制表

机构设置		人数	人员编制
专设机构	管理局	40	行政干部11人，技术干部18人，工人7人，勤杂4人
	配水站	7	行政1人，技术4人，测工2人
	试验站	5	行政1人，技术4人
	七一渠洪洞管理站	15	行政4人，技术业务8人，工人与勤杂3人
	七一渠临汾管理段	13	行政4人，技术业务8人，勤杂1人
	七一渠襄汾管理段	8	行政1人，技术业务6人，勤杂1人
	通利渠管理站	9	行政3人，技术业务5人，勤杂1人
	跃进渠管理站	7	行政3人，技术业务3人，勤杂1人
	合计	104	管理局40人，配水、试验两个站12人，七一渠管理段36人，通利、跃进两个管理站16人
县设置机构	临汾县	12	人员编制由各县根据业务性质自行确定
	洪洞县	9	人员编制由各县根据业务性质自行确定
	襄汾县	9	人员编制由各县根据业务性质自行确定
	合计	30	
总计		134	专设置机构104，县设置机构30人

基层水利管理组织也被列为此次改革的内容之一。渠道一级主要是建立健全渠道（支渠）管理委员会，并组建专业护养队；社、队的管理组织则基本保持原样，配备专门水利干部。

对灌区已有的 21 个渠道（支渠）管理委员会，除通利渠、跃进渠管理委员会仍留属管理局领导外，其余分别交由各县领导。此外，根据《山西省水库灌区灌溉管理和工程管理工作试行办法》提出的“一县、一社、一队范围内的支斗渠，均应建立支斗渠委员会；跨社、跨队的支斗渠，组织支斗渠联合委员会，由所属县、社、队直接领导”的规定，管理局决定撤销襄汾段的七一渠干渠委员会，交由该县七一渠管理段负责管理，并建议各县建立与健全所属范围的支斗渠管理委员会。管理局规定，不论移交的或新建的渠道与支斗渠委员会，除行政上由县、社、队分别领导外，业务上须接受管理局、段或站的领导。在人员报酬问题上，留属管理局领导的通利渠（编制 11 人）和跃进渠（编制 5 人）渠道管理委员会实行误工记工，每人每月记工不超过 25 个，每天由水费补助生活费 0.3 元，用工由预派工内按渠系平均负担，参加本队当年分配，享受同等社员待遇；属于各县、社、队领导的支、斗渠委员会的负担、报酬，以“谁受益、谁负担”和“不减少本人收入”为原则，由各县自行确定。支斗渠委员会的职责如下：

(1) 负责所属渠道的护养管理，组织社、队清淤整修；

(2) 负责由干渠上接水，向下一级渠道的分水、配水，编报用水计划和实浇面积；

(3) 负责所属渠道上的水费征收；

(4) 领导与指导受益社队完成干渠上的兴工等应尽义务；

(5) 组织受益单位进行田间工程的整修、改建、配套；

(6) 解决生产队之间的用水矛盾，处理与报告违章事故。

根据《山西省水库灌区灌溉管理和工程管理工作试行办法》所载“较大干支渠道，必须由灌区基本投工中组织一定劳力建立护养队”的规定，管理局决定压缩原有护养队人数，进行一次组织整顿。按照工程规章，渠线长短和险要情况，七一渠洪洞段留 38 人，临汾段保持原有 20 人，襄汾段 10 人，跃进渠 7 人，通利渠 8 人，龙子祠泉源渠首 2 人，共计 85 人。其人员编制见表 3-6。

表 3-6 1965 年汾西灌溉管理局改制草案中的护养工人员编制表

护养地区		护养范围		干渠长度（公里）	护养的主要工程及险要河段	护养工编制人数
		起	止			
七一渠	渠首	拦河坝	三交村	2.85	拦洪坝、泄洪闸、进水闸	5
	洪洞段	三交村	南马驹	37.15	团柏、轰轰、午阳、东梁渡槽、韩家沟、李村、好义、马营、登临、石止、马牧、满地、高公土坝1—8号隧洞，42米深挖方，节制泄水闸7处	33
	临汾段	南马驹	三圣沟	20.6	大渡槽1个，羊舍沟、万地河、南社沟、狼娃沟等土坝填方12处，节制泄水闸5处	20
	襄汾段	三圣沟	渠尾	26.2	晋掌、西杜渡槽2个，土坝填方6处，节制泄水闸3处	10
	小计	渠首	渠尾	87.0		68
跃进渠		渠首	渠尾	33.5	土坝填方14处，跌水4个，渡槽1个，隧洞5个，节制闸3处，渠首一个，支斗口62个	7
通利渠		渠首	渠尾	34.1	渠首节制泄水闸10处，渡槽2个，跌水2个，隧洞4个，支斗口145个	8
龙子祠泉源					扩泉护林	2
合计				185.5		85

说明：该表系据原表制作，“干渠长度”一栏中“七一渠小计”为“87.0”，与实际相加数字“86.8”不相符；“干渠长度合计”一项亦有类似情况。

护养工的报酬由各渠段平衡负担抵顶预派工，在水费项下每人每天补助生活费 0.5 元。对于县管渠道，由各县根据省相关规定确定护养管理办法。护养专业队的任务是：

(1) 进行渠道建筑物的小修、小补，保持工程完整和正常输水；

(2) 巡渠放水，准确的启闭闸门，排除各种事故；

(3) 定期进行工程观测记载和机具设备的维修；

(4) 防汛抢修，并参加与领导清淤、维修；

(5) 负责干渠绿化，护养渠道苗木；

(6) 维修专用电讯设备，观测标记；

(7) 制止一切破坏工程、违反规章制度的行为，并及时报告反映；

(8) 保卫工程建筑，防止破坏事件。

经过汾西灌溉管理局会同洪洞、临汾、襄汾三县有关部门共同研究，1965年9月1日，山西省晋南专员公署颁发了“专水字”第309号文件《关于汾西灌区调整体制实行分级管理的通知》（以下简称《通知》），决定对汾西灌溉管理局的体制进行调整下放，实行分级管理。

《通知》精神与上述汾西灌溉管理局提出的体制调整方案基本一致，但在具体改革内容上仍有变更。管理局仍设管理委员会和灌区水利代表会。管理局所属的一、二、三分局全部撤销。与管理局提出的在各县分别建立管理站或管理处的名称不同，通知规定，分局撤销后，由洪洞、临汾、襄汾三县分别建立县级汾西水利委员会，并建立灌区水利代表会。各县汾西水利委员会行政上属县直接领导，业务上由县和汾西灌溉管理局双重领导。

汾西灌溉管理局下设六个站，即：一个灌溉试验站，七一渠首、龙子祠泉源和洪、临、襄三县各一个配水管理站。各县汾西水利委员会以下不再设站，按渠系由受益社队组织群众性的渠道委员会，在水委会统一领导下负责管理。

汾西灌溉管理局的135个编制名额，管理局留50个（包括勘测设计人员10名），其余85个名额，按受益面积大小和工程分布情况，分别下放给洪洞35个，临汾30个，襄汾20个。

体制调整后，汾西灌溉管理局只负责七一干渠和龙子祠泉源的配水，以及七一渠渠首、干渠和龙子祠泉源的工程管理、维修养护和各项观测试验，并负责解决三县之间发生的用水矛盾和纠纷。七一渠洪洞段支、干斗以下由洪洞县管理；通利渠委托洪洞县管理；七一渠临汾段支、斗渠以下和磨河、母子河、上官河、下官河、南小河、北小河由临汾县管理；七一渠襄汾段支、斗渠以下由襄汾县管理；跃进渠、横渠河、统一河委托襄汾县管理。

关于灌区规划、勘测设计和工程计划施工等问题，采取“谁管理，谁负责”的原则。为了使规划设计和计划工作统一，通知规定由各县提出后报汾西灌溉管理局统一审查平衡上报审批，批准后由所属县负责组织施工。管理局管辖范围内的工程（七一渠干渠和龙子祠泉源）修建用工，勘测设计由管理局负责报省专批审，批准后根据各县受益面积大小负担，施工由县负责。

灌区水费征收由各县水利委员会负责，各县水费总收入60%上交汾西灌溉管理局，作为管理局的业务和所管工程的维修养护开支。其余40%归各县所有，由管理单位掌握，作为工程维修和人员经费使用。其开支项目与开支标准，由各县事前编制计划，报汾西灌溉管理局审查，报专署审批后执行。

汾西灌溉管理局原库存的工程物资，按原计划和实际需要分拨给各县工程继续使用。关于房产问题原则上保持不变，按照实际情况归使用者所有。管理局下设各站的住房问题，由管理局进行调剂解决，房产权归管理局所有。[①]

根据《通知》精神，汾西灌溉管理局于1965年10月13日制定了《晋南专员公署汾西灌溉管理局关于汾西灌区调整体制实行分级管理的方案》，最终确定了该局体制改革的内容。

该方案接受了《通知》中关于保留管理局和撤销分局的决定，人员编制及分配亦以通知为准。管理局和各县的管理范围在《通知》基础上略做调整，原由管理局负责的七一渠首改由洪洞县管理，并对七一渠之清淤进行了明确分工："七一渠渠首至七支渠口清淤由洪洞负责，从七支渠口到窑院陶瓷厂木桥北清淤由临汾负责，从窑院陶瓷厂木桥至渠尾的清淤由襄汾负责。各县清淤段由各县水委会组织受益社队兴工办理。"

《通知》中规定的局下所设六站改为四站一组，即洪洞配水管理站（7人，其中包括七一渠首配水组），临汾配水管理站（4人），襄汾配水管理站（4人），灌溉试验站（4人），龙子祠泉源配水组（2人），共计21人。管理局设办公室、工灌科、勘测设计队，共计29人。配水管理站系汾西灌溉管理局派出机构，负责各县管理段的行政和业务管理，并解决用水之间的矛盾和纠纷。管理局对各级机构驻址也做了具体落实：管理局仍驻临汾龙子祠，洪洞配管站驻漫底，临汾配管站驻已设之东羊站，襄汾配管站驻北蔺村，洪洞水委会驻洪段，临汾水委会驻界峪，襄汾水委会驻襄陵，灌溉试验站驻熟堡站。

在护养工问题上，新方案规定其管理权归管理局，具体名额分配为：洪洞段40人，临汾段30人，襄汾段15人，龙子祠泉源护养工2人。护养工负责七一渠

---

① 《关于汾西灌区调整体制实行分级管理的通知》，山西省晋南专员公署文件（65）专水字第309号，1965年9月1日，汾西水利管理局档案室：15。

的工程维修和植树、电话等管理工作，若因工作需要调整和补充，由各县水委会按受益面积分配解决。

在财产管理方面，按照《通知》精神，管理局做了更为明确的规定：各渠道上的房权、财权，应随着渠道的管理权而定，原则上谁管理的渠道归谁所有；漫底、伏堡、东羊、仙洞沟及沿渠各护养段的所有财产归管理局所有；其他渠道上的房屋归各县汾西水委会所有。七一渠的电话内、外线设备和管理人员归管理局所有。各分局库存的物资原则上归各县水委会所有。工程材料按计划使用，多余部分归管理局掌握。襄汾配水站因系新站址，所有人员办公用品（桌子、凳子及家具什物等）由三分局调剂解决。

在水费征收及开支方面，方案规定水费的征收标准由灌区代表会或委员会通过，报请上一级政府批准后进行起征。各县水委会负责灌区水费的征收。水费分配仍按《通知》规定，管理局与各县实行六四开，并作为工程维修护养费和行政费开支。各县水费具体开支项目按规定标准由县事前编制计划报管理局审查再报专署审批后执行。另外，李村电站水费由管理局征收。灌区1962—1964年三年拖欠的水费，由各县汾西水委会征收，并全部留县汾西水委会作为汾西灌区移民赔偿和水利工程维修配套使用。①

1966年“文化大革命”开始后，管理局内曾分成126和318两个党委，互相攻击争斗，使局内工作一度陷入混乱。不过，管理局的主要工作并没有停止。②“文化大革命”以后，县汾西水委会又划归管理局，由管理局统一领导。此后又经过几次分合。2006年，国家对大中型灌区的补助政策的出台使各受益县管理的分局再次划归总局。对此，分局、各受益县和总局因为利益问题抱有不同的考虑。不过，“合”乃大势所趋，合并后如何处理分局与受益县的关系，如何处理总局与分局员工利益分配的问题成为影响灌区发展的一个重要方面。

---

① 《晋南专员公署汾西灌溉管理局关于汾西灌区调整体制实行分级管理的方案》，1965年10月13日，临汾市档案馆：40-1.2.1-10。

② 受访者解祥庆，男，70岁，曾任二分局统一河管理站站长近40年。采访时间：2009年5月5日，地点：襄汾县南辛店镇汾西水利管理局襄汾分局。

第四章　水权形态及其变革

水权是水利社会史研究的核心领域之一，它是水利社会权力格局的重要基石，影响着水利社会中的其他方面。研究历史时期的水权问题，对弄清水利社会乃至传统中国的社会结构、社会运行、社会关系等都有重要的意义。对此，学界从不同方面对历史时期的水权问题进行了阐释[①]。研究者注意到，明清时期地方士绅在乡村水利事务中占据主导地位，是水权格局中的关键角色。而且，这一格局具有极强的稳定性，任何企图挑战的行动最终都以失败告终而回到格局本身。[②] 这是因为水权格局始终依附于它所处的水利社会之中，传统社会的权力结构和社会关系不发生改变，水权格局就不会被打破重建。

进入20世纪，中国发生了举世瞩目的民主革命。中华民国的建立为传统水利制度的民主改革创造了制度环境，国家也试图通过水利管理体制重建，改变传统的水权格局，实现水权的合理分配。然而，由于国家力量的有限，这种自上而下的制度变迁终难实现；而关键问题在于基层的权力格局仍在延续。[③]

与此同时，中共以农村为突破的自下而上的革命也在如火如荼地进行。其中，

---

① 参见萧正洪：《历史时期关中地区农田灌溉中的水权问题》，《中国经济史研究》1999年第1期；行龙：《明清以来山西水资源匮乏及水案初步研究》，《科学技术与辩证法》2000年第6期；赵世瑜：《分水之争：乡土社会的权力、象征与公共资源——以明清山西汾水流域的若干案例为中心》，《中国社会科学》2005年第2期；韩茂莉：《近代山陕地区地理环境与水权保障系统》，《近代史研究》2006年第1期；钞晓鸿：《灌溉、环境与水利共同体——基于清代关中中部的分析》，《中国社会科学》2006年第4期；张小军：《复合产权：一个实质论和资本体系的视角——山西介休洪山泉的历史水权个案研究》，《社会学研究》2007年第4期；钱杭：《共同体理论视野下的湘湖水利集团——兼论库域型水利社会》，《中国社会科学》2008年第2期；等等。

② 张俊峰：《率由旧章：前近代汾河流域若干泉域水权争端中的行事原则》，《史林》2008年第2期。

③ 参见周亚：《民国时期晋南龙祠泉域社会转型中的变与不变》，《民国研究》2017年春季号。

解放区的土地改革之于中国社会的影响前所未有、地覆天翻。经过土改，传统社会的权力结构发生彻底改变，水利社会中的水权格局也随之变更，国民政府力图实现的水利民主改革通过中共革命的途径得以完成。

一、传统时代的水权形态

影响传统社会水权分配的因素有哪些？谁是传统水权格局中的支配者？张俊峰在《前近代华北乡村社会水权的形成及其特点——山西“滦池”的历史水权个案研究》一文中对影响前近代华北乡村社会水权分配的因素进行了概括，即“先天的地理形势、先民开创之功、是否有资本和劳力的投入及其投入比例等”[①]。应当说，这些因素共同决定了水利社会中水权的分配特点。那么，在诸多因素中，哪个因素居于支配地位，最为关键？我们结合龙祠水利社会进行考察。

如前所述，龙子祠泉域在唐宋以来开始进行大规模的水利开发，宋末平水被分为十二官河，有北河南渠之分。这十二条官河自北向南灌溉临汾、襄陵两县土地。其中，上官河是北河的代表，南横渠则是南渠的领袖。两条渠道集中反映了龙祠水权格局的分配状况及矛盾核心所在，在龙祠水利社会中具有典型意义。

上官河早在元至正二十年（1360）就已形成了自下而上依次行浇的灌溉顺序，并设“四纲”加以保障。[②]论者往往将村庄在水权争夺中的优势着眼于其所处的地理位置、其开发河流的时间，认为处于上游的村庄由于天然的区位优势必然在水权争夺中占据主动，上官河这种一反常态的用水秩序促使我们进一步探讨在水权争夺十分激烈的情况下，何种因素最终起了作用。南横渠是一条纵贯临汾、襄陵两县的河渠。因而南横渠上下游间的水权纷争，往往会引发县与县之间的对抗，这种冲突直到民国时期成立水利局后依然十分激烈。南横渠上的水资源配置十分明显地体现了“以上霸下”这一现象，但上游村庄在水资源配置上长期的支配地

① 张俊峰：《前近代华北乡村社会水权的形成及其特点——山西“滦池”的历史水权个案研究》，《中国历史地理论丛》2008年第4期。

② 《兴修上官河水利记》，元至正二十六年。

位是否仅仅与地理因素有关，仍然可以进一步考察。

（一）乡村势力对水权的控制

前文述及，龙祠水利社会的水利管理体制在宋代就已形成，其最基础的管理组织是“渠长—沟头”两级管理体制。渠长是水利组织中负总责的成员，担负着疏通河道、修缮沟渠、协调用水、祭祀神灵等任务。沟头是水利组织中具体负责协调灌溉、准备祭品、组织力夫、收缴水费的人员。他们均是从民众中推选出来，“渠长、沟首、堰子三人于用水人户地广之家选保。务要丁、粮、物、力相应，闾里美爱，性行温平，颇通经史，散水均平，堪充渠长”①。

元代以来，国家对水利的管理由微观层面向宏观层面倾斜，官方一般只出面干预和处理一些水权讼案、制定或认证相关的渠规水制。②到了清代，“县政府一般是不过问各渠内部的水权分配的”③。官方退出对水利事务的具体管理，“渠长—沟头”式的民间水利自治组织完全成为乡村水利的管理方式，官方在资源配置中的缺位为乡村势力染指水权争夺提供了条件。

所谓乡村势力，是指一个村落的整体势力，包括人口的多寡、精英力量的大小及其掌握社会资源的多少等方面。明清时期由于水资源紧张等因素导致的水权争夺情况十分复杂，其中既有集团对抗也有个体对抗。笔者以为，在形形色色的水权争夺中，集团对抗处于主流。明清时期乡村组织已经形成了一套管理体制，制定了相关的渠规水制，而水资源是一种公共资源，又由于其自然特性，在其配置过程中首先要解决的是上下游之间的分配秩序，继而牵涉村落之间、县域之间的利益分配。而对水权的争夺，首先表现出的就是分处上、下游的村庄乃至县域之间对整体利益的争夺。在争夺过程中，实力较为雄厚的村庄会最终主导公共资

① 《龙祠下官河志》，康熙二十二年。

② 如根据《兴修上官河水利记》的记载，上官河的用水秩序是在当时总管晋宁路事的户部尚书范中的主持下形成的；明万历四十二年《平阳府襄陵县为水利事》也记载，平阳府和襄陵县的水利纠纷也是在当地官员高宪的过问下予以解决，并制定了详细的渠规水制。

③ 萧正洪：《历史时期关中地区农田灌溉中的水权问题》，《中国经济史研究》1999 年第 1 期。

源的配置。势力较大的村庄为了保证地位、巩固胜利，往往就会以利益共同体的面目出现，以增强其整体势力。下面结合田野调查了解的情况，以位于上官河下游的刘村和南横渠上游的北杜村为例，将乡村作为一个整体利益集团考察乡村势力对当地水权的控制。

1. 刘村："以下霸上"格局的形成

刘村位于临汾市尧都区汾河西岸，汉晋时代平阳侯国与平阳县同治刘村，前后约700年，那时的刘村就已经成为区域的中心[①]。刘村位于上官河的最末端，但却是灌溉最先开始的地方。根据目前掌握的资料，这一秩序形成于元代。至正二十六年的《兴修上官河水利记》记载，起初上官河上、下游之间因用水问题频起争执，"上官河水利之不均有年矣，其据上流者专其利，地未干而重溉者以月计之率三四次，昼溉□夜□人佚而财□，播种常及□□极□□□□□□□□□□富嚣。其住下流者渴其利，时旱暵而水□下，以岁计不过□□□□□□□□□□劳而财殚……至有致人命于死数起"。面对这种情况，为了"均利以息讼"，总管晋宁路事的户部尚书范中下令"改纪上官河□□□署文□溉田之。今自下而上，令行禁止"[②]。由此形成了上官河独特的自下而上的用水局面。

上官河自下而上用水秩序是在官方的介入和干预下形成的，但这样一种有违常态的秩序能从元代一直维持下来，与刘村的整体势力关系十分密切[③]。刘村能够以下游村庄的身份实现"以下霸上"，除了因为其自古以来就是当地政治、经济、文化的中心外，与其村落中地方精英力量的强大也有很大关系。明清时期的地方绅士是沟通官与民的中介，他们往往具有功名，有的还有在外做官的经历，这使他们拥有多于他人的政治、经济、文化和社会资源，也决定了他们在乡村社会中的话语权。前文已述，明清以来官方逐渐退出了水利事务的日常管理，这就为士

---

① 事实上，刘村一直以来都是当地的中心，直到民国时期依然如此。1937年10月中旬，受日军攻占大同、威逼太原的影响，中共中央北方局、八路军驻晋办事处南迁至刘村。1973年临汾县迁驻刘村，1975年迁驻临汾市。现在的刘村是刘村镇政府所在地，也是汾河以西乡镇中重要的政治、经济和文化中心。

② 《兴修上官河水利记》，元至正二十六年。

③ 根据道光七年《八河总渠条簿》（抄本，山西省临汾市档案馆藏，档号：1-159）所提供的上官河渠长信息，直到道光年间，上官河下游的渠长仍由当时的南刘，即刘村人担任，这表明了刘村在当地水权格局中的地位。

绅的活动提供了机会和舞台。刘村地处区域中心，人口众多，同时财主多、绅士多，特别是在明代中后期一度出现烜赫一时的高门显宦之家，对壮大刘村的整体实力影响很大，并利用其所拥有的特殊资源、权力或关系网络维持与其他宗族和村社之间一种不对等的水利关系。

刘村士绅势力以张氏家族最为强大。张氏一门，在明代弘治到嘉靖年间张镛、张润父子时最为显赫。直到今天，刘村还保留着张镛和夫人韩氏的墓地，当地人称为“尚书坟院”、“张家坟”。据墓地内碑刻的记载，张镛以山东兖州府汶上县典史之职致仕，“莅位勤能，持身清慎”，正德五年（1510）受封征仕郎、吏科左给事中，累封至中宪大夫、顺天府丞。嘉靖十一年（1532）去世。嘉靖十八年（1539）被加赠通议大夫、户部左侍郎[①]。张镛之子张润，字汝霖，明弘治戊午科（1498）解元，弘治壬戌年（1502）中进士，任河南宜阳知县。正德二年（1507）被拔擢为给事中，他“论列侃侃有直声，奉敕查甘肃钱粮，以廉谨称”[②]，后历任顺天府丞、左副都御使、兵部右侍郎、户部左侍郎，曾巡抚宁夏，“积粮练兵，轻徭恤卒”[③]，立有边功，先后担任工部、户部、吏部尚书，明廷赠太子太保，谥号“恭肃”。张镛、张润父子长期在外为官，特别是张润，官至尚书，位极人臣，显赫的家族势力自然会成为刘村人引以为荣的功业，也自然会成为他们巩固自身在资源配置中有利地位的资本。

需要指出的是，张氏家族在控制当地水权的过程中，也出面主持兴修水利，这些事功对于稳定上官河自下而上的用水秩序发挥了作用。张润之兄张滋，字长公，“以孝友知名”，嘉靖四年（1525），上官河民众鉴于“上官河塞者，于是乎四纪矣”的情况，“乃属长公疏渠，自席坊西为堰，以坊（防）山水之冲，北过禄阱桥至于小榆桥。又北夹岸而西出麻册涧北，于是乎溉麻册诸村之田。北之腾槽而东，分斗门，于是乎溉界谷（峪）诸村之田。北过西宜桥，分汧东流。又北夹

① 参见刘村尚书坟院内碑刻两通。分别为明正德五年四月二十一日皇帝敕封张镛的圣旨和嘉靖十八年十二月二十五日皇帝再次封赠张镛的诏书。

② 乾隆《临汾县志》卷八《人物志·宦绩》，《中国地方志集成·山西府县志辑》第四十六辑，凤凰出版社2005年版，第107页。

③ 《皇帝“谕祭”张镛碑》，嘉靖二十一年。

西宜观东流为二沂，又北为计家沟，于是乎分溉东宜诸村之田。北为涧北沟，又北为八沟涧，东流而北西过小桥，于是乎溉段村之田。北为石桥，东流分沂，北东过卫家沟分四沂，又北过武亭桥分沂，北历五桥而分为二渠，于是乎溉刘村之田”①。张滋此举，“溉田二万有奇，利及三十六村”②，为张家赢得了崇高声望，缓解了上官河上、下游村庄因水事纠纷而造成的紧张关系，时人盛赞“于乎上官河其永矣”③。

秩序从来不缺乏挑战。张润、张滋去世后，“浇地秩序更加混乱，经常发生浇地争执和打架斗殴事件”④。界峪、青城、泊庄、涧头等村落对刘村“以下霸上”的行为越发不满，联名进行控告，“自县府道司以及巡抚衙下，无不俱控至”，但最终都因刘村强大的势力不了了之。当地诸如“尉秉楠争水”等传说故事也在这种背景下产生并流传至今。不对等的水资源配置格局挫伤了村民的积极性，到雍正年间，上官河上村民“乃勤惰不齐，疏导之功懈，而沙积土壅，又以塞其浚发之原举，昔时美肥之区等于石田，良可慨也”⑤。

由此可见，刘村以下霸上的特殊水权格局，固然在其形成之初是官方干预的结果，但在其后长时期的水权资源配置中，处于地理位置相对劣势的刘村能够长期维持水资源的不对等配置，关键还是在于其村庄力量的强大和村庄望族的存在。二者相辅相成，缺一不可。然而，虽然精英力量依靠其名望、身份、关系网络以及一些兴利除弊的活动维持着秩序的稳定，但位居上游者始终对刘村的用水优先权心怀不满，其权威稍有变动，便会借机进行挑战，往往动摇无果，积怨愈深，成为水利社会中的不稳定因素。

2. 北杜村：精英崛起与“世袭霸水”

与刘村一样，南横渠上游的北杜村也同样是渠道上霸水的主要力量。南横渠流经临汾、襄陵两县，因而上下游的争水斗争经常演变成两个县之间的明争暗斗。

---

① 《张长公行水记》，嘉靖七年。

② 乾隆《临汾县志》卷八《人物志·义行》，第115页。

③ 《平阳府重修平水泉上官河记》，嘉靖五年。

④ 参见尉晨光、尉清华：《尉秉楠争水记》，载山西省临汾市尧都区三晋文化研究会编：《尧都村镇风情》下卷（内部图书），2006年，第825页。

⑤ 《重修平水上官河记》（雍正五年），乾隆《临汾县志》卷十《艺文志二》，第210页。

明万历四十二年（1614），在平阳府知府主持下，临汾、襄陵两县为了平息一直以来上、下游村落之间的争水斗争，规范用水秩序，曾制定了《平阳府襄陵县为水利事》，这一材料对南横渠各村落用水的水程做了明确规定：南横渠"定为上下一十三沟"，实行"自上而下"灌溉，并对上下游各村的用水时间、比例都做了清楚的规定。[①]但在之后数百年具体运行中，由于上游占据地理优势，加之地方望族的插手，使得这套规定很难真正执行。

北杜村是上游村庄霸水的核心力量，一直以来都是南横渠上最大的村落之一。当地老人回忆，北杜村在中华人民共和国前人口已将近一千人，属于当地大村，与刘村一样属于区域的中心[②]。北杜村位于南横渠上游，控制着上游五个陡口中的三个[③]，地理位置得天独厚。

除了村庄规模和地理位置上的优势外，北杜村内精英力量的崛起同样引人注目。清代中晚期，来自临汾县枕头村的徐氏家族迁入北杜村，以其掌握的各类资源和运作能力成为南横渠上下游一系列争水斗争中乡村势力的代表。据《徐氏家谱》记载，徐家第九代先祖徐钟秀从枕头村迁到北杜村，开启了北杜徐氏的历史。徐氏家族不同于单纯以出租土地为生的地主家庭，徐家重视教育，耕读传家，名重于当地。徐钟秀生子徐砥平，曾中举人，徐砥平生子徐飞明，光绪朝后期中进士，任山东德州知州，徐家势力臻于兴盛，成为北杜村首屈一指的望族。徐飞明生有三子，即徐家第十二代，徐家势力在这一代人手中达到全盛。[④]（其家族谱系参见图 4-1）这三兄弟在村中间享有很高威望，村民有"大哥二叔三爷爷"之说。此说指的是长兄徐鹤龄性格软弱、文化程度不高，主要以出租土地为生，当地人称之为"大哥"；而徐同龄则曾担任过渠长、村长、水利局干事，较之乃兄拥有更大的势力，因而被称为"二叔"；徐长龄因近视又被称为"三瞎子"，他于并州大学法政专业毕业后长期在临汾县任职，一度担任临汾县党部书记长，被称为"三

① 《平阳府襄陵县为水利事》，万历四十二年。

② 抗战期间，北杜村曾是二战区的编村，管理三景村、西杜村，新中国成立后曾设立北杜管理区，仍管辖三景村、西杜村，后又成为龙祠人民公社所在地，因而北杜村在相当长的历史时期内一直处于所在区域的中心位置。

③ 这五个陡口是：神仙陡门、郭家陡门属于北杜村以北的晋掌村，泰山陡门、中陡口、吃水陡属于北杜，各灌溉农田 1000 多亩。

④ 参见徐靖华等：《徐氏家谱》（内部资料），2012 年印，第 13—27 页。

爷爷”，是庇护北杜村的主要力量。[1]

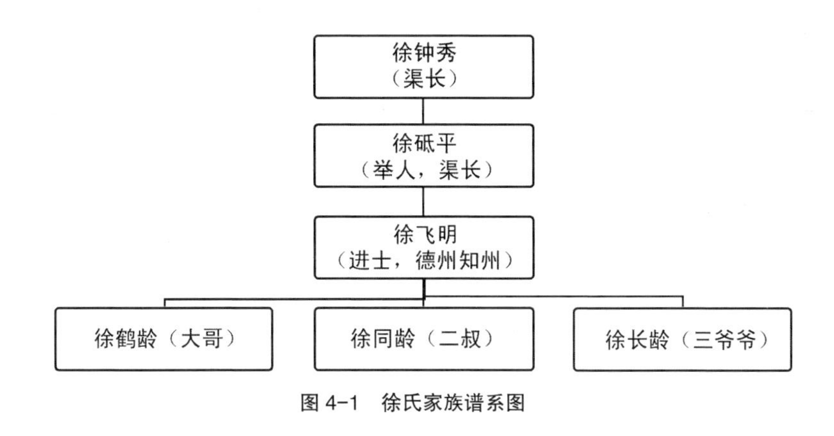

图 4-1　徐氏家族谱系图

村庄的区位优势和精英力量使北杜村具备了强大的集团力量，在灌溉中素有“三不浇”之说，即刮风不浇、下雨不浇、黑夜不浇。显然，所谓的“三不浇”与前文中提到的有关水程的规定是相违背的，因为在规定中并未申明刮风、下雨、黑夜等这些特殊情况。一些年长者回忆，下游村庄迫于无奈，每逢水程就要派人到北杜村各个陡口监督放水，但总免不了受到北杜村村民的欺凌。这些冷遇与不公作用于人的心理，就有了齐村村民中广泛流传的卢秉纯为民请命的故事。相传，南横渠最初只用于上游村庄灌溉，襄汾各村无法进行灌溉。当地开明绅士卢秉纯[2]为民请命，开通了南横渠在襄汾的渠道。[3]

徐家自迁入北杜村以来，“其先世二世胥膺上游渠长”[4]，长期控制南横渠的

① 受访者：临汾尧都区金殿镇北杜村村民张尧，男，1935 年生，曾任北杜村会计；徐天顺，男，1937 年生，曾任水利技术员，参与过跃进河、七一渠的测量和修筑工作；史平安，男，1938 年生，1971—1986 年任北杜村党支部书记；临汾尧都区金殿镇北杜村村民徐锡川，男，1944 年生，徐同龄次子。采访时间：2012 年 7 月 5 日；采访地点：临汾市尧都区北杜村。

② 卢秉纯，清末民初人，曾担任江苏学台、翰林院检讨，被誉为“晋南才子”，民国《襄陵县志》（卷十一《名贤传》，《中国方志丛书·华北地方》第 402 号，成文出版社 1976 年影印本，第 224 页）称赞他“风骨棱棱，谠正不阿”。

③ 受访者：王银生，男，1936 年生，齐村村民，早年就读于晋南师专（今山西师范大学），1955 年加入中国共产党，曾为中学教师、校长；采访时间：2012 年 7 月 6 日；采访地点：临汾市襄汾县齐村。

④ 《长官部少将参事周庆华呈请》（1945 年 5 月 25 日），山西省档案馆藏，档号：B13-2-162。

水资源配置，可谓是世袭霸水。徐家对南横渠水权的控制主要是通过在争水斗争中庇护本村村民、无视已有渠规水制，进而损害下游村民的正当诉求等方式实现的。在这个过程中，上、下游之间付出的劳动和获得的收益处在不对等的状态下。据下游襄陵县齐村村民王银生回忆，齐村为了用水，必须承担每年疏浚河道的任务，还要额外交粮，这部分粮食与公粮、军粮等混在一起，一并征收，一般都存在摊派，用作村里开支。下游的委曲求全和上游的蛮横跋扈形成了鲜明的对比，下游长期的屈辱与压抑成为上下游之间斗讼的诱因，甚至常常因此闹出命案。[①]

（二）民国时期官方对水权的干预及失败

民国建立后，国家政治体制经历着新的变革。在水利事务上，官方试图干预基层的水权配置，加强对水利事务的管理。如前文所述，民国二十二年（1933）七月二十九日，临汾、襄陵二县共同颁布《临襄南横渠组织水利局简章》和《临襄南横渠水利局施行细则》，标志着临襄南横渠水利局的正式成立。按照《简章》，临襄南横渠水利局是由临、襄二县共同设立的水利专管机关，局内成员包括局长一人、办事员二人、水警十名（闲月可酌减数名）、夫役二名。水利局局长取代原来渠长统领南横渠事务。办事员 2 人分别来自临汾、襄陵二县，分管上下游事务。水利局的成立，是宋金以来龙祠水利社会管理体制的一次变革，发挥了一定的积极作用，以致“上下和睦”，“全渠人士无不称赞”。[②] 但是，管理体制的变化不代表权力结构和资源配置方式的变化，特别是 1943 年水利局重新成立后[③]，其运行过程出现了种种问题，官方试图通过水利局这一组织形式干预水权配置的尝试最终未能真正成功。民国时期临襄南横渠水利局的失败之处表现在以下两个

---

① 受访者：王银生；采访时间：2012 年 7 月 6 日；采访地点：临汾市襄汾县齐村。

② 《呈为呈请恢复旧有水利局，以利浇灌，而资加大生产事》（1943 年 8 月 6 日），山西省档案馆：B13-2-116。

③ 1938 年临汾、襄陵等地沦为日占区，水利局被迫停止活动。1943 年政治局势稍有缓和，水利局也得以重新成立。

方面。

第一，旧有的管理体制没有被打破。早在1933年水利局成立时，南横渠的渠长、沟头等管理机构就依然存在，并没有被整合到统一的水利管理系统当中。1943年重新成立的水利局，面对日军占领后的混乱和残破局面，也无力整合旧有资源，这就造成了新、旧两套管理系统并存，局面失控。

第二，新的管理机构被传统乡村势力把持，无法保障弱势一方的诉求和利益。传统国家对基层社会采用的是间接控制的方法，即将对乡村社会的实际管辖权交给其内生出的地方权力体。这一体制使地方精英在对水权的占有中获利越来越大，地方精英保护下的民众也因此获得好处。水利局的成立未能克服这一权力运行机制上的弊病，反而为了维护稳定而依靠传统地方精英的力量，使公器再次变成私器。据记载，水利局重新成立后，北杜村的徐家很快主导了局内的运转。徐同龄担任水利局干事，其外甥女婿景灵善担任技士。北杜村称霸南横渠的局面没有任何改变，民国官方成立水利局以加强管理的做法基本宣告失败。

二、中国革命与水权变革

1948年5月17日临汾解放后，民主政府开始接管各项行政事务，在土改过程中充分借鉴老解放区的工作经验对龙子祠泉域进行水权改革。

（一）土改过程中的水权统一

1948年8月初，贺龙从前线抵达临汾传达中共中央有关土地改革等问题的决定。11月，中共临汾县委组成若干土地工作团，深入各区开展土改工作。与此同时，晋绥边区[①]建设处也制定了“改革封建水利一些原则办法及今后方针

① 1948年临汾解放后，被划入晋绥边区政府管辖。1949年2月，为了“打过长江去，解放全中国”的革命需要，撤销晋绥边区，临汾所在晋南地区成立晋南区，归入陕甘宁边区政府领导；同年9月1日改属山西省。

和计划”，对晋南地区的水利制度改革进行了总体擘画，列出了改革的原则和办法：

根据边区今年各地有关水利材料，以及《晋绥日报》资料室关于封建水利制度之彻底改革的文献，综合了改革封建水利的一些原则和办法，提供各地参考采用，并希望在具体工作中发挥、创造。

解决水利纠纷的原则。在一般情况下，水利纠纷有三种，第一是下游村向上游村分水问题，第二是借渠、借道、借地问题，第三是夺水坏渠问题。这些纠纷，都应本着“天下农民一家人”和“双方有利”的原则进行调解。1. 下游村向上游村分水，只要不坏渠，应分给一份，水利多少由双方协定，一般应少于上游村庄，因下游村是后开渠。2. 允许借渠、借道、借地，但开渠村庄要保证借渠修渠，借道修道，借地修地。3. 下游村不得将上游村水完全夺去，如使上（游）村渠坏水干，损害上（游）村漫地，就不准开。（这是朔县农民代表大会的决议，在晋南地区一般适用，可做参考。）4. 不允平均分水，下游不得无理夺水，上游不得霸水，用水尽其利。

……

在使用水方面。1. 由上转下或下往上轮流（按具体情况由代表会决定），灌水时间无时，以各村水地亩数计算。2. 统一规定灌水时间和灌多少地，以此掌握轮流。3. 灌水时要走出口、入口，不能破坏别的渠埝。

……

在纪律方面。一般规定：1. 因水争执须通过水利委员会及干部解决，禁止打架。2. 开支渠、分渠时，须通过水利委员会，以免妨害别的渠道；取土一律不准在干渠三公尺内（即九尺）。3. 水利工程器材、建筑，一律保护，不准移动。4. 不准偷浇，破坏渠规，浇水不准徇私舞弊等。

破坏以上规定者，由水委会负责，令其赔偿或受处分。①

① 《晋南今年水利概况，改革封建水利一些原则办法及今后方针和计划》（1948 年 9 月 1 日），临汾市档案馆：2-1-205。

可以看出，解放后临汾地区水利改革的原则和办法是边区和老解放区水利改革的经验总结，具有较大的指导意义。其总体的指导思想是：水尽其利、双方有利。水尽其利，从发展生产力的角度来讲，就是最大限度地开发利用水资源，扩大灌溉面积，以增加粮食生产。但是，水权的分配格局早已成为定式，要有效地扩大灌溉面积，就必须对现有的生产关系（水利制度）进行改变。对此，解放区政府提出了双方有利的原则，既尊重历史，保障原有用水户拥有较多的用水权利，又提出“天下农民一家人”、“水为公产”等观念，使原先没有水权的人得到用水权，从而扩大灌溉面积。从社会效应的层面看，水利改革还试图通过实行灌区统一管理和对民众进行教育等途径来解决上下游的水利纠纷。这些原则和方法对龙祠水利社会的水权改革产生了直接影响。

龙祠水利社会的水权改革就是在这一背景下进行的，而改革的呼声最先来自处于劣势地位，水权得不到保障的村庄。它们纷纷向政府提议，要求对灌区进行整顿，取消用水特权。为此，民主政府组织水利工作小组深入灌区进行调查，了解问题，制定改革方案。

经过调查研究，工作组掌握了龙祠水利社区普遍存在的两个问题，即：

> 1. 上下游用水不统一，多寡悬殊。上游随便浪费水，下游因缺水把水田变旱地。又因偷水常发生纠纷，渠不修理。
> 2. 封建势力把持操纵水权，压制农民。[①]

针对以上情况，工作组初步制定了“先抓典型，以点带面”的工作方案。因为下游用水困难，问题容易发现，工作组首先到问题最多，纠纷最复杂的上官河、南横渠下游进行试点工作。

1949年春节过后，南横渠、上官河分别召开水利代表会议，对“上下游用水不公”、“封建把持”等问题进行讨论，并提出改善要求和办法。经过讨论和尖锐

---

① 李青如、常杰：《龙子祠水利是怎样整理的》，《晋南日报》1949年5月26日。

的争辩，最后决定了“统一用水，统一兴工”的原则。在此原则指导下，又根据各村土质、作物等具体情况因地制宜，适当调剂照顾，避免绝对平均主义，如规定韭地、稻田可酌情增浇等。

会议期间，各村水利代表还到渠道和泉源进行了实地调查。针对渠道渗漏严重、泉源堵塞的情况，代表们提出首先应当整理渠道、疏导水源，以增加水量，提高水的利用率。因为水源关乎整个龙子祠灌区，最后决定统一龙祠水利管理，建立统一的管理组织。在一份关于龙祠水利整理的报道中，作者特别强调了上官河水利代表会议所充满的浓厚民主氛围：会上代表们以互让的态度展开讨论，刘村代表说：“大家水大家浇，权利与义务一致，过去封建水规对生产不好，咱把它取消了。”河北村代表申仁义说：“我认为这次会议代表了个公平，因为把刘村霸权改变了。”大家一致反映是：“农民见了面，啥事都好办！”[①] 上下游村庄的高度一致是颇令人惊奇的。

应当说，工作组在南横渠和上官河的试点工作取得了很大成效，对之前不甚对称的水权分配格局进行了基本的调整，制定了新的分水原则，并就管理体制改革形成了一致的意见。试点工作结束后，工作组开始在全灌区推广工作经验，各渠道纷纷召开水利代表会议，并就各渠实际情况定出了新水规。

1949 年 4 月 19 日，《晋南日报》报道南横渠出台了新水规。报道指出，经上下游村民代表会议讨论，本着民主原则，规定上下游统一用水。从上而下轮流浇水，周而复始；轮流的办法是：从惊蛰起，第一轮由上而下灌溉全河沿岸麦苗，第二轮先浇上游；下游掏河（之后才能浇到水），到清明节前三日，全河退水全体掏河等。[②]

各河制定统一原则后，全河的统一被提上日程。1949 年春，龙子祠灌区召开了由灌区总代表、各河分会（水委会）主任、委员等 84 人参加的“各河总代表大会”。大会历时 5 天，就进一步建立龙子祠统一水利管理组织和解决过去纠纷、兴工、用水等问题进行了商讨，并最终达成以下决议：

---

① 李青如、常杰：《龙子祠水利是怎样整理的》，《晋南日报》1949 年 5 月 26 日。

② 《临汾龙子祠南横渠订出新水规 —— 规定统一用水办法，保证水尽其利》，《晋南日报》1949 年 4 月 19 日。

成立龙子祠水利管理委员会：大会选出常委8人，执委22人，候补执委5人，监察委员7人；主任1人，由政府委派。管委会的费用由全灌区地亩均摊，每亩水地每年出粮食一合半。

用水和兴工方面：（1）按各河实有亩数分水，依据可能条件求得各河用水基本一致；（2）扩大水田，节省用水，消减一切不入工的水地；（3）龙子祠门外，官路以西，分水口以外，为龙子祠各河公共水源，所有工程开支均按各河实浇地亩数摊派；（4）因地质耐旱程度、作物种类和历史条件的不同，各分会可自行调剂和妥为照顾。

然而，革新过程并非一帆风顺，历史纠葛成为统一的最大障碍。如南横渠上游的五个陡口，历来系用活石垒砌，极易造成偷水事件。民国中期成立南横渠水利局时虽有修建闸板之建议，但由于北杜村拦阻，并没有进行任何改变。上下游因此连讼数年，结下累世仇怨。土地改革中，修建闸板再次成为上下游间争执的核心问题。下游的齐村、四柱等村要求用石头做起，将闸板上锁，但上游之北杜、晋掌等村不同意。后经临襄县政府和管委会共同调解，说明“过去的冤仇是由封建统治、封建水规之不合理造成的，如今封建已被打倒，农民一家人，应很好团结，发展生产”[①]。上下游意见始趋于一致，最后决定安置大石块和闸板。同时，为照顾上游浇韭地，管委会又依照北杜、晋掌村代表的意见，在搭板下留有一尺余宽的缺口，以供常用流水。但此方法极为浪费，管委会之后又进行了适当调整。

下官河（席坊、沙乔等村）和磨河（兰村、伍级等村）也有很深的历史纠葛。下官河由南而北，磨河由西而东，二河交叉处有一木槽，前者在槽上，后者在槽下。历史时期，二河规定每12年换槽板一次（须费麦百石），如到期不换即须再等12年，二河村庄因此纠纷不断，世代不和。本次兴工过程中，管委会和各分会研究决定在木槽处筑石堤为两渠分水口，问题得到了较好的解决。

统一用水的实施提高了农民种田的积极性。由于水能保证按时到地，以及全区土改后共产党劳动致富生产政策的宣传，群众均积极施肥加工，精耕细作。如南横渠下游的齐村，“过去因不能按时到水，大部群众不敢往地里上粪，合计每亩

---

① 李青如、常杰：《龙子祠水利是怎样整理的》，《晋南日报》1949年5月26日。

上粪均在25至30驮。一般上粪均在20至25驮。现棉地普遍锄过三遍，玉茭地上过追肥锄完三遍。很多玉茭已有一人高，开始结颗。稻田、莲花将要放花，使阎匪在时一片荒野的汾河西岸，已变成一片肥沃的良田”。因此，各村群众普遍说：“今年水能保证按时到，地里就敢上粪，往年说什么时候该轮着浇，但因水权在少数人手里，水来到也是先让人家浇，闹的一般人不敢上粪，怕烧死苗子，这以后可保险了！”①

这表明，在经历了中共革命的洗礼后，龙祠水利社会的水权格局迎来了彻底的变革。水权收归公有，由政府统一管理，明确了村庄和村民的权利与义务，制定了新的水规，上下游村庄按照规定得以统一劳动、统一用水，权利与义务相一致，实现了水权的重新分配。

（二）望族没落与贫下中农的崛起

在革命的洪流中，垄断水权的传统乡村势力自然遭到了严厉的清算，乡村望族从地方权力金字塔的塔尖跌落下来。其中，刘村张氏在张润、张滋一代之后已经逐渐衰落，在革命的打击中彻底没落，后代子孙已经泯然众人，难以再现祖先当年的辉煌。

北杜村徐氏家族的衰落则更富有传奇色彩。据徐同龄次子徐锡川回忆，临汾解放后，徐家居住的大院（徐同龄修建，因日本侵华当时尚未完工）被没收，徐同龄携妻儿躲入临汾城中，1950年又因害怕镇压反革命运动逃到四川，投奔长子徐锡久，不久从成都返回，辗转于临汾不敢回村。此时，徐长龄已经于1951年在镇压反革命的斗争中被枪决，徐家彻底衰落。1955年，徐同龄回到北杜村，分得土地一亩，房一间，以放牛为生，同时出租临汾市内房产共七间半，1958年房产被国家经办代管，每月支付利息1.56元，之后又被收归公有。1959年，徐同龄去世，享年57岁。②张家和徐家的兴衰历程，生动地展现了明清以来乡村社会地方

① 常杰：《龙子祠水利的整理》，《晋南日报》1949年5月9日。

② 受访者：徐锡川，临汾尧都区金殿镇北杜村村民，男，1944年生，徐同龄次子。采访时间：2012年7月5日；采访地点：临汾市尧都区北杜村。

精英的力量从兴起到膨胀，最终没落和衰亡的历史进程。

与乡村望族从权力的金字塔塔尖跌落形成鲜明对照的是贫下中农的翻身，并在水利事务中担当起重要角色。前述晋绥边区建设处于1948年9月1日制定的“改革封建水利一些原则办法及今后方针和计划”中指出：“加强组织领导，按水渠情形，选举水利委员会或水利管理局，广泛吸收群众参加……以贫雇（农）为参加条件，适合条件的参加水利委员会，这样审查后，逐渐换成忠实、有水利经验的贫雇中农。”[①] 以此为指导，龙子祠水委会成立后，广泛吸收贫下中农入会，从事水利事务的管理工作。在一份《1954年龙子祠水委会水利常委登记表》中（见表4-1），详细记录了各水利常委的个人信息，从家庭成分看，所有常委均为中农及以下成分。来自灌区各村的水利常委大都为本村的水利委员和生产委员，负责村庄长期以来由渠长管理的灌溉事宜，成为村庄新的权力格局中的重要一员。

表4-1 1954年龙子祠水委会水利常委登记表

姓名	村别或单位	职务	年龄	成分	文化程度	个人简历	是否党团	备注
席树棠		龙子祠水委会副主任	45	中	高小	赵城常委会秘书，专署管理股长	党	常委会主任
杨嘉勋	涧上村	水利主任	48	中	高小	教学五年	否	常委会副主任
许振兴	南柴村	水利委员	33	中	高小	务农	否	常委会副主任
刘永贵	南段村		42	中	无	务农	否	
申吉祥	河南村		48	中	高小	务农	否	
张洪范	城居村	水利委员	37	中	高小	务农	否	
史增荣	中刘村	居民组长	31	中	高小	顽伪工作五年，任村长等	否	
张岭	马务村	水利委员	53	中	初小	务农	否	
潘连级	伍级村	生产委员	55	中	初小	务商十余年，后任水委等	否	

① 《晋南今年水利概况，改革封建水利一些原则办法及今后方针和计划》，《晋南日报》1949年4月19日。

续表

姓名	村别或单位	职务	年龄	成分	文化程度	个人简历	是否党团	备注
程风云	朔村	团支书、人民代表	21	中	初小	务农	团	
畅立邦	西杜村	生产委员、人民代表	44	中	初小	务农	否	
芦元管	李村	调解委员、信贷社代表	45	贫	无	务农	否	
白家保	胡村	水利委员	29	贫	完小	当兵	否	
贾从贤	小榆村	水利委员	48	贫	初小	务农	否	

资料来源：《龙子祠水委会水利常委登记表》，山西大学中国社会史研究中心藏，1954年。

至此，龙子祠水利社会传统的水权格局发生了彻底的变革。水权收归国有，并组建新的管理机构进行统一管理，建立了较为平等的权利义务关系，用水资源的分配趋于合理、公平。与之相对应的是乡村新旧势力的此消彼长。贫下中农鼓足勇气从政府手中接过乡村权力的接力棒，凭借其与政府的特殊关系，逐渐培养起在村庄的威望，成为政府在基层行使权力的代言人。基于此，国家成为乡村水权格局中的主导力量，控制着水资源的配置和利用。

通过对晋南龙子祠水利社会的调查与研究，可以看到新中国成立前后水利社会水权格局发生的重大变化，这些变化都围绕着水——这一农业生产中重要的公共资源的配置问题展开。土地改革前的传统时期，一些较为强势的村庄，特别是村庄内实力较强的精英力量利用自己手中的权力和社会关系网络，控制了水资源配置的渠道，与本地村民结成利益集团，通过不甚对等的劳役和出资标准，使己方利益最大化，并由此遇到来自其他利益集团的敌视。由于大村望族的长期的势力优势和水利社会传统秩序的惯性运作，这一看似不平等的权利义务关系得以合理地长期持续运行。

民国时期，政府试图通过自上而下的制度改革打破传统的水利秩序，但由于乡村固有权力结构的继续存在及政府先天地对其控制地方社会的依赖性，致使传统的水权格局不可能发生根本改变，顶多是新瓶子装着老酒罢了。

新中国成立后，中共领导的土地改革给传统中国带来了一场前所未有的政治革命和社会革命。以大村望族控制的水权格局，随着阶级斗争和新水规的出台被彻底颠覆。以贫下中农为国家代理人的村庄新势力逐渐成长起来，成为国家基层水权的直接行使者。这一变革为其后集体化时期的水资源配置与管理方式奠定了重要基础。

第五章　灌溉技术与制度的创新

在20世纪的中国现代化进程中，集体化时期的水利建设究竟处于怎样的历史地位？其中技术与制度上取得了哪些突破？又产生了怎样的影响？学者们对此可谓褒贬不一。特别是关于新中国成立后到“大跃进”时期的水利建设，学者们更是提出了令人震惊的观点。如美国学者珀金斯在《中国农业的发展（1368—1968）》一书中指出：“虽然农村社会已经改组，1955—1956年建立了农业合作社，1958年又建立了人民公社，但是中国在1960年和1961年，从某些基本观点来看，它的耕作技术跟19世纪甚至14世纪流行的方式相比，改变很少。这类合作社和公社过去并没有试办过。但是水稻仍然以老早就用惯了的方式插秧和施肥。甚至在广泛动员群众建造灌溉系统和防洪工程方面（这是最初建立合作社的一个主要原因），也仅仅在规模上跟过去的皇帝和官吏所做得有点差别。修建工作和治水技术本身几乎没有改变。只是在1959年到1961年危机之后的60年代，北京的中国政府才开始推行一个真正现代化的耕作技术。”①

除非珀氏是以一部分稻作区的经验得出以上结论的，否则我们很难苟同。至少在龙子祠水利社区，新中国成立后进行了广泛的农业生产技术和制度的革新。就水利建设而言，与以往相比，其区别不止在于规模的扩大，而是包括工程技术、灌溉技术和各类制度创新的过程。为此，官方积极开展灌溉试验，进行技术培训，使之逐级落实到具体的实践当中。

---

① 〔美〕德·希·珀金斯著，宋海文等译，伍丹戈校：《中国农业的发展（1368—1968）》，上海译文出版社1984年版，第5页。

一、新技术的试验与推广

（一）灌溉新技术的试验

1951 年 7 月 12 日，国家农业部和水利部联合下发《关于加强灌溉管理工作的指令》(〈51〉水政字第 7243 号)，在其第五项要求中提到："为保持土壤肥沃性，防止碱化及获得农田的高度生产量，应对各种土壤，各种作物最适当之灌溉方法、期距、水量等以及农田地下水位之升降、碱地改良、作物耕作方法等方面进行实验研究，如条件许可，可结合农业技术机构、干部或农业学校等筹设灌溉实验站，共同进行。"之后，山西各专区的农业生产管理部门和水利专管机构大多建立了试验站，进行农业和水利技术的试验工作。如临汾专区就建立了农业试验站[①]，龙子祠水委会也建立了灌溉试验站。

中央和地方各级政府对水利技术的重视，使灌溉试验工作在"文化大革命"前的集体化时期几乎未曾中止。省水利局每年召开的全省灌溉管理工作会议都把灌溉试验作为一项重要内容予以强调，此外，还组织召开灌溉试验专题会议对这一工作进行布置。如 1956 年 2 月 28 日至 3 月 3 日，山西省水利局就在太原召开灌溉试验研究工作座谈会，要求各河系灌区负责灌溉试验工作的干部和灌溉管理科（股）长各一人参加。[②]1958 年 7 月 5 日，山西省农建厅水利局又在崞县阳武河水委会召开全省灌溉试验研究和计划用水工作参观座谈会。[③]8 月 28 日，在太原召开全省灌溉管理工作现场会议，并在会议期间参观了河北省石津渠灌溉耕作园田化及山西省代县峨河渠浇园田化，汾阳蓬勃社井浇园田化，峪道河一个水浇地

---

① 1956 年 8 月 3 日，"晋南专区临汾农业试验站"更名为"山西省水利局晋南区水利土壤改良试验站"。1957 年 8 月 1 日，"山西省水利局晋南区水利土壤改良试验站"又正式更改为"山西省晋南水利土壤改良试验站"。

② 山西省水利局文件，(56）水农孟字第 102 号。

③ 山西省农建厅水利局文件，(58）农水灌字第 78 号。

10万亩，崞县阳武河计划用水、试验研究等。[①]

在龙子祠灌区，水委会也对诸如冬浇、沟浇、畦浇等灌溉技术以及灌溉周期、时间、计划用水等灌溉制度分别进行试验。他们选择重点河、重点社和包浇乡三种不同类型进行试验，并配备专职干部长期领导开展试验工作。1953年，龙子祠水委会通过各地的冬浇试验，总结出以下经验："麦田不宜深浇，浅浇表土早冻，结合水中温度，根部发育下扎，春季力壮少生疸病，寒霜刹后冬浇麦田受灾很轻。棉田宜深浇，冻的也深，来春消的深，棉苗出的也齐。如晋掌村没拔杆回茬的棉田，浇后表土凝冻，地层松懈，及时拔杆回茬者四亩。南柴干部试验两块地，土质个别。浇后，黄粘土麦苗萎缩发黄，减产一半，黑砾土一块浇后土壤，根部扎的深，苗子也壮，产量也提高了。极力的注意土质，黄粘土、粘土不宜，沙砾土、砾土适宜，但麦田不宜冬浇深。"[②]1955年，水委会又在以西麻册为主的重点河1400余亩面积上进行计划用水试验工作。通过沟浇和适时灌溉，不但取得了初步的科学资料依据，还提高了渠道有效利用系数，也保证了粮棉的增产。[③]1958年，随着园田化在全国的推广，龙子祠灌区又把园田化和渠系配套工程作为灌区试验工作的重要内容。

灌溉试验地在取得科学数据的同时，也成为灌区社队各种技术推广的现场观摩地。以棉田沟浇为例，1955年，水委会在灌区推行棉田沟浇时，社员和群众仍存在犹豫和试探情绪，有的群众反映说："开沟要伤根，牲口踏坏棉株，损坏担子，历来没听说开沟能丰产。开沟花工多，受麻烦，多产不多产，暂且的工先花不起。"为使社员在思想上接受棉田开沟技术，他们在西麻册试验地用牲口开了沟，并组织生产小队进行现场观摩，用西麻册的丰产事实说明棉田沟浇的好处。[④]在整个技术培训和推广过程中，包括西麻册在内的各类试验基地接待了灌区内外

---

① 山西省农建厅水利局文件，（58）农水灌字第95号。

② 龙子祠水利委员会：《临专龙子祠水委会五三年水利工作总结报告》，1953年9月30日，临汾市档案馆：40-1.2.1-7。

③ 龙子祠水利委员会：《晋南专区龙子祠水委会一九五五年工作总结》，山西大学中国社会史研究中心藏，1955年11月1日。

④ 龙子祠水利委员会：《晋南龙子祠灌区重点配水河一至八月份工作总结》，山西大学中国社会史研究中心藏，1955年8月29日。

不同村社的干部、学员和普通群众前来参观，为新的灌溉技术在农村的运用发挥了重要作用。

（二）技术培训班

新中国成立后，我国各类科技人才极为匮乏，农业生产中一系列新技术的试验和推广需要大量技术人员。为节约成本，并在最短时间内培养更多的技术人员，国家采取类似人民代表大会制度中代表的产生方式，自上而下举办各种形式的技术培训班，逐级选派代表进行技术培训。以山西省灌溉技术的培训为例，由省水利局组织全省各专区、河系灌区代表进行集中培训。培训结束后，各专区、河系再分别组织所属县、乡、村、社代表培训，最终将各种技术落实到村社。

龙子祠水委会训练班的开班时间一般安排在春季和秋冬的农闲时节。开班前，水委会向各乡、村发文，要其选派人员于固定时间到该会报到，训练时间一般在 10 天左右。选派的人员既有干部和各村社固定的技术员也有普通群众，人员年龄、文化层次亦是参差不齐，而且水委会有时还承担着为外灌区培养技术人员的任务。如 1956 年 11 月 15 日至 22 日，龙子祠水委会组织了一次为期 7 天的水利技术员训练班，有 180 余人受训，“其中本灌区 111 人，外灌区 69 人，男的 159 人，女 21 人，初中 5 人，高校（小）100 人，初小 67 人，文盲 8 人。16 岁至 25 岁 104 人，26 岁至36 岁 33 人，36 岁以上 43 人”[①]。训练内容以水利技术为主，临汾专署和水委会还编有专门的培训教材，如 1952 年临汾专署水利科编写的《临汾专署水利科水利训练班课目》，1956 年龙子祠水委会编写的《灌溉技术教材》等。技术内容之外，国家的制度、政策也是训练的重要内容。如 1954 年 12 月龙子祠水委会举办的技术训练班，其训练内容即包括：宪法、宪法与水利的关系、如何走社会主义道路、工人阶级领导与工农联盟的关系，等等。[②]培训班采取讲授与讨论相结合的方式，日间由水委会干部和技术人员对相关内容进行讲解，学员于

① 龙子祠水利委员会：《龙子祠灌区当前工作进展情况及今后四个月的工作安排》，山西大学中国社会史研究中心藏，1956 年 12 月 4 日。

② 参见当年各组《讨论会记录》，山西大学中国社会史研究中心藏，1954 年 12 月。

晚间开展分组讨论，并做会议记录。培训班有时还以考试的方式结束，对成绩合格者发予证书。同时，水委会发文至各村社，说明该村社受训人员学期已满，仍回原籍，希该党政干部予以支持和鼓励，大力发动群众，开展新的水利灌溉技术，而且对参训人员不得乱调，并不得放任自流。[①] 技术人员回村后在推广水利技术方面起了实实在在的作用，如 1956 年春，泊庄乡联大农业社干部和技术员在龙子祠水委会接受训练返乡后即动员群众开挖排水渠 26 条，整修渠道 4 条，使 2416 亩田地当年获得丰产。

1956 年 11 月龙子祠水委会组织的训练班将所有学员编为三个大队，每大队又分三个分队。各大队队长由水委会指定，副队长和各分队队长在群众中民主产生。水委会规定，各分队干部每晚到队部进行汇报，以掌握各队学习情况，并从中树立正反面典型。

训练班的学员有学生、老农、转业军人等不同背景，其接受能力也各不相同，“一部分老农有实际生产经验，能结合实际；转业军人信心很高，决心学好，回去搞好工作；学生书本知识多，能照本谈，能死记条文；水利干部能结合实际，水利知识多，能接受”[②]。但一开始并未引起组织者的重视，使训练遇到困难。“讨论会沉闷，不热烈，甚至有少数或者个别的学员见难而退，要求回去。”针对此景，水委会对学习方式进行了改变，“讲课尽量通俗化，多举例子，出题选择简单、实用。讨论时采取先漫谈后发言而后队长做系统归纳的办法，并且在出题时吸收队长意见”[③]。通过这些方法的实施，学员情绪基本得到了稳定。

为了继续提高学员的学习热情，保证技术培训质量，水委会以“正式水利技术员”命名的水利工作证为“诱饵”，通过考试（口试）的方式进行效果测验，并在考试结束后即刻将答案发给学员，以增强记忆。这种方式迎合了文化程度参差不齐的学员的要求，有的学员即反映道：“这法子真好，到测验时对问题怎么也想

---

① 参见《龙子祠水委会发至河北村的文件》，山西大学中国社会史研究中心藏，1954 年 12 月。

② 龙子祠水利委员会：《水利技术员训练期学习刍报记录簿》，山西大学中国社会史研究中心藏，1956 年 11 月 16 日。

③ 龙子祠水利委员会：《龙子祠灌区水利技术员训练总结报告》，山西大学中国社会史研究中心藏，1956 年 11 月 23 日。

不起来，憋的头生痛。可是一完了就发答案，看了全部明白啦，这一下子测验的问题就记死啦，永远忘不了啦。”

学员顺利通过考试并拿到证书，但是他们的“使命”才刚刚开始。结业回乡之前，水委会干部向每位学员提出了四点要求：

> 1. 每个同学回去后，首先到社委会接洽，向社主任汇报自己的学习情况和成绩，并研究如何开展工作。
>
> 2. 每个水利技术员，也就是当然的水利工作的宣传员，回去后一定要大力进行宣传（采取不同方式、方法，如黑板报、标语、会议、广播等）。
>
> 3. 积极主动的进行工作，提出切实可行的合理意见，做好棉田田面工程规划工作，组织好浇地工作队。
>
> 4. 今年冬浇小麦就开始执行用水计划，每个水利技术员一定要认真执行，争取当一个执行用水计划的积极骨干，为顺利地完成1957年的简易用水计划而奋斗。①

实践证明，集体化时期各项农业（包括水利）技术的推广也正是在这些基层的农民技术员的带领下落实到农业生产中的。

除了以上常规的技术训练之外，集体化时期由于大型水利工程的建设，一些临时的非常规的技术训练也是这一时期技术推广的重要形式。如临汾河西一带从1957年开始的三大水利工程建设即对水委会的技术人员提出了严峻挑战。尤其是跃进渠，渠线所经地质复杂，各类渠道建筑物较多，对技术要求也大。当时，龙子祠水委会仅有3名技术员，且对如此大型工程没有丝毫实践经验。渠道工程之外，同时进行的田面工程也需要大量的技术指导，技术人员的匮乏问题再度显现。为此，水委会专门派职员赴湖北、河南等地参观学习。人员返回后，水委会立即组织人员培训：以工地为课堂，以工程为教材，举办现场技术培训班，前后3期

---

① 龙子祠水利委员会：《龙子祠灌区水利技术员训练总结报告》，山西大学中国社会史研究中心藏，1956年11月23日。

共培养技术员550余人。依靠技术员再将技术传授给普通群众，对工程质量和进度起了较大的促进作用。[①]

总之，在集体化时期，国家无论对大型工程建设还是田间日常灌溉都非常重视新技术的运用。为此，国家通过组织优势最大限度地进行技术培训，将技术推广至最基层，许多农民技术员即诞生于这一时期。而民众也用自己的智慧进行技术创新，发明了很多新式工具，大大提高了劳动效率。无论国家还是社会，其对技术创新所表现出的巨大热情和具体实践值得肯定。

二、包浇组：互助合作在农田水利中的实践

新中国成立初期，中央把互助合作作为经济恢复、发展的一项重要政策和进行社会主义改造的重要步骤，在各个行业进行普遍推广。1951年，随着全国互助合作运动的广泛开展，山西省水利局颁布《山西省农田灌溉管理暂行办法》，要求各河系建立灌溉互助组织，并在政策上予以倾斜照顾。该《办法》第二十一条规定："为合理用水，应在河系与行政领导下，以支毛渠为单位，组成互助小组，订立浇地公约，严守渠规，不分昼夜，不避风雨，依次迅速灌溉。"[②]此后，各类型的灌溉组织纷纷建立。

（一）包浇组的发展历程

龙子祠灌区最早建立的灌溉互助组织为"浇地互助小组"。1951年底，全灌区已按支毛陡渠为单位建立起51个浇地互助小组。1952年初，灌区还以下"挑战书"的方式向全省各河系灌区表明决心，计划在当年将已经建成的51个浇地互助

① 龙子祠水利委员会：《一九五八年水利工作初步检查总结》，山西大学中国社会史研究中心藏，1958年8月29日。

② 《山西省农田灌溉管理暂行办法》，1951年11月5日山西省人民政府第58次行政会议通过，山西省档案馆：C78-6-6A。

小组加以健全、巩固，作为典型，并在自愿的原则下再组建浇地互助小组 110 个，“结合农业互助组进行按作物的灌溉，初步的向经济用水及集体化的方向发展”①。1953 年，灌区的浇地互助组织猛增至 987 个，覆盖灌区 101 个自然村中的 48 个村庄，有 3542 人参加。②平均每村近 10 个浇地互助小组，每个小组 3.6 人。浇地互助组织的迅速发展，大大超出了“挑战书”中的目标。

为了推进互助合作组织的进一步发展，1953 年龙子祠水委会采纳山西崞县（今原平市）阳武河“保浇组织”（或称包浇组）的经验，在灌区普遍宣传，并在基础较好的浇地互助小组推行，鼓励由农业生产社进行示范摸索。所谓“包浇组”，即由组内成员包干完成所分配地块的灌溉任务，具有“专业灌溉队伍”的性质，其组织规模较“浇地互助小组”多有扩大。从实际运行情况来看，“包浇组”的推广取得了一定的经验也暴露出很多问题。如乔家院村原来在农业互助组基础上建立了“互浇小组”，在试行包浇组时，该村水利干部担心互浇组的矛盾难以解决。但在试行包浇后，“由原组统一领导，抽配组员包干渠道的浇地，统一拨工还工，逐步克服了地不集中，作物及浇地时间不一致”的问题。席坊和西麻册两村农业社试行包浇过程中，都以较少的劳动力完成了之前一样的灌溉亩数，收到了很好的效果。

包浇组的推广过程中也存在贪大冒进的问题，影响了包浇组的稳步发展。北段村在发展包浇组时，由于领导疏忽，事前打垅埝及其他的准备工作做得不够，浇地时冲坏地垄湮漫了邻地豌豆引起主人不满等矛盾的发生，使群众有再不让包浇的意见。1953 年，随着农业互助合作的整顿，很多互浇组逐渐放任自流，不但没有实现向包浇组的过渡，相反垮台者颇多。③

1954 年上半年，山西省水利局召开全省水利会议，传达、贯彻了中央全国水利会议精神，检查总结了几年来的水利工作，并明确了“水利建设为粮棉增产

① 龙子祠水利委员会：《龙子祠水委会对全省各兄弟河系的挑战书》，山西大学中国社会史研究中心藏，1952 年。

② 龙子祠水利委员会：《临专龙子祠水委会五三年水利工作总结报告》，1953 年 9 月 30 日，临汾市档案馆：40-1.2.1-7。

③ 同上。

服务，为农业的社会主义改造服务”的宗旨，制定了全省水利工作计划。随后召开的各专区水利科长座谈会，明确了省专工作步骤，并根据各专具体情况，确定了分区领导的重点。确立了“积极领导，稳步前进，依靠互助合作组织，带动广大农民因地制宜兴修小型水利”的方针，要求改变过去一般化的领导作风，实行“典型示范，逐步推广”的领导方法。

全省水利会议和水利科长座谈会的召开给各灌区水利合作事业的发展指明了方向，即继续依靠互助合作组织、兴修水利，为农业增产和社会主义改造服务。当年 7 月，龙子祠水委会制定《龙子祠计划组织包浇组方案（草案）》（以下简称《方案》），对全灌区发展包浇组织进行了详尽的阐释和部署。

1. 为什么要组织包浇组

首先，龙子祠水委会作为国家水利管理机关，贯彻落实上级命令和各项措施是其本职工作。该《方案》中一开始即明确了这一基本思想。文中提到：根据中央 1954 年“水利建设应该根据国家在过渡时期的总路线，使其为国家工业化与农业社会主义改造服务，逐步战胜水旱灾害，为农业增产，特别是粮食和棉花的增产服务，并求得灾害有所减轻”的方针，以及省专和本灌区 1954 年水利计划，为了大力发动群众，加强灌溉管理，实施科学用水，严防三害（碱、淹、冻），推广新的灌溉法，认真提高灌区增产效益，保证粮棉增产，特别是保证农业社互助组的增产，使农田水利工作和改造小农经济的总任务联系起来，应有意识地促进互助合作，为农作物适时适量的经济用水打好基础，为国家工业化与农业社会主义改造服务。

其次，《方案》认为，组织包浇组也是从灌区水利发展的基本情况出发，解决现有问题的有效措施。《方案》分析道：解放以来，灌区建立了民主管理制度，在减少水害、发展水利和提高生产等方面取得了一定的成绩，但在农田灌溉方面还严重存在着很多影响增产的关键问题，“如部分的水利干部及部分的群众缺乏社会主义远见，被胜利冲昏头脑，满足于现状，保守不进，单纯管理分兵把口，为浇地而浇地，增产观点不明确，事务主义的领导工作，用水利工作赶不上社会发展与农业生产的需要，沦陷于被动。并由于土地私有和分散经营的缘故使大部群众浇地时顾此失彼不能挨灌。有的地方还存在着深浇漫灌，甚至还有黑夜不浇和偷水浇地的封建残余现象。这些不合理的现象既费水费工并碱化土壤，严重影响农业增产，拖延着社会主义的发展，还容易惹起农民之间的争水纠纷，并使无劳力的军工烈属、鳏寡孤独的劳动农民更加辛苦。因而在控制水流、运用水利方面，往往发生野水为害和供不应求的现象”。

正是以“贯彻与执行中央水利方针，适应农民的要求”为出发点，水委会制定了“大力发动群众在互助两利、自觉自愿的基础上组织包浇组”的指导方针，并说明了组织包浇组的五大好处。

2. 包浇组的五大好处

（1）把分散的个人浇灌改变为有组织的合作浇灌，增加了农村的集体因素，不但能巩固和促进现有的农业社和互助组，而且通过包浇组把农业社互助组和个体农民的关系更加亲密起来，有利于互助合作的发展，同时个体农民组织起来的包浇组也最容易成为互助组。

（2）按全村水地统一订出用水计划，不但能执行挨灌浇地，黑夜浇地，并可克服深浇漫灌和偷水浇地的现象，节省出大部分水量能加速程轮缩短程期，初步做到适时适量浇灌，给经济用水打下基础。

（3）能健全水利基层组织，加强渠道养护与灌溉管理，促进渠道工程与田面工程的整修与建筑，给今后小块变大块、大畦变小畦，渠道正规化，使用机器耕种开辟了道路。

（4）能消灭等水误工与争水纠纷，可以节省大部分劳力以扩大再生产，并解决了无劳力的浇地困难，为推广新的灌溉法创造了有利条件。

（5）逐步降低地下水位，防止土地碱化，逐渐改良土壤，给农业技术的改革奠定了思想与物质的基础。

总之，包浇组是水利保证农业增产的主要关键，也是由分散浇灌过渡到集体浇灌的具体措施。

3. 如何组织包浇组

（1）三种类型的组织方式

《方案》规定，参加互助组和农业社的农民达到全村人口 80% 以上的村庄，以农业社、互助组为核心，团结个体农民，以党团员为骨干，固定专人，分组分片包浇。使用工票制，执行死分活评，由受益单位与包浇组订立包浇合同，全村统一算账，以社、组、单干户为单位分季算账齐工。

组织程度在50%—80%的村庄，以农业社、互助组为基础带动单干农民，以自愿结合的方式组织包浇组。包浇组和农业社、互助组共同按渠分片包浇，分片以后农业社和互助组可固定专人包浇，包浇组暂时执行按亩出工，以组为单位轮流包浇，施用工票制执行死分活评，各组订立包浇公约，全村统一算账，以农业社、互助组和包浇组为单位分季算账齐工。

组织程度不足50%或者没有组织的村庄，以渠道地势水量地亩划片分组发动农民，自愿结合组织包浇组（但不准打乱原有的社组），全村按地亩出工，各组分工轮流包浇并按具体情况确定一个工浇若干亩地，多浇者多抵工。村水利干部要掌握出工公平，并负责记工，每年清工长存短欠，下年再补。

（2）组织方法

第一，召开当地各机关工作人员联席会议，共同研究目前生产及互助合作和各系统的工作，统一领导具体分工，任务包干，定期接头，认真讨论包浇工作，使每人都体会到包浇的重要。

第二，在当地党政统一领导下，经当地人民代表会议研究通过召开扩大干部会议及群众会围绕总路线与宪法的宣传，贯彻包浇的意义和目的，依靠党团社组充分讨论领会精神。

第三，采取集体动员、个别访问、地里漫谈等多种方式发现思想顾虑，经过研究根据不同情况确定解决办法，尽量就地取材帮助农民具体算账，反复动员，彻底解决思想顾虑，使群众深刻认识到包浇的优越性，自觉自愿地行动起来。

第四，发动群众大量提议，在代表会上按群众意见，根据当地实际情况和互助两利原则，订立包浇工作计划方案，主要内容：①根据渠道、水量、地形、地亩计划包浇组数、人数和巩固包浇组员的条件（一般要求思想进步，劳动积极，有浇地经验者）。②根据组织起来的比重计划包浇组织的形式。③根据当地经济条件确立包浇人员的工资分级价格和死分活评的办法。④根据受益程度确定包浇费，按亩负担比例和算账齐工的具体办法。⑤根据发展情况、群众的意见与要求订立包浇合同或包浇公约。

第五，经上级人民委员会批准，按照计划发动农民组织包浇，可大会动员分组讨论，按渠分片，以片为组，自愿结合组织包浇组。各组人数可根据地形、地亩而定，每组选举正副组长各一人，全村包浇组由水利干部负责领导，必要时可选一个记账员。

不难看出，包浇组一开始就被打上了“政治”的烙印，成为组织农民走向集体化道路的步骤之一。《方案》规定“组织包浇组要依靠贫农，巩固的团结中农，限制富农剥削，注意克服雇佣观点和专为挣分偏向，没有改变成分的地主富农不能参加包浇，并应提高警惕，严防一切叛国的和反革命分子活动”。《方案》一再强调，任何形式的包浇组都必须以农业社和互助组为基础，“促进包浇组转为互助组，巩固与扩大农业社”。“各种形式的包浇组按照促进互助合作的比重，逐步提高其组织形式，使其向集体农庄及全民所有制前进。”为了达到这个目标，在原有13个已经成立包浇组的村庄基础上，水委会制定了三年内完成其他88个村庄包浇组的组建任务，其中，组织一类型的19个村，二类型的36个村，三类型的33个村。按照计划，1954年完成1/4，1955年完成1/2，1956年完成剩余的1/4。[①]

据统计，到1954年底，龙子祠灌区有17个自然村组织包浇组60多个，占到全灌区村庄的16%。包浇组的施行取得显著成效：省工50%，省水40%，缩短程期18%，较好地解决了无劳力地户浇地难的问题。包浇组也一定程度上促进了互助合作的发展，如中杜村的包浇组共9人，在当年发展农业社时即有6个人报名参加农业社。包浇组的推广还消除了黑夜不浇和偷水深浇的现象，健全了水利基础组织机构，彻底消灭了争水纠纷，促进了支毛渠及田面工程的建筑，给适时适量灌溉奠定了有利基础。[②]

1955年，包浇组织进一步扩大，部分乡全面实现包浇化。例如泊段乡，组织互助包浇组35个，包浇员166人，平均每组4.7人。全年平均每个工浇地10.5亩，每亩每次只负担1工分，比包浇前的每亩每次2工分到2.5工分节省劳力1倍以上。灌溉程期也由包浇前的12—13天缩短为7—8天，减少近一倍。在该乡

---

① 龙子祠水利委员会：《龙子祠计划组织包浇组方案（草案）》，1954年7月，临汾市档案馆：40-08.13-245。

② 《晋南专区龙子祠灌区数年来灌溉管理工作总结》，1954年11月14日，临汾市档案馆：40-08.13-245。

统一领导下，以村划界包浇，同时亦解决插花地问题，尤其是涧上村实行了土地分级评分和死分活评，发挥了劳动者的积极性，创造了最高纪录：四个包浇员 12 小时浇地 97.1 亩，合计 69 分，每人平均收入 17 分，超过本分的 30%；每人平均浇地 23 亩，超过全乡平均数的 1.3 倍。①

1956 年，随着农业合作化的逐步发展，灌区已经基本进入高级社阶段，包浇组也不再作为推动互助合作化的手段受到之前“政治任务”般的重视。灌区的工作重心逐渐转移到技术改造和工程建设上来。

（二）一个典型：西麻册包浇组

西麻册位于上官河中游，庙后小渠下游，分属南、北河灌溉②。1952 年龙子祠水委会进行全灌区水地调查时，该村共有水地近 850 亩，户数 137 户，690 口人。③1954 年，全村户数 139 户，人口数字也应该在 700 人左右。

西麻册是龙子祠灌区较早建立浇地互助组织的村庄之一，早在 1953 年 5 月 27 日南站管理处召开的村干部会议上，谈及各村组织包浇组情况时，与会者就赞扬“西麻册最好”④。随后，西麻册包浇组就不停地出现在各种总结、汇报当中，被作为一个典型在灌区推广，成为家喻户晓的模范组织。这里，我们就以该村水利委员张次溪于 1954 年春向龙子祠水委会主任席树棠呈报的《西麻册成立保浇组的情况报告》为蓝本来窥探模范的生成。

东风劲吹，万物咸苏。每年的三四月份都是灌区最为繁忙的季节之一。这个时候，各河都要打坝掏河，掏河结束马上进行当年的第一次灌溉，正所谓“一年之计在于春”。1954 年 3 月，西麻册村的干部们也开始打算即将开始的春浇问题。因为有上级关于推进包浇组的政策，这是村干部首先要考虑的事情。好在前两年的工作已经积累了一定的经验，这年的包浇组问题当是轻车熟路了。他们决定于

① 《晋南专区龙子祠水委会一九五五年工作总结》，山西大学中国社会史研究中心藏，1955 年 11 月 1 日。
② 庙后小渠下游属南八河体系。
③ 《五二年龙子祠水委会全渠灌溉村水田精确统计表》，山西大学中国社会史研究中心藏，1952 年。
④ 《南站管理处各种会议记录》，山西大学中国社会史研究中心藏，1953 年 4—8 月。

农历二月十三日（即使是村干部也依然热衷于农历计时）召开村民大会进行全村动员。

农历二月十三日，也就是西历3月17日，依旧春寒料峭。晚饭后，村里的党团干部、行政干部和多数农户的代表120余人陆续来到会场。像往常见面一样，村民们也不忘互相拉拉家常，谁家儿子要娶媳妇，谁家的母猪生了几个猪仔……冷清的会场顿时变得热闹起来，也变得温暖起来。

村长刘光清宣布会议开始，沸腾的场景稍稍有所平静。水利委员张次溪首先发言，他向群众介绍了成立包浇组的优越性。他说：包浇组既不浪费水量，又节省民力，“切实是为人民服务的好长工”。当然，群众是有疑问的，也纷纷向村干部提出意见，他们最关心的还是工资的算法和实行包浇后能否保证灌水量的问题。张次溪等一一做了解答，农民半信半疑的心态似乎并没有多大的改变。最后，党团干部决定采取民主集中制的办法，首先在干部中酝酿出一个方案：由农业社、互助组和其他群众进行自报，根据报名情况组建包浇组。随后，农业社和各互助组展开讨论，其他群众也在观望着，谁也不愿透露自己的真实想法。

讨论的时间差不多，张次溪宣布开始报名。该村农业社先打头炮，报了2人；紧随其后，各互助组又分别报了1人，其中由群众自报。会议结束时，报名的人数达到17人，这对一个只有800多亩水地的村庄来说已经足够了。最后，互助组采纳了其中的14人，其中南、北河各7人，分别选组长一人领导浇田。为了不至于打击其他报名者的积极性，村干部决定将另外3人作为候补包浇员，以便应付浇地时可能出现的组员生病或不在家等紧急情况。村民大会取得了圆满成功，包浇组顺利组建。

接下来的两三天，村里开始进行灌溉前的准备工作。村干部首先进行了全村动员，要求农业社、互助组及其他群众要保证每一块地垄、夹口、过水河道都要搭齐、糊好、掏好，以免水量受到损失，影响灌溉效率。3月20日，轮到西麻册水程时，所有地垄、夹口、过水河道均已就绪，可谓万事俱备，只等水来。

水程到时，包浇组员们早已在地头等候接水了。经过52个小时的连续奋战，他们浇完了全村南北河共584亩麦田，平均每小时灌溉11.23亩，比原来需要4

昼夜才能完成的灌溉任务节省了 44 个小时，即省时 45.8%。按此比例，节余水量可再浇 494.12 亩水地，灌溉效率大大提高。

关于组员的工资，经过群众研究讨论，西麻册采取“死分活评，按成绩评工”的原则。白天每一组员按 10 分计工，夜间每一组员按 12 分计工。此次灌溉该村共消费组员工资 336 分，平均每人挣得 24 分，“比过去是的确节省的太多了”[①]。

如此看来，实行包浇后，西麻册的灌溉效率几乎比之前提高一倍，工分也省了大致的比例。鉴于此，龙子祠水委会于当年 4 月份将西麻册组织固定包浇组的情况作为一个典型向省水利局进行汇报。26 日，水利局以《便函》回复，提出了三条意见：

> 1. 此种固定包浇组适于较小村庄，在灌溉面积较大的受益村能否推行，应选择较大受益村重点试行，以吸取成功经验，推广全面。
>
> 2. 西麻册村的固定包浇组，最好确定专人经常检查协助，有哪些好处，还存在什么问题？如何巩固互助合作？在灌区能推广的面积有多大？
>
> 3. 该村组织包浇组浇地，浇地时间比过去较少四个小时。究竟以前流量多少？此次是多少？如果没有以前的流量和灌溉面积的记载，单纯记载时间是不够科学的。以后该村浇灌时，尽可能的确定专人实测流量，以确定每亩用水量及灌溉效率。[②]

应当说，水利局的意见是有建设性的，其对互助组的推广，对互助合作的巩固，对农业增产的影响都具有指导意义。但是，由于专业技术人员和设备的缺乏，对一个村庄的包浇组而言，远不可能达到配备量水设备的地步。灌区的工作重心只能通过制度建设完善民主管理。在此意义上，西麻册包浇组的典型示范作用值得肯定。

---

① 对过去浇地时所花费的工资情况，报告并没有具体数字可查。详见张次溪：《西麻册成立保浇组的情况报告》，山西大学中国社会史研究中心藏，1954 年。

② 《便函》，（54）省水行字第一一三号，山西大学中国社会史研究中心藏，1954 年 4 月 26 日。

三、用水合同：基层灌溉管理制度的创新

传统时期乡村水利基层的灌溉由堰子和沟首负责。水将到各沟时，身穿红马甲的堰子或沟首边敲铜锣边在村中吆喝："浇地哩，浇地哩……"农户们听到这熟悉的声音，便自带铁锹到自家地头接水。[①] 一沟浇完再轮下一沟，各沟基本程序大致相同。

在这样一个灌溉过程中，接水的时间、水程的长短在渠册中都有明确规定。灌溉秩序的维持基本是靠一种自上而下式的监管。民众对渠道管理者几乎没有任何请求权，而只有在违犯渠规时受到渠长科罚或"送县究治"。在管理组织内，一定程度可以代表各村庄利益的沟首[②] 在渠长和督工面前同样没有话语权，他们要做的只是监督村民灌溉，灌溉结束后按时行牌。督工和渠长是整个灌溉秩序的权力核心，对全渠灌溉事宜进行安排和监督。如此说来，传统时期的水利管理很像是一种家长制的集权管理方式，水利的管理者与受益者之间是管理与被管理的关系，管理者所谓承担的义务即是其职责，不存在直接对受益者负责的情况。管理者与受益者不是平等主体。

在率由旧章原则的指导下，传统时代这种集权式的灌溉体制很难发生改变。水利受益者的义务只是交纳水费和出工役，其创造性被完全淹没。

新中国成立后，随着土改的完成和灌区民主改革的进行，传统的管理体制及其人员被彻底颠覆。同时，恢复和发展农业经济，提高粮食产量，也是水利事业的出发点和落脚点。改进灌溉技术、提高用水效率、扩大灌溉面积就成为水利管理者面临的三大任务。

前已述及，新中国成立初期由于技术设备和人员的缺乏，灌区改革的重心只能限于管理体制改革。除了对水利组织进行整体改革之外，在基层的用水习惯和

① 受访者王全亮，83岁。访谈时间：2008年5月11日下午；访谈地点：席坊村王全亮家中。在光绪十八年（1892）的《为二河霸浇冬水兴词底稿》中也有关于浇地时"鸣锣行程"的记载，二者可互证。

② 龙子祠灌区的很多渠道都是一村一沟的情况。

制度上也进行了革命性的改变，以此达到提高用水效率的目的，为扩大灌溉面积创造前提条件。

传统时期的灌溉方式是大水漫灌，讲求一个“透”字。由于地块分散、田面工程不到位，此方式造成的水量浪费极大，而且每次灌溉时间较长，无形中延长了灌溉周期，减少了灌溉次数，降低了灌溉效率。渠道下游地区尤为如此，如在上官河下游之首二三河，明清时期灌溉一周需54天或72天[①]，民国中后期更是达到惊人的“每三月一次”[②]（即90天），每年最多灌溉次数从6次减为4次。我们发现，周期的延长并非由于水地的增加，而是水量相对减少所致。[③]面对此景，人们的应对方式不是通过制度和技术手段提高用水效率，而是被迫延长灌溉周期来保证单次灌溉的水量。如此，人们越是感觉水量不足，就越延长灌溉时间，灌溉次数就越少，也就很难保证各地农作物的适时灌溉。另一方面，大水漫灌还并非适应于所有作物，且容易造成下湿盐碱地。水利对农业的增产作用就会受到极大的限制。

新中国成立后，在进行灌区民主改革的同时，对上述问题的解决也是各级水利部门的重要任务。在龙子祠灌区，水委会实行了一种将“用水计划”和“用水合同”相结合的制度创新方式来提高水的利用率。

（一）用水计划：按需分配配水制的试行

用水计划，即是各村、农业社根据当年所种作物和土地情况确定灌溉次数和水量，以保证作物得到适时、适量灌溉。用水计划上报水委会，经水委会核准后发给用水证，进行统一安排。

---

① 雍正五年（1727）《上官首二三河用水合同》中重申上官首二三河每24时（48小时）灌溉一沟，按首二三河共36沟，灌溉一周需72天。之后，每沟灌溉时间一度减为18时（36小时），周期为54天。光绪十八年（1892）《为二河霸浇冬水兴词底稿》中提到，又恢复为每沟24时，周期72天。

② 民国二十六年（1937）三月，尹荣琨赴晋南新绛县视察水利，后绕道龙子祠参观，并写成《龙子祠视察记》发表于当年9月份出版的《水利月刊》第十三卷第3期。文中提到：上官河下游“每季轮灌一次”。另外，在民国三十三年（1944）孔宪庚的《勘查南横渠报告书》中，也明确记载“每三月一次”。山西省档案馆：B13-2-116。

③ 水量减少的因素很多，有自然因素，也有人为因素。持久干旱可导致泉源流量减少，渠道的失修渗漏同样会造成水量损失，上游偷水、霸水也会导致下游水量减少。

龙子祠灌区的用水计划从1955年开始进行试验，并作为用水合同中受益者一方的一项义务加以执行，如下文将要提到的苏村农业社与龙子祠水委会签订的用水合同中就有此项内容。1956年，水委会把“大面积的运用科学的用水计划，创造大面积的增产示范区，严格掌握水量，统筹调配水程，认真执行配水计划”等内容明确列入当年的工作计划中，“初步计划确定在水源充足的母子渠、北磨渠、下官渠、南北小渠、统一渠、上官渠的界峪以上、横渠渠西杜乡以上建立11个乡4万余亩的用水计划增产示范区。争取在3月25号以前把计划编制好贯彻执行，但在用水计划和配水计划有矛盾时可按用水计划执行，并得适当照顾非用水计划区的正常灌溉，争取到1957年全部施行科学用水计划”[①]。为此，水委会先后制定了《编制和执行用水计划的方法（草案）》和《龙子祠灌区1956年初级用水计划》，要求全灌区重点试验科学用水计划。各农业社率先响应，制定了该社的用水计划，如界峪乡五星高级农业社在1956年水利工作初步规划中就有很具体的用水计划：小麦在拔节、孕穗、开花期共灌水三次，定额为50—70—30亩公方；棉花在现蕾、开花、结铃期开沟浇三水，定额为35—45—25亩公方；玉米在拔节期、抽雄花后灌二水，必要时在灌浆期再灌一水，定额为50—60—40亩公方。[②] 为了鼓励用水计划的推广，灌区还将其作为评比模范乡、村、社的条件之一：“在开展水利技术改革运动中，能使全部群众从思想上、行动上接受了科学用水计划与灌溉制度，并能顺利执行。”[③]

（二）用水合同：供需双方作为平等主体的首次体现

用水合同是水委会与用水单位签订的用水和配水协议。它作为一种民事法律行为是当事人协商一致的产物，是两个以上的意思表示相一致的协议。协议中明确规定了当事人的权利义务关系，是灌区提高用水效率和基层水利管理体制改革

① 《山西省晋南专区龙子祠1956年水利工作计划》，山西大学中国社会史研究中心藏。

② 《临汾县界峪乡五星高级农业社1956年水利工作初步规划》，山西大学中国社会史研究中心藏，1956年3月11日。

③ 《晋南专区龙子祠水委会灌溉管理暂行办法》，1955年11月10日，临汾市档案馆：40-1.1.1-2。

的有益尝试。

用水合同的订立最早开始于横渠河下游的北辛店和南辛店地区。1952年之前，这里尚属旱地，没有灌溉之利。在五六月份的干旱时节，即便吃水也很困难，若有过路人想要解渴，当地民人甚至“愿给白面馍，不给一口水”。当年，襄陵县政府组织民工将渠道改弯取直加宽，向南向东延伸至刘庄村，解决了这些地区的灌溉问题。因为这里有“珍水”的习惯，在此基础上签订合同提高用水效率就相对容易。1953年，龙子祠水委会最先与横渠河新开挖的下游一带村庄签订了“爱水用水合同”，随后全灌区40余村先后响应。

用水合同的签订有利于随时对照合同检查工作。如席坊农业社除保证每个社员不向渠内抛扔阻流杂物外，并试行棉田沟浇25亩。水委会在检查中发现该社在河内截埝渗稻田，而且在沟浇执行上，兰村照合同上的精神划分为7个灌溉小区，每区固定负责人，水委会在检查中发现他们很好地遵守了合同条款。

为推进用水合同的签订，水委会给予签订合同的农业社以优先用水权。1954年，水委会把灌区内25个订立用水合同的农业社分为三类分别配水。在五个重点社，水委会配备了五名专职干部领导灌溉及试验农作物的需水量，按照农作物的需要由水委会供给水量。在二类型的农业社，由水委会保证供给沟浇水，其他畦浇作物适当调剂。对于三类型的农业社，在可能范围内首先照顾。在用水合同的基础上，各社所有295亩棉田都得到适时灌溉。[①]

应当指出，一些合作社对用水合同的理解并非真正意义上的合同，它们也没有把自己放在跟水委会作为平等主体的地位上来看待，而是作为下级单位以“保证书”的形式和内容来充当合同的。1955年2月东麻册高登魁农业社的用水合同就是如此：

临汾县伍级乡东麻册高登魁农业社用水合同

我社为了响应政府号召，迎接五五年国家建设计划，反对美蒋条约，保证农业增产，以实际行动支援解放台湾，同时也就是我社对农业增产有决定

① 《晋南专区龙子祠灌区灌溉管理专题报告》，1954年10月25日，临汾市档案馆：40-08.13-245。

意义的一年，改善社员生活，特制定以下几点：

1. 保浇组织情况：我社原分三个大队九个生产小组，各队各组固定地段由专人负责保浇，每组三个保浇员，每队保浇委员一人，社内保浇主任一人，水利代表一人。

2. 用水保证方面：

（1）修理河道，把全社所有的地头河事先掏深加宽，改弯取直，以不影响流水为原则。

（2）闸口方面，根据我村组社情况，所有闸口由水利代表负责检查，不分组社土地实际地段制定之，其所用之工料费由组社按地段分摊。

（3）保浇方面，由社领导组按地段分工，三人负责，共九段 27 人负责。

（4）实行三保证，事前做好准备保证不偷水，不浪费水，做到按时浇完。

（5）菜地及经济作物如黄瓜豆、豆角等如遇天旱，最多不超过五日就得浇水一次，必须报会批准再行浇灌，但水委会也不能耽误用水。

3. 植树方面：全社共有男女社员 633 人，每人保证栽活 1 株，共计可植树 633 株。

4. 建立联系制度：为了双方为生产服务，互助支援，达到增产指标，做到每半月和水委会联系一次，临时用水例外。

5. 本合同由双方协定后，即日执行，如有未尽事宜者临时修改既经妥协双方执行。

水委会负责人：

伍级乡乡长：高义鹏（附章）

东麻册村主任：张其英（附章）

水利组长：李花肿（附章为“李华盛”）

农业社长：高登魁（附章）

1955 年

此合同的文本极为简单，为普通白纸用圆珠笔书写。从格式、内容和语气来看，系为高登魁农业社单方面拟定，似乎与水委会没有任何关系。即使如此，合同依然得到了村主任、水利组长以及伍级乡乡长的承认，只待水委会主任签字。这至少说明，在用水方看来，对“合同”的理解是有偏差的。他们似乎已经习惯了作为被管理者的身份，在这样一个本是体现双方共同意志的协议中，依然没有摆正自己的位置，进而对合同的另一方进行任何义务请求。受益方的心态由此可见一斑。

作为供水方的龙子祠水委会倒是能够放下架子，以平等的身份与农业社签订用水合同。1955年，水委会制作了精美的合同模板，合同的文本是业经印刷好的单页黄色硬纸。签订合同时，只要填写受益方（合作社）的名称，并由双方及保证人共同签字画押即可。以下是1955年7月27日龙子祠水委会与苏村合作社签订的用水合同：

用水合同

山西省晋南专区龙子祠水利委员会

临汾县苏村乡苏村农业生产合作社

(以下简称甲、乙两方)

为加强灌溉管理，建立新的管理制度，提高灌溉技术，发挥水的效能，防止土地碱化，改良土壤，增强土壤肥沃度，提高作物产量，以促进互助合作及支援工业建设，经双方协议订立合同事项如下。

1. 甲方

(1) 根据乙方用水计划，凭用水证，按原定配水制度，规定时间，供给灌溉水或调剂水。

(2) 在灌水期间，有随时检查和技术帮助的责任及义务，如发现有违背计划及不执行合同浪费水量的现象时，可即刻停止供水。

(3) 遇有特殊情况，在不影响全面灌溉的原则下，可首先调剂订立合同的单位。

2. 乙方

(1) 在订立合同以前将用水计划经甲方审核批准并取得用水证时，始得办理合同手续。

(2) 每次灌水前要做好田面整理工作及灌水的一切准备工作，经过甲方检验后，始得放水灌溉。

(3) 遇有特殊事故，需延长灌水时间，可提前声明，否则甲方即有权停止供给。

(4) 开闭斗口、沿渠管理是乙方应尽的义务，发现水大水小时，有责任向甲方提意，取得更正。

(5) 灌溉所必须的兴工负担及水费负担和有利于灌区的一切义务，应按期完成任务。

3. 此合同自订立日起有效，在执行期间发现有不适宜之处，可双方共同修改。

4. 此合同在执行期间，有一方不执行合同时，保证人负完全责任。

订立合同人：龙子祠水委会 主 任 □□□（印）

副主任 席树棠（印）

农业生产合作社社长 刘东生（印）

副社长 张世□（印）

保证人：（苏村）乡乡长 张□喜（印）

一九五五年七月廿七日[①]

从格式来看，该合同是较为正式的；在合同内容上，也明确了双方的权利义务关系，但由谁来监督合同的执行是最大的问题。合同中所谓“有一方不执行合同时，保证人负完全责任”。保证人为合作社所在乡之乡长，在上下关系方面确实处于水委会与农业社之间，可以起到沟通之作用。其作为农业社的上级管理部门，在督促农业社执行合同上是可行的。若让乡政府监督作为国家职能部门的水委会似乎是行不通的，况且水委会在级别上较乡政府高，实际运行

① 《用水合同》，1955 年 7 月 27 日，临汾市档案馆：40-1.1.1-2。

中就不免有尴尬之处。如此，则合同中规定水委会之义务就只能靠其自律维持履行了。

四、水费制度的改革

作为灌区运行根本的资金保障，水费历来都是灌溉管理者最关心的事项之一，他们总是想尽一切办法收缴水费。对灌区受益者而言，交纳水费本是天经地义之事，但由于多种因素的作用，水费的征收并非一帆风顺，并往往由此衍生出新的问题。在传统与集体化两个不同的时代背景里，围绕水费征收所产生的一系列场景和关系成为我们了解和认知地方社会的一个极佳视角。

（一）水费征收主客体和征收场景的变更

传统时代水费的征收主体为灌区的管理者。具体而言，沟首、堰子等基层水利管理者是水费的直接征收人，负责每年水费的催缴，并最终将水费送交督工、公直等人保管。水费的客体（即交纳水费者）以户为单位将水费交予沟首、堰子等人，水费的交纳形式一般是以粮为费，或小麦或稻子，各有不同。征收原则一般采取按亩计征，即根据水地的数量和等级规定水费的数额。对拖欠水费者管理者不予放水，水费的开支主要用于管理人员的补贴、渠道维护、祭祀等。

1958年10月，龙子祠水利委员会编写的蒲剧《河底租》就反映了民国年间南横渠因征收水费所引发的一场命案，其中关于水费征收的一些细节描写对以往水利社会史研究中微观场景的缺失具有极大的弥补作用。

故事发生在1935年的南横渠，这年春天旱象严重，麦苗枯萎，急需灌溉。但北杜村地主徐长龄[①]霸占着南横渠的水权，农民不交纳“河底租”不能引水灌田。

① 1935年春，徐长龄因霸水一事打死四柱村看守水程的关憨娃。事后憨娃的父亲告到临汾县，无奈刘县长

一天，徐长龄与南横渠张渠长商定：十三沟每年出河底租五大石方可用水。为保证河底租顺利收回，徐又与夫人王氏商议派管家李玉骑毛驴赴各沟讨租子。

张渠长将收租一事告予各沟沟头，沟头又将此消息分头传到了农户当中。本是青黄不接时又何来钱粮交河租，农民的反应是可想而知的，《河底租》中如此描述襄陵县四柱沟关憨娃当时的心态：

> 每日间劳动忙不闲，只盼得丰收有吃穿。
> 谁料想天不遂人愿，一春无雨苗旱干。
> 昨日里渠长去开会，他言说有河租才能浇田。
> 我有心把粮食交了河租，全家人没吃的叫人发愁。
> 我有心不把河租交，天旱无雨怎罢休。

关憨娃是极为矛盾的，他虽知出河底租才能浇田，但交了河租又无法生存，这个老实巴交的农民发起愁来。李玉、沟头等人是管不了这么多的，他们只是奉命行事挨家挨户收缴河租。李玉骑着毛驴，四柱沟沟头手拿铜锣在前，边敲边喊“收河租哩，收河租哩，各家各户赶紧把河租准备好哩……”。

午饭时分，李玉和沟头来到关憨娃家，沟头上前叫门道：“憨娃在家吗？”憨娃的媳妇“气管妈”（剧中人物，因他们的孩子名叫“气管”）应了声，开门让他们进来。憨娃看着牵驴的李玉很是生气，放下手中的碗筷，没有与他主动搭话。这时，气管妈也如往常一样，问沟头和李玉：“你们先吃饭吧！”按照乡间常理，沟头和李玉当然也客气地回绝。沟头紧接着问憨娃：“你的河租准备好了吗？”憨

（接上页）徇情枉法，错判案情。憨娃父亲不服判决，又到省民政厅上告。民政厅判决结果：用水制度依然照旧，麦苗旱死由徐长龄赔洋 50 元，人命案件与临汾县判决一致。憨娃父亲只得带冤而归，落得家破人亡。后由四柱沟农民救济关家 300 元，方得埋葬了憨娃，渡过贫寒。临汾解放后，北杜村群众在中共领导下，组织起来闹革命，斗地主、打土豪。徐长龄等“罪大恶极”之人被民众交由政府处理。临汾县人民政府为消灭封建水规、发展水利、增加生产和给农民报仇，请上级批准，将徐长龄处以死刑。直至今日，提起徐长龄，龙子祠灌区一带很多老年人仍能说之一二。不过对他的评价似乎也开始多样化，龙祠村的刘红昌老人即认为他并没有人们说的那样无赖，倒是可以维护一方百姓利益的“好汉”。他说：“好汉护三村，好狗护三邻。”也许，这是对当前农村缺少像徐长龄之类的地方精英现象的一种感慨与反思。

娃极不情愿交出活命的粮食，却又怕解不了旱情，影响夏粮丰收，就吞吞吐吐地说："我……我准备好啦！"然后进屋把仅有的10公斤粮食交给了沟头，并在账本上按了手印，心里只盼着能够早日放水，以解燃眉之急。沟头将河租倒入布袋中，别了憨娃家，敲锣向其他农户走去。

李玉和各沟沟头将河租收齐后交予徐长龄，但徐并未即刻放水。为此，张渠长专程来到徐家与之交涉。张说道：

> 哈哈！三爷！目前麦苗快旱干啦，可该放水啦吧！

徐说：

> 放水！哼！不行！还要先祭典龙王神哩！明日是四月十五，你们可带来猪五口、羊十只、烧酒五十斤、馒头祭饼，安排重八摊子三桌。

张渠长认为徐长龄的条件太苛刻，再三请求减少摊派。徐却以怕"得罪了龙王爷"为由始终不予松口，其唱词曰：

> 春天雨水贵似油，千两黄金也难求。
> 祭神用点鸡毛礼，你们这样不同情。
> 龙王水母怪下罪，莫怨三爷不留情。

话已至此，张渠长只得照办，不过，这次的摊派不是粮食，而是银钱了。

消息的传布，摊派的征收均如前事。农历四月十四日，四柱沟沟头和李玉再次来到关憨娃家催要祭品摊款。其对白如下：

> 沟　头：（白）李先生重夜催礼，还要赶上明天祭神。
> 关憨娃：（白）现在没钱，过两天行吗？
> 李　玉：（白）你说你愿意浇地吗？要不愿意浇地就算了！我跑来跑去

为的谁！还不是为你们浇地吗？打老鼠还得用个油捻，浇地祭神舍不得礼钱，你说，给不给！干脆点吧！

气管妈：（白）我……我给你取……

李　玉：（白）憨娃！你不是说没钱吗？

气管妈：（唱内倒板）前几天我卖布存洋一块，气管他大不知你莫见怪。为了放水早浇地，我情愿交了祭神礼。

就这样，憨娃一家最终还是交了摊款，因为他们对丰收有着更大的憧憬。次日的祭神活动按时进行，各类贡品一应俱全，徐长龄、李玉、张渠长等人也都吃了酒席。照理说，徐长龄得了河租又假祭神一事显了威风，应当予以放水。为此，张渠长三登其门，徐虽然答应放水，却是在克扣下游一半水程的前提下。民众无奈，也只好忍气吞声，接水浇地了……

应当说，上述《河底租》中呈现的相关水费征收片段由于受创作时代背景之影响，带有浓烈的阶级斗争色彩，体现了以徐长龄为代表的地主阶级霸占水权，欺压乡里的丑恶行径。正因为如此，其创作过程中就不免有故意夸大阶级对抗的一面，情节描写有夸张之嫌。但是，该剧所陈述水费征收的基本过程应属事实，即使不在这样的非常时期，水费的征收依然由沟头负责，剧中只是多了李玉此人而已。其中的一些细节描写大体也可作为我们了解传统时代收费征收过程的参考。席坊村的王全亮回忆起民国时期水费的征收情况时也有类似的表达："水费都是人家堰子收哩，一亩地多少钱，都有个数。收的时候，就挨家挨户收哩。"①

如果把徐长龄看作历史时期决定水费收缴的渠道上层管理者（包括督工、渠长等人），那么水费的征收就呈现出一个层递式的链条：督工、渠长——沟头、堰子——农户。在这个链条中，国家是不在场的，水费征收的过程完全由地方社会自行参与，沟头和堰子是连接渠道上层管理者和普通民众的中间人，他们作为村民和渠道基层管理者的双重身份有利于其在"熟人社会"中进行水费收缴。这一模式在合作社前的中国并没有大的改变，只不过是作为渠道管理者的称呼换了

① 受访者王全亮，83岁；访谈时间：2008年5月11日下午；访谈地点：席坊村王全亮家中。

样而已。

互助组时期，农村水费的征收仍由水利委员、水利组长等人负责，他们依然直接面对普通民众。初级社和高级社时期实际上存在着个体和集体两种类型的受益主体，即普通农户和包括众多社员的合作社。普通农户的水费由水利委员、水利组长等人收缴，农业社则与水委会直接签订用水合同向水委会交纳水费。人民公社化后则完全进入另一个模式：水委会—公社不存在个体的水费征收单位，而是全部纳入人民公社的制度环境之中。

具体操作时，水委会和其后的汾西灌溉管理局是通过基层管理单位——灌溉站与各大队联系完成水费征收的。如前所述，汾西灌溉管理局成立后设有三个分局，各分局下又设有配水站，各配水站负责所管区域内大队水费的征收。一般情况下都是各站站长亲自到大队催要水费的，几乎没有大队主动交纳水费的现象。大队负责水费财务管理的是会计，相比而言，他们在水费征收的双方关系中占据主动，这与传统时期截然相反。曾在小榆站做过六年护养工的徐平来，本应在录井组看管渠道、给生产队放水，做一个普普通通的护养工，但因为他为农中[①]毕业，学过一些文化，又有着一股初生牛犊不怕虎的劲头，深得站长郑耀廷的赏识。郑耀廷和副站长裴红锦不在时，就将站里的日常事务都交由徐平来负责。本应由站长负责的催缴水费一事也多次派徐与大队打交道，因为要水费实在不是什么好差事。

1965年，徐平来就先后到小榆东大队、刘村大队催要水费。在这之前，郑耀廷和裴红锦都已去过多次，均是无功而返，无奈之下就把这既丢面子又甚为麻烦的“公家活”交给徐平来去办。徐当时仅21岁，正值血气方刚，既然站长派他催要水费，凭他的个性就是碰得头破血流也要将水费要来。按徐的话说，那时的村会计都很牛，对站上的人理都不待理，更别说是一个乳臭未干的小伙子。面对此景，徐采用的“战术”是死缠烂打、紧追不舍。在小榆东大队，他时刻紧跟着会计，会计到哪他到哪，会计吃饭他也吃饭，最后终于熬得会计没办法，给他开了

① 农中，即农业中学，系我国农村人民公社时期所设立半农半读的职业学校，1958年首创于江苏。主要任务是为农村人民公社培养有社会主义觉悟、有文化、有现代科学技术的农民以及初级的农业技术和管理人才。

一张在信用社转账的单据。徐高兴地返回站里报功，却不知中了会计的“圈套”，单据没有盖章属于无效，结果被郑耀廷骂了一顿，只好再次去找会计。会计并不避讳，他说是故意这样做整整徐的。这一整，让徐跑了四次才将小榆东大队的1900元要到手。

再说到刘村。徐平来这次的“对手”是刘村的王会计，王会计是当时不多的几个女会计之一，她曾当过教员，做事也是极为干练的。徐这次亦是专程到刘村催要水费，战术运用跟去小榆东没什么区别。徐开门见山就要水费，“你把人家钱给了嘛，你该人家钱不给啊？”徐的纠缠让王会计大为不悦，就找了理由把他打发走了。第二天，徐又来到刘村找到王会计，王会计开玩笑地说：“离了你我也能浇了地，我着了急把七一渠的水放下来。”徐平来回忆说当时年龄小、脑子简单，顿时就跟王会计较上真了：

“我说你放水，我告你。”

“你咋告了？”

“我说你七一渠的土全拉到上官河来了，我不告你！”

“这家伙还挺厉害的，满共他妈一千多块钱，躁啥啊，我给你闹着玩哩，给你开喽。”

说着，王会计把水费单据开好交给了徐平来。其实，王会计的这次“爽快”是得到其作为大队队长的丈夫指示的。王补充道：“今天没办法了，今天我男的硬说给开了吧，这要不是国家的钱要是你的钱就不给你钱。”徐平来想年轻人受点气不怕，不管怎样总算给人家站长交了差了。[①]

通过以上事例，我们也许会认为是徐平来工作方法的失误导致水费的征收陷入僵局，事实上这都是“制度惹的祸”。人民公社时期，以国家为主导的农业政策把农业增产放在突出重要的位置，包括水利在内的一切农业增产设施均须以此为中心为其服务。水利管理单位也被视为公益性事业单位。实际上，水利管理单位也正是扮演了一个“服务者”的角色，但在缺乏公平的市场竞争机制环境下，它

① 受访者徐平来，65岁，龙祠村人，现住泊庄。访谈时间：2008年5月17日下午；访谈地点：徐平来泊庄家中。

们并不能得到及时的、足额的报酬，各公社、大队拖欠水费的现象日益严重。由于这样的制度安排，水管单位就不得不在“睁一只眼闭一只眼”的委曲求全中继续生存。

（二）水费形式和水费标准的变化

解放后，灌区通过民主改革统一了水权，以上霸下、恃强欺弱的局面得以扭转。为使灌区管理日趋完善，灌溉事业不断发展，山西省水利局提出了“统筹统支，积累资金，以水利养水利并发展水利”，“取之于民，用之于民”的水费政策。1950年1月10日，山西省水利局颁发了《山西省水利事业水费收支办法》，规定各灌溉、排水、防洪等开支费用，原则上均应由受益村庄按其受益亩数，并按清、洪水决定水费负担。一般群众自己经营的河渠小水灌溉或防洪工程，其水费负担按开支多少为标准，量出为入，公平合理的摊派起收；公营性质的河渠泉水，其负担标准除按事业开支外，适当积累。无论何种负担均应根据增产情况与群众负担能力适当确定，都不得加重群众负担，又得照顾到足够开支与适当积累。

各河系根据上述规定确定了水费征收标准，汾河灌区每亩次征收小米近3.5公斤；潇河灌区每亩浇一水者征收小米近2.5公斤，浇二水者收近3.5公斤；滹沱河灌区每亩次征收近2.5公斤。[①] 临汾县水委会也颁布水费征收办法，规定：在本县属清水、洪水灌溉在33.3公顷以上者一般均得实行水费征收，但不足33.3公顷者亦得根据实际情况予以负担水费。起征标准是以工程费每公顷不超过15升小米可以自行起征，如工程费每公顷超过15升者，需报请县水委会批准后才能起征。征收办法：“均以小米为标准，如因缺米，小麦也可以抵顶，米麦等价，按斤分派，按斤计价。”[②] 龙子祠灌区亦以量出为入的原则，规定了水费征收标准，但具体数目不得而知。1951年，根据山西省水利局和临汾区专员公署的文件精神，龙子祠水委会以米折价，改收现款，规定每公顷每年收费15元，分夏、秋两季收缴。

---

① 吴守谦：《建国初期山西的灌区民主改革》，载《山西水利》1987年第2期《水利史志专辑》，第18—27页。

② 临汾市志编纂委员会编：《临汾市志》，海潮出版社2002年版，第386页。

此后，水费征收标准也经过多次调整，并对不同土地类型和受益行业实行差额水费标准。以 1955 年的水费派征情况为例，水委会将灌区内的受益类别分为农业和水力型经济产业两大类，水力型经济产业下又可分为水力作坊（包括水磨、砖瓦窑、瓷器窑）和水力轧花车、弹花车。每类产业又根据内部等级的不同规定不同的水费标准，其具体数字如表 5-1 所示：

表 5-1　1955 年龙子祠灌区派征水费一览表

受益类别		农田（亩）			水力作坊（水磨、砖瓦窑、瓷器窑）			水力轧花车、弹花车		
等级		水地	受益碱淹地	新水地	甲等	乙等	丙等	甲等	乙等	丙等
数量		79212.9006	8043.148	5161.59	20	48	31	8	28	12
水费（元）	标准	0.5	0.35	0.35	12	10.5	9	7	6	5
	数量	39606.45	2815.102	1806.557	240	504	279	56	168	60
	小计	44228.11			1023			284		
	总计	45535.11								

资料来源：《晋南专区龙子祠水委会一九五五年工作总结》，藏山西大学中国社会史研究中心，1955 年 11 月 1 日。

不难看出，农业水费是龙子祠灌区水费来源的主要渠道，约占全部水费的 97.1%；非农业水费所占比例不足 3%。

1965 年，管理局在七一渠的三、七、十八支渠进行“以水计征”的试点，即农田用水除每亩有效面积预收基本水费 0.3 元外，每百方水（支斗口计算）收费 0.25 元。机电灌站提水灌溉面积为照顾其提水燃料与耗电成本较高的情况，免征基本水费。此外，从引水口计算仍按自流灌溉标准，每百方水收费 0.25 元。为了充分利用水能，在优先保证农业用水的前提下，促进工副业生产。李村电站与不能借水还水的小型水电站，加工作坊等，在灌溉期间（4 月 1 日至 8 月 31 日）每 1000 方水收费 3 元；非灌溉季节（9 月 1 日至 3 月 31 日），每 1000 方水收费 1.5 元。[①] 三、

① 《晋南专署汾西灌溉管理局关于试办以水量计征水费的方案（草案）》，1965 年 2 月 9 日，山西大学中国社会史研究中心：10-2-6。

七、十八支渠的试点工作收到一定的成效，实践证明是节约水量的好办法，但用水户对此并不适应，甚至有群众反映说："吃粮有数，花钱有数，用水也要有数，这是水利局想出来点子来要多收几个钱。"[①] 加之渠系配套工程不到位，水量难以保证，以及随之而来的"文化大革命"的动乱十年，"以水计征"不得不在襁褓中夭折。

改革开放后，汾西灌区根据各渠道水量的不同，采取分段取价的水费征收标准。1983 年冬，经灌区代表会议通过，按上、中、下游用水不同，分别计征。七一渠上游（东羊站）每公顷每年收 53.7 元，中游（仙洞沟站）每公顷每年收费 48.45 元，下游（界峪站）小榆公社每公顷每年收费 39.75 元，龙祠公社每公顷每年收费 20.85 元。上官河灌区内小榆公社每公顷每年收费 64.2 元，龙祠公社每公顷每年收费 48.9 元，泊庄公社每年每公顷收费 48.6 元。[②]

另外，随着对临汾市钢铁、发电企业和居民生活用水的供应，非农业水费所占份额逐步扩大，并超过农业成为汾西灌区水费的主要来源。由此看来，1951 年水费征收形式由征粮向征款的改革就显得意义非凡，它不仅避免了水费征收双方在粮食质量和数量上可能出现的争执，也无形中给扩大水费交纳主体（即非农业受益者）创造了便利条件。

（三）水费管理预决算制度的施行

前已述及，龙子祠灌区传统时代水费的管理主要是由督工、公直等人执行的，实际上也是采取量出为入的原则收缴水费。水费支出时亦由渠道管理人员自行商定。解放后，龙子祠水委会逐步纳入国家管理范围，水费的征收和支出均制定了一套新的管理制度——预决算制度，水费征收的标准、数额，水费支出的范围、数额等均须上报上级主管部门或政府，经同意后方准实施。水费的管理成为国家财政制度体系中的一部分。

---

① 《关于计划用水以水量计征试点执行情况的总结》，1965 年 4 月 15 日，山西大学中国社会史研究中心：10-2-6。

② 临汾市志编纂委员会编：《临汾市志》，海潮出版社 2002 年版，第 386 页。

1952年5月6日，根据山西省水利局字第八四号通知精神，临汾区专员公署副专员田英签发了《山西省人民政府临汾区专员公署通知》（水会字第一三号），决定从1952年度起，各专县乙、丙种水系组织的财经工作，均由专署加强统一领导与监督，不准各县再有独立本位的水系财经工作。通知从岁入和岁出两个方面进一步加强了对各县、各河系水费的管理。岁入方面，要求各县、河系的年度水费征收预算、年终结余，以及动用保管等须呈请专署审核批准与掌握监督，专署得将全专总的年度水费征收预算、完整数目，动用情况与年终结余等于期末分别一次报告省局审查备案，唯水费的起征标准必经省局批准。岁出方面，各县河系的年度、季度、月份一切水费开支预算、计算决算的审核批准均归各县自行办理，但总的年度收支概算必须经省局审查批准后专署始得在核准之控制数内自行掌握并报局备查。①

就龙子祠灌区而言，在国家财经制度规范之下，又制定了具体的水费管理办法。首先，水费标准的制定，须经灌区代表大会通过，报请专署审核批准后执行。其次，龙子祠水委会一切办公、旅差、职工工资、福利、修缮、购置、宣传及灌区代表大会等开支，按照政府统一规定之标准造具预算经专署批准，由水费项下统一开支。再次，全灌区性干河及泉源之斗口、石垅、渡桥、跌水口、石坝等兴修，完全由水委会编造预算，通过灌区代表大会，经专署批准后由水费项下统一开支。最后，对各乡水费的征收和开支也做了明确规定，要求全灌区各乡所收之水费，一律交由水委会注账统一管理。其开支须由乡水利委员会做出全面预算，由水委会审查，报请专县批准后执行。其兴修、岁修工程费按亩摊派。摊工方面，以每亩半个工为原则；摊款以每亩不超过一角钱为原则，并须报请本水委会审查，汇报专县批准后执行。管理办法还规定，若群众为了取得较大利益，真正愿意负担一部分时，可经乡代表大会通过，由县加注意见，报请专署批准后执行。乡水利办公费由水委会造预算，每月每乡不超过一元，经代表会通过专署批准后执行，由水费项下开支。②

---

① 《山西省人民政府临汾区专员公署通知》（水会字第一三号），山西大学中国社会史研究中心藏，1952年5月6日。

② 《晋南专区龙子祠水委会灌溉管理暂行办法》，1955年11月10日，临汾市档案馆：40-1.1.1-2。

通过一系列制度安排，龙子祠水委会加强了对基层水费的管理，同时，上级行政部门和水利职能部门也加强了对水委会水费管理的监督力度。水费的收缴、支出纳入制度化运行体现了一定的现代性。

（四）水费征收中存在的问题与对策

传统时期，用水户按受益地亩出夫、交纳水费保证其用水权的获得，拒绝承担义务者将受到灌溉管理者的惩罚，若仍不执行则会被取消用水资格。新中国的成立后，这一原则仍被保留了下来。同时，为保证水费征收工作的顺利进行，各河系水委会的干部职工和水利代表利用各种形式向灌区受益农民极力宣传征收水费的合理性。1950年，龙子祠灌区水费征收任务完成率高达97%，与同区的霍泉灌区并列位居全省之首。[①]1951年，龙子祠灌区水费改征现款。之后，随着农业合作化的发展和国家一系列惠农政策的出台，客观上培养了水费交纳主体“不交水费也能灌溉”的侥幸心理；另一方面，由于水委会及其后的汾西灌溉管理局在水费征收制度上的不合理规定和渠道建筑物工程的不完善导致的供水不足，用水费拖欠现象日益严重，成为灌区管理的一个疑难问题。

据统计，全灌区1961年以前的历年旧欠达517799元，1962和1963两年又拖欠231629元，1964年旧欠与拖欠仅回收32974元，新派268075元，只收回142479元，仅占53%，开支却达172013元[②]，严重入不敷出。造成水费拖欠的原因来自多个方面，汾西灌溉管理局曾在不止一个文件中对此做过分析和说明，他们甚至有专门的报告研究水费拖欠问题。

首先，制度安排的过失。集体化时期，国家曾多次颁发文件推动农业发展，特别是1960年4月10日第二届全国人民代表大会第二次会议通过的《一九五六年到一九六七年全国农业发展纲要》（以下简称《纲要》）更是专门针对农业并主

① 吴守谦：《建国初期山西的灌区民主改革》，《山西水利》1987年第2期《水利史志专辑》，第18—27页。

② 《晋南专署汾西灌溉管理局关于灌区当前管理工作中存在的几个问题和意见》，1965年1月，山西大学中国社会史研究中心：10-2-6。

要是对农民提出的纲领性文件。[①]《纲要》第二条即是关于“大力提高粮食的产量和其他农作物的产量”，第四条指出“推行增产措施和推广先进经验，是增加农作物产量的两个基本条件”，之后利用大量篇幅归纳了增加粮食产量的具体措施，“兴修水利，发展灌溉，防治水旱灾害”排在第一位。《纲要》要求“全国各省（市、自治区）、专区（自治州）、县（自治县）、区、乡（民族乡）的党政领导机关和合作社都应当根据本纲要，按照本地方、本合作社的具体条件，实事求是，经过群众路线，分别拟定本地方的各项工作的分批分期发展的具体规划。”[②]根据《纲要》精神，1956年4月11日山西省第一届人民代表大会第四次会议通过了《山西省12年农业发展规划》（以下简称《规划》），对山西省未来12年的农业发展做了具体规划，在粮食产量方面，《规划》规定：“在晋南盆地、晋中盆地、忻定盆地，由1955年的近80公斤，1957年增加到150公斤，1962年增加到300公斤，1967年增加到近380公斤。”此外，也对棉花、果树、油料等经济作物的产量增幅做了明确规定。与《纲要》相同，《规划》亦将兴修水利列为增产措施项目的第一条加以强调。[③]应当说，国家自上而下的制度安排为农业的发展创造了前所未有的优越环境，而水利在一系列增产措施中担当着尤为重要的角色。发展水利特别是农田水利，其根本目的正是为了扩大灌溉面积，增加农作物亩产量。

龙子祠灌区作为一个老灌区，其亩产量在1962年时仅为280公斤[④]，距《规划》目标尚有差距。即使抛开《纲要》和《规划》的束缚，农业的增产也始终是当时中国农业乃至整个国民经济发展的头等大事。因此，任何有可能妨碍粮食生产的行为都是与这一目标相违背的，水利管理者在收不到水费的情况下也得放水

---

① 廖鲁言在1956年1月25日最高国务会议上作的《关于〈一九五六年到一九六七年全国农业发展纲要（草案）〉的说明》的报告中指出：这一纲要“主要是向农民提出的，并且是主要依靠农民自己的力量来实现的”。他的发言刊印于1956年1月26日的《人民日报》。

② 《一九五六年到一九六七年全国农业发展纲要》，《建国以来重要文献选编》第八册，中央文献出版社1994年版。

③ 《山西省12年农业发展规划》（1956年4月11日），载李茂盛、王保国、卢海明主编：《当代山西重要文献选编》第二册，中央文献出版社2005年版，第693—707页。

④ 按一年两季种植小麦和玉米进行计算，1962年，灌区小麦亩产近115公斤，玉米亩产近140公斤，年亩产量为近280公斤。详见《晋南专署汾西灌溉管理局关于一九六三年灌区工作总结》，1963年12月12日，山西大学中国社会史研究中心：8-3。

浇地，生怕落得贻误生产的罪名，而这正好为一些用水单位拖欠水费提供了可乘之机。曾多次参与水费征收的徐平来说：“那时候人心不齐嘛，就是说你这个水费不交也能浇地，他就不交。那个时候‘大跃进’、人民公社三面红旗，你敢把生产误了你水利局小心，那个时候是一切为农业让路。水利局的人也挺作难的，不让浇还不行，上面就开会，一次做报告还是我做的。人家上边是一切为农业让路。”[①]水费的拖欠虽非有理有据，却在这样的制度安排下不断蔓延开来。

除了要为农业生产让路，水费还须为社队的其他开支让路，成为社队财政支出的最后考虑项目。据 1964 年临汾县的队社反映，根据临汾县指示，社队先完成农业税再扣除预付定金，然后考虑归还欠款；社员分红每人平均不足 40 元者，一律不能归还外欠。因而土门公社各生产大队协商好交纳的 4200 元水费，信用社拒绝办理转账手续。金殿、泊庄公社各大队已经给管理局办理了水费交纳手续的 2000 余元，又被公社要回去，收水费的管理局干部还受到了公社“不执行政策等纯业务观点，没有国家观念，在下边乱搞……”的批评。襄汾县各公社也是先分红后交水费，分红结束有钱就交，没钱就欠下。[②]还有一些社队没有把当年应支的水费列入当年农业基本投资费用[③]，用水费一项成为可有可无的开支项目，更加大了水费征收的不确定因素。

应当指出，国家在制定农业发展政策时并非出于对农业增产的偏好而使包括水利在内的其他增产措施不惜一切代价予以支援，因为各级政府也对推动水利事业的发展出台过一系列的文件，在政策制定者看来，二者是相辅相成、互相促进的，问题出在政策的具体实践中。此处体现了条块的利益分配问题。汾西灌区从纳入官方管理体系的那一刻起，这一问题就已凸显。正如前文指出，龙子祠水委会及起初的汾西灌溉管理局对灌区水利事业统得太死，管得太多，各县的主动权极为有限，特别在水费一项上几乎没有任何收益，其积极性就势必冻结。故而在

---

① 受访者徐平来，65 岁，龙祠村人，现住泊庄；访谈时间：2008 年 5 月 17 日下午；访谈地点：徐平来泊庄家中。

② 《晋南专署汾西灌溉管理局关于灌区当前管理工作中存在的几个问题和意见》，1965 年 1 月，山西大学中国社会史研究中心：10-2-6。

③ 《对尾欠水费收不起的主要原因有如下几种情况》，1964 年 12 月 19 日，临汾市档案馆，40-1.1.1-19。

水费征收上，就不会主动配合管理局的行动，甚至有意将水费置于各项支出的末项。如此，则临汾、襄汾二县的做法就不难理解了。至于社队的做法，作为一个独立实体，勿论说水费，其实任何支出都会百般思量的，只是在这里水费的上交有空可钻罢了。

其次，供需双方关于土地面积的分歧。按亩计征阶段，土地面积的多寡是决定水费的基础标准，传统时代灌溉面积长期固定不变与保持相对稳定的权利义务关系密不可分。各地的解放打破了这一长期固化的格局，特别是新中国建立后，举国上下怀着满腔热情投入到轰轰烈烈的经济建设当中，各地在当时条件下尽最大努力兴修水利，恢复和扩大灌溉面积，掀起了新中国水利发展的第一个高潮。打土豪、分田地，以及灌溉面积的增加打破了以往固定的权利义务格局，各村各户土地数字急需重新登记造册。1952年，龙子祠水委会就根据各村呈报情况整编成《五二年龙子祠水委会全渠灌溉村水田精确统计表》，以此作为各村水费数量的凭据。但这并没有成为最终的数字，灌区很多村庄先后上报了新的灌溉亩数，用水委会和受益村庄在水费问题上出现分歧。水利大跃进后，灌区范围扩大，这一问题也扩展到新灌区，加之灌区建筑物本身并不能确保有效供水量，致使双方的分歧日益加大。

管理局在1963年的总结中提到："灌区的灌溉面积，近年来变化很大，我们控制的数字与社、队自报的数字不符。我局曾几次试图统计落实，一次比一次少，第一分局今春统计比原有少了16000万余亩，第三分局七一渠控制29900余亩，社队只承认16400余亩，相差近一倍，并且群众浇得多，报得少，因而，对正确的指导工作影响很大，同时，也造成了每次兴工时分工中的纠纷和水费征收不起的原因之一。"[①] 1964年，灌区进行清查整顿。经过清查，工程控制面积由原来的340728亩减少到318827亩，减少了21901亩（6.4%）；有效面积由310739亩减少到273627亩，减少了37112亩（11.9%）；保证面积由282966亩减少到257575亩，减少了25391亩（9%）；各项数据全面下降。清查整顿后，问题依然没有得

① 《晋南专署汾西灌溉管理局关于一九六三年灌区工作总结》，1963年12月12日，山西大学中国社会史研究中心：8-3。

到解决，出现大队不承认土地数字和大队与公社相互扯皮的现象。在管理局1965年1月份的报告中指出："现在有的大队又不承认，有的大队承认公社不承认，有的县没有公社公章不承认，还有个别队清查中就不承认，并且也发现有在清查整顿中隐瞒少报的现象。"如襄汾县"贾罕公社清查整顿后的面积公社不承认，只承认公社掌握的面积，按此数就答应交水费，按清查整顿中大队承认的面积就不交。"[①]既然大队已经承认了土地数字，为何公社仍执原见，二者间的相互扯皮不只是颜面问题，更重要的是由土地数字不同所隐含的水费剪刀差。

最后，灌区管理者的自身原因。水费征收不力，与管理制度不完善，工程建设不到位，解决问题不及时也有一定关系。征派水费时间不合理会影响水费回收，如1962年度各分局在秋收后召开水利代表会通过预派，此时生产单位收入分红已过，再无交纳水费能力，只好拖欠到下年。工程方面，由于渠道工程不配套，输水不够畅通，新灌区的下游地区有时紧急用水，但上游来水不及时或者水量极小，影响按时灌溉，更重要的是土地得不到充分灌溉，引起生产单位的不满，影响了水费征收。比如七一渠襄汾段，跃进渠的景毛公社、贾罕公社等都有此类情况，管理局解决问题不及时同样会影响水费回收。部分生产队遭受自然灾害后，因没有积极办理水费减免手续，形成尾欠数字过大。而管理局对历年尾欠水费清理不及时，使受益单位错误地认为水费可以拖欠甚至不交，造成水费累年积攒，拖欠愈发严重。[②]

日益严重的水费拖欠问题，已经影响到灌区水利事业的正常发展，工程费的预算和职工的工资都受到不同程度的影响。为此，管理局决定采取措施扭转局面。

1963年，管理局接受以往秋后一次派出，集中征收困难的教训，改为夏收前一次派出，分夏、秋两次征收。并采取统一核算、分级管理的办法，即分局完成向总局上交派出水费总额的30%外，其余总局只监督开支，不予平调[③]，激发了各

---

① 《晋南专署汾西灌溉管理局关于灌区当前管理工作中存在的几个问题和意见》，1965年1月，山西大学中国社会史研究中心：10-2-6。

② 《对尾欠水费收不起的主要原因有如下几种情况》，1964年12月19日，临汾市档案馆，40-1.1.1-19。

③ 《晋南专署汾西灌溉管理局关于一九六三年灌区工作总结》，1963年12月12日，山西大学中国社会史研究中心：8-3。

分局的积极性。

1965年，管理局再次强调了国务院和山西省人委的规定——“水费为农业生产直接投资，必须列入各生产队每年投资计划内，按期交纳”。按照规定，生产队应在分配前将水费扣除，而不应受分配限制。管理局也希望各县能负责催缴和给予大力支持，仍按照省人委（64）晋农办字第129号通知精神清理水费。针对前期工作的不到位情况，管理局也要求各生产单位及时将属于豁免的土地报请省专；属于缓交的由公社和生产队分别订出计划，分期交纳，其余一律在春浇前限期清齐。①

由于资料所限，我们对措施实行后的效果并没有全景式的了解。笔者推测，这些措施也许会起到一定作用，但不可能从根本上杜绝水费拖欠现象的发生，因为人民公社的制度环境和有关农业发展的一系列制度安排没有发生根本的改变。各大队、各公社之间天然的“贫富差距”使它们在包括水费在内的支出项目上具有不同的态度和结果，相对贫穷的大队不仅在水费上难以负担，即使上交的农业税也需要向其他大队借记，导致负债累累。很多情况下，管理局不得不减免其水费。

直至如今，农业水费征收依然是灌区的难题之一。随着物价的上涨，灌区水利工程的投资加大，但水费依然保持较低水平，管理局曾多次试图提高水费标准，但水费收回率有限。在工业和商品经济大发展的今天，农业在当地民众收益中所占的比例日益缩减，人们对水利的关心度也急剧下降。水费的涨与不涨，在农民那里自有一本账，他们会衡量投入与收益的比率，在本来就不是收入主体的农业上再增加水费无疑会遭到抵制。在汾西灌区，好在农业水费的缺口有工业和城市居民生活用水水费填补，灌区也在这样的平衡中向前发展。然而，水费的改革仍是今后需要探索的重要问题。

---

①《晋南专署汾西灌溉管理局关于灌区当前管理工作中存在的几个问题和意见》，1965年1月，山西大学中国社会史研究中心：10-2-6。

第六章　水利保障制度的变迁

传统时代，国家通过水利法规等正式制度的出台从大的原则上对水利的运行加以保障；民间也有一系列诸如习惯法和水神信仰的非正式制度确保水利秩序的稳定，并通过水利管理组织来执行各种制度。与之相伴的是水利纠纷的不断出现，但它并没有影响水利秩序的长期稳定，而是一次又一次地维护了传统。

一、传统时代的制度保障

（一）正式制度：国家大法、综合性水利法规和单项灌溉法规

我国国家大法中关于水利事务的记载最早可追溯到先秦时期，《管子·立政》曰："决水潦，通沟渎；修障防，安水藏，用水虽过度，无害于五谷。岁虽凶旱，有所秎获，司空之事也。"可见，司空的主要职责即是兴建和维护水利工程。秦统一六国后所制定的国家大法中，也有关于水利的条文。如《秦律十八种》中的《田律》规定："春二月，毋敢伐材木山林及雍（壅）堤水。"[1]唐宋时代是我国农田水利发展的高峰时期，也是国家水法趋于成熟完善的时期，形成了国家大法、综合性水利法规和专项灌溉法规相结合的农田水利法规体系。

以《唐律疏议》为代表的国家大法关于灌溉制度的规定有："近河及大水有堤防之处，刺史、县令以时检校。若须修理，每秋收讫，量功多少，差人夫修

① 睡虎地秦墓竹简整理小组编：《睡虎地秦墓竹简》，文物出版社1978年版，第26页。

理。若暴雨汛溢损坏堤防交为人患者，先即修营，不拘时限。”如果维修不及时造成财物损失和人员伤亡，要比照贪污罪和争斗杀人罪减等处罚；如因取水灌溉等缘故而致决堤，不论因公因私都要脊杖一百；如有故意破坏堤防而致人死亡者，按故意杀人罪论处，即使损失较轻，最低也要判三年徒刑。《唐律疏议》还规定自然水体中的物产为公共所有，不得有权人霸占，否则，“诸占固山野陂湖之利者杖六十”[①]。唐代以后各朝，其关于水利事务的法规基本集中于国家大法中，如《宋刑统》、《明会典》、《清会典》、《清会典事例》等，基本法律精神保持不变。

以《水部式》为代表的综合性水利法规，是我国现存最早的中央政府制定的水利法规。内容包括农田水利管理，水碾、水磨的设置及用水的规定，运河船闸的管理和维护，桥梁的管理和维修，内河航运船只及水手的管理，海运管理，渔业管理以及城市水道管理等内容。其中关于关中地区的大型水利工程——郑白渠灌溉制度的记载尤为重要。例如，规定郑白渠等大型渠系的配水工程均应设置闸门；闸门尺寸要由官府核定；关键的配水工程订有分水比例；干渠上不许修堰壅水，支渠上只许临时筑堰；灌区内各级渠道控制的农田面积要事先统计清楚；灌溉用水实行轮灌，并按规定时间启闭闸门等。对于灌区的机构和人员配备，《水部式》规定：渠道上设渠长；闸门上设斗门长；渠长和斗门长负责按计划配水；大型灌区的工作由政府派员督导和随时检查；有关州县选派男丁和工匠轮番看守关键配水设施。发生事故应及时修理，维修工程量大者，县可向州申请支持。[②]《水部式》的出现是社会进步和水利事业发展的必然结果，它的价值一直延续至清代，而且在其后再无全国性综合水利法规的出台。

宋神宗熙宁二年（1069）颁发的《农田水利约束》（又名《农田利害条约》），是我国首个由中央政府正式颁布的农田水利专项法令。与《水部式》不同，《农田水利约束》是一部鼓励和规范大兴农田水利建设的行政法规，是王安石变法的主要产物之一。由于它的推动，熙宁三年至九年（1070—1076）各地共兴建水利工

① 刘俊文点校：《唐律疏议》卷二十八，法律出版社1999年版。

② 现存《水部式》系在敦煌发现的残卷，共29自然段，按内容可分为35条，约2600余字。参见周魁一：《水部式与唐代的农田水利管理》，《历史地理》第四辑，上海人民出版社1986年版，第88—101页。

程10793处，灌溉农田361170顷，官地1915顷。[①] 宋代以后，由中央政府制定的专项灌溉法规亦未曾问世。

综上所述，唐宋时期出现的国家大法、综合性水利法规和灌溉专项法规相结合的水利法规格局在之后的封建时代再未重现，而是全部集中于国家大法之中。这在一定程度上反映了封建社会的水利制度从唐宋时代即进入相对稳固的状态并被长期保留了下来。那么，唐宋时代国家水法的出台对水利的开发和地方水利制度的形成到底具有怎样的意义？如果其对水利的推动是自上而下的过程，那么地方水利制度的出现会不会是一次“从群众中来，到群众中去”的轮回？因为《水部式》中明确记载很多水利规范来自民间的“习惯法”，换句话说，国家综合性水利法规是在民间习惯法的基础上形成的。在此，我们不得不把问题引向我们的研究区域——龙子祠泉域。前已述及，龙子祠泉的大规模开发始于唐代，且是以官方主导的形式进行的。我们不禁要问，在工程建设完成之后，会由谁来进行制度安排以保证水利秩序的稳定。不可否认，唐代之前该区域已经开始了小规模的引泉灌溉，且极可能形成了一定的用水习惯。但是，当连接数十个村庄的渠道工程完成后，民间的习俗会迅速扩展至整个灌区吗？新的用水规范会在民间自发出现吗？我们认为，国家的制度安排起着决定性作用，它虽不可能给予具体的制度规范，但可作为“纲领性文件”，结合地方实际最终确立地方水利规约。由此完成了一次制度的旅行或轮回过程。我们从龙子祠泉域现存所谓作为民间“习惯法”的水利规约中来寻找国家水法的影子。

（二）非正式制度：习惯法与信仰

历史时期龙子祠泉域的非正式制度包括作为习惯法的水利规约和作为风俗的民间水神信仰。

1. 水利规约

龙子祠泉域的水利规约主要见于历代渠册和水利碑文中，前文绪言部分已就

---

① 《宋会要辑稿》食货六一至六八，中华书局1997年版。

此做了初步介绍。为了全面了解历史时期水利规约的全貌，我们有必要对已有之制度文本进行深入分析，在此，我们以《龙祠下官河志》为例加以探讨。

前已述及，下官河在后周世宗年间（955—959年）由官方督导开创，宋太祖年间（960—976年）开始遵行水程。金皇统六年（1146）复开上官河，同年创立《龙祠下官河志》[1]，此后历代相沿。我们今天所见之《龙祠下官河志》系康熙二十二年（1683）重新抄录的版本，除增加新修序言外，其他内容较前无甚变化，为我们展示了一个长时段的相对稳定的用水状态：水权分配格局、权利义务关系、工程建筑物规格、水利组织和奖罚规定等。

龙子祠泉域渠系的布局是从泉源分派出多条干渠，即“多头引水”。因为水量有限，这里就有个利益分配的问题，南北各分水二十分和各渠具体的份额在金元时期最终确定。不仅如此，由于龙子祠泉“蜂窝泉”的特性，平山脚下可谓处处乱泉，一个泉池恐难全部收容，故而这所谓的泉源并非像洪洞的霍泉和新绛的鼓堆泉那样易于将泉水归为一池再进行分水。龙子祠的泉源是一片大的区域，除主要泉源外，尚有其他小泉，分水之时即需划定所引泉水的范围来确定水量，这可视作龙子祠泉域“初始水权”的分配。《龙祠下官河志》第二条曰：“本河地土出水源泉与南横渠乱泉地分相隔四步，西至晋掌小渠，迤东长三十五步，南北阔一，次下相隔四步是本河北一泉也。又下次泉一眼，正东流行南至南横渠牛椿峪涧内，斜长一十二步，现存堎岸显迹存照。”获得“初始水权”后，便是确立渠道内的用水次序并在此基础上进行水权的再分配。下官河实行“自下而上”轮流用水的原则，下游一沟浇毕由沟首将水牌交至次上一沟沟首方准开口放水。以灌溉地亩数量为依据，下官河按时间单位将水分配到各沟直至每个用水户，并最终确定其各种权利义务关系。表6-1即反映了下官河各沟灌溉地亩、水权和兴工数额的对应关系。

① 《龙祠下官河志》，康熙二十二年。

表 6-1　下官河各沟地亩、水权及夫役对照表

沟渠名	灌溉亩数（亩）	用水时长	每日兴夫数（人）	每名夫役对应受益亩数（亩）	备注
韩家沟	400	一昼夜	8	50	
官沟	100	一夜	2	50	
下册沟	1050	三昼夜	21	50	外入麻册争来水一日，人工三名
桥村	1300	四昼三夜	24	54.17	
地玖沟	计入小榆地亩	一日一夜			
麻册东沟	1100	三昼夜	22	50	
麻册西沟	850	二昼夜	17	50	
史家沟	325	一日半夜	6.5	50	
肖氏沟	150	半夜	3	50	
小榆	600	二日二夜	12	50	
伍级	400	一昼夜	8	50	
伍默东沟	450	一昼夜	10	45	
伍默西沟	500	一昼夜	10	50	
兰村沟	350	一夜	6	58.33	
录井沟	360	一日	6	60	又贴小榆地玖渠一工
席坊	600	二昼夜	10	60	
总计	8535	24天	168.5		

资料来源：《龙祠下官河志》。

《龙祠下官河志》中规定每 5 亩兴 3 工，但位于上游之席坊、录井、兰村三村只需每 6 亩兴 3 工，表 6-1 中也显示，多数沟每 50 亩兴夫 1 名，而此三沟基本为每 60 亩兴夫 1 名。这说明村落的区位优势在权利义务的分配中可占得实惠。

除以上灌溉地亩外，下官河还有一大用水户 —— 水磨业。在金代，下官河有水磨 14 座。磨主无须承担兴工义务，但要提供每年全河祭祀龙子祠的财物。从水磨名称来看，应为一户或多户共有（见表 6-2）。水磨作为乡村社会财富的象征之一，可以推定磨主多是富户人家，在地方社会具有一定的影响力。

在制度上明确了各用水主体的权利义务关系后，还必须通过技术和实施机制

加以保障，才能确保制度的有效运行。

在技术方面，要求各分水口设陡门，安置石闸板以控制水量。《龙祠下官河志》特别对各水磨的闸板高度进行了严格限制（见表 6–2），“不许增长高低尺寸”。这一规定与《水部式》如出一辙。

表 6–2 下官河各村水磨及闸门情况一览表

村庄名称	水磨名称	闸门高度	村庄名称	水磨名称	闸门高度
下当	张源深	三尺五寸	西麻册	范杨	三尺九寸
席坊	雒家	三尺五寸	麻册涧村	辛家	四尺
录井	刘一	四尺一寸	麻册东	辛永	二尺六寸
	张忠	三尺五寸		辛小二	三尺三寸
小榆	孟太	三尺九寸		丁三郎	五尺一寸
	杨庆	三尺五寸		刘小三	三尺三寸

说明：《龙祠下官河志》中记载该河有水磨 14 座，但分列闸门高度时只有 12 座。

在实施机制方面，《龙祠下官河志》中有大量的奖惩规范，并由渠长—沟首构成的水利管理组织负责实施。水规中的处罚情节有：霸水、偷水、卖水、不兴工用水、不按时交牌、损坏渠道建筑物、堵塞渠路、唆使散工、不敬神灵等。处罚的对象包括灌区百姓及沟首等最基层的水利管理人员；处罚尺度上也有明文规定。以下分别摘录之：

一本河随沟用水，沟道人户故将水溢迁延霸占，不依原定日期刻辰交牌者，多占一时罚钞十贯，如牌未到，强擢陡口，每浇地一亩罚钞二贯文，给与承牌用水人户公用。

一偷擢渠堰陡口，盗使灌田，罚钞五十贯文给告人。

一本河随沟首及应用水人等受钱卖水者，或将不系本河兴工地亩相挨，私此夹带横乱浇灌者，每亩罚三贯文，受钱贿者同罪。

一随沟用水人等前来各用工力，如将地避逸不兴工暗要用水者，抄哲不尽地土，罚抄五贯文，然后入工用水，依例浇灌。

一本河议定随沟首前来兴工用水，照地亩多者商议，与十二时充为一牌。每日卯时交牌，如违，定行科罚。如浇了不系本河地亩，每亩罚钞捌贯文，给不平告人充赏。

一有奸人故意损坏渠堎陡口，罚钞三十贯文。

一遇掏打堰，本河九曲十湾、河道远窎，致用水第一沟二十余里，其河内掏出泥渣土物俱存两岸，不拘多少堆积，如有故意将泥渣等物填入河内，踏□河中致塞水路，归一里附近地邻人等，每罚钞五十贯文，许诸得告。

一修理渠堰天色未晚，不肯做工，故将众人散者，准罚钞十贯文，到官不再说理。

一本河春秋二祭，敢有不到者，罚钞三贯文。沟首不敬神，无香纸，罚钞二贯文。

水利规约中的奖励机制主要体现在对上述违规行为的检举上，如对偷水行为的告发者可奖励五十贯文。若“有奸人心生嫉妒，故意私令平望要罚钞，悬心暗行擢堰浇灌犯人地亩，许人告报，赏钱五十贯文”。

应当说，这些事无巨细的刚性规约是人们在具体的灌溉实践中不断总结的升华，它体现了地方社会水利管理的自治能力。那么，这种水利规约究竟是民间的习俗、惯例，还是习惯法，抑或是国家的制度安排？

关于习俗，韦伯曾指出：“它意指一种独特的一致性行动，这种行动被不断重复的原因仅仅在于人们由于不假思索的模仿而习惯了它。它是一种集体方式的行动，任何人在任何意义上都没有‘要求’个人对它永远遵奉。”所谓惯例也只有“当某种行动被倡导，而倡导之方式既不包含任何物理的或心理的强制，也不包含——至少在正常情况下如此——构成行动者外部环境的人们除了表达赞同或非难之外的其他直接反应”。而“某一规范作为习惯法的有效性在于这样一种极高的可能性：这就是虽然只是来自共识，而不是来自立法，但某一强制性机构会采取行动以保证其实施”[①]。国家的制度安排则是指国家通过行政强制手段“自上而

①〔德〕马克斯·韦伯著，甘阳、李强译：《经济、诸社会领域及权力》，生活·读书·新知三联书店1998年版，第14页。

下”的进行制度的创设与改革。

我们认为，下官河的水利管理制度属于习惯法的范畴，但它的形成并非简单地由习俗而惯例再到习惯法的过程，国家的制度安排在其中起了重要作用。作为官方主导创开之渠道，其上下游十数村间的利益纠葛也必定是在官方协调下达成一致的。国家在诸如闸门设置、用水秩序、渠道管理组织等大的方面提供参考，具体的管理措施则交由地方社会制定。这一制定过程则可能通过长期的灌溉实践或借鉴他渠的体制最终形成。一般情况下，水利规约通过管理组织执行，但是如果背后缺少更强大的国家力量作为支撑仍然是不可靠的。于是，下官河的管理者于皇统六年（1146）二月将制定好的三本渠册拿到临汾县和平阳府分别盖印，渠长一本，临汾县、平阳府各一本，存照施行[①]。这个过程体现了地方政府和水利组织之间共同的指向。地方政府自上而下地介入和水利组织自下而上地寻求认同之间，在这个时候似乎找到了契合点，建立了一个既有法律强制力保障又不是官方主导，既是民间协商又有官方影响力的用水秩序。作为地方社会而言，政府的介入可以确保其用水秩序有一个官方的外衣，从而运行的有效性得以提升；而作为地方政府，如果——实际也如此——这种制度安排可以保证灌溉用水的秩序井然，那么他们最关心的社会稳定和赋税收入就有了保障，双方在这一层面达到共赢。

至此，下官河的管理制度可谓相当完备，而官方的介入大大提升了它的执行力。虽然违犯水规的行为并未因此终止，但水利秩序在一次又一次地挑战后依然保持了原态，传统被延续了下来。这其中，还有一种力量在发挥作用——心理或来自神灵的约束力。

如果我们的视野顺着当时的下官河逆流而上，就会在它的源头看到一个金龙池，金龙池东北有清音厅，亭畔为云津桥，桥的正北方坐落着一个巍峨的建筑群，这就是龙子祠——古代平阳最重要的祭祀场所之一。

2. 水神信仰

前已论及，龙子祠的传说起于西晋刘渊建都，但其具体修建年代并不可考。

① 《龙祠下官河志》，康熙二十二年。

《元和郡县图志》卷十二《河东道晋州临汾县》载：龙子祠“在姑射山之东平水之源，其地茂林蓊郁，俯枕清流，实晋之胜境也”。金代毛麾《康泽王庙碑记》云：龙子祠“毓灵于晋，创建于唐”，可知其始建年代应在唐代。

龙子祠起初只有小庙三间，属于民间祭祀场所。龙子是当地民众祈雨的民间信仰，没有组织系统和教义，只是人们的一种集体心理活动的行为表现和日常生活的一部分。据金人毛麾记载，庙内原有唐天祐二年（905年）、宋宝元三年（1040）和政和四年（1114）感应碑记。“宋熙宁八年（1075），守臣奏请封泽民侯庙，额曰‘敏济’，崇宁五年（1106）再封灵济公，宣和元年（1119）加封康泽王庙。”[①] 元代又“加封神为普应康泽王，而其庙制愈广矣”[②]，与由侯到公、由公到王的封号更迭和庙制规模的逐步拓展相伴随的，是国家力量逐步介入这一信仰体系当中，使之成为官方祭祀的一部分。同时，龙子祠在地方社会中的角色和地位也必然得到提升。

金代之前，龙子祠的建筑仅有龙神殿、大门、二门、三门、亭子等。民间和官方供奉的神灵为龙王。大定十一年（1171），“江陵黄公来宰临汾”对包括龙子祠在内的多处祠堂进行大修，而龙子祠的修建可谓一次伟大的“创制”之举。此次增设龙神殿前献殿、龙母殿、斋厅、风师殿、雷师殿、山灵殿、河伯殿、碑亭、养鱼池、长廊、厨库等，重修山门前旧亭，并一一赐名，奠定了之后龙子祠数百年的规模与形制，意义非凡。至此，祭祀神灵除龙王外，又加了龙母、风师、雷师、山灵与河伯诸神。其中，龙王殿和龙母殿位于中轴线上，龙母殿在后，龙王和龙母是龙子祠的主神。此龙母即是前文传说中的龙子之母——韩媪，毛麾在《康泽王庙碑记》中明确记载，“设龙母殿以事韩媪”。韩媪作为龙母殿最初的主人确认无疑。但不知何时，这一情况发生了变化，龙母殿里供奉的神像成了传说中的水母娘娘，她“坐于东西通长的大炕上，一手执梳，作梳妆之态，左右分别有捧脸盆男童及执手帕女童一名”[③]，龙母殿也更名为“水母行宫”，今天龙子祠的龙母殿内还悬挂着一面“水母行宫”的匾额，当地人传为慈禧太后所题。这一身

① 毛麾：《康泽王庙碑记》，大定十一年。
② 《重修普应康泽王庙庑记》，元至正九年。
③ 郭永锐：《临汾市龙子祠及其祀神演剧考略》，《中华戏曲》2003年第1期。

份的变更可能与当地广为流传的水母娘娘传说和燕村人祈雨灵验的传闻休戚相关，水母娘娘是民间意义上的龙母。从此，龙子祠出现了五种不同类型的祭祀方式，即：由官方主导的祈雨祭，祭祀对象为龙王和龙母，为非定期祭；由南北河分别主办的春秋二祭，有临襄二县官员参与，祭祀对象为龙王和水母娘娘，为定期祭；由各河分别进行的年度例祭，或春秋二次，或夏秋二次，或为一年一祭，祭祀对象仍是龙王和水母娘娘；由水利管理组织、官员和普通民众共同参与的祈福祭，于每年农历四月十四水母娘娘正诞日举行；由襄陵燕村民众进行的祈雨祭，祭祀对象为传说中的燕村姑姑——水母娘娘，为非定期祭。

除第一和第五两类祭祀形式系非定期的或官方或民间参与外，在第二、第三、第四类常设祭祀活动中，龙子祠水利管理组织可谓主角。首先看包括全河水利组织和临襄二县官员参与的春秋二祭，"春祭系临汾办理，秋祭系襄陵办理"[①]。一年之内南北河分别主办一次祭祀，并邀请两县官员到场监督，以示公正，并对违犯规定之人进行惩罚。万历四十三年（1615）《临襄两河分界说》中提到："两县正官仍于春秋二祭同赴龙祠，躬亲相视，若有作奸毁界，先犯禁令者，必重惩之。"官方与民间水利管理组织通过对神灵的崇信和祭祀再次走到了一起。

龙子祠泉域各渠道不仅要参加每年两次的全河大祭祀，还须另行独自到龙子祠祭祀，当然，各河每年例祭之时间并不统一，只要在规定时间段内完成祭祀即可。万历四十二年（1614）的《平阳府襄陵县为水利事》中即对襄陵所属南河之祭祀情况做了详细规定（见表 6-3），可做参考。

表 6-3　南八河祭祀时间及相关要求

渠道名称	春祭时间	秋祭时间	备物要求	备注
南横渠	不过四月	不过八月	所有各沟分派合用祭神物色，俱要齐整洁净	
南磨河	不过四月	不过八月	照旧规预备物料，选定日期，临时不致失悮	
中渠河	三月	七月	各沟头预备祭献物料，俱要洁净齐整	六月十九日太子神康泽王庙内行香

① 《上官河水规簿》，咸丰二年。

续表

渠道名称	春祭时间	秋祭时间	备物要求	备注
高石河	不过四月一日		羊一口、献盘十觔	年祭
东靳小渠			水磨与土地各摊一半	不详
晋掌小渠	不过五月	不过九月	备米面三斗斤	为夏秋二祭
李郭渠	不详	不详	俱要齐整洁净	不详
庙后小渠	不详	不详	献食猪羊香财等物	不详

资料来源：《平阳府襄陵县为水利事》，万历四十二年。

相比而言，每年农历四月十四日的祭祀活动最为隆重。作为水母娘娘的诞辰日，不仅临襄二县和水利管理组织极为重视，即是普通民众也视之为狂欢的日子，远在襄陵汾河东岸的燕村人也会在这一天到龙子祠“看姑姑”，他们是这里最尊贵的客人。不过，场面最热烈，气势最磅礴的仍属龙子祠泉域水利管理组织祭祀的仪式过程。

祭祀活动由上官首河渠长[①]发起，提前下帖请龙子祠泉流域内的各渠渠长参加，分南北两支队伍。是日，上官首河渠长率吹鼓手在龙子祠庙门口迎接各渠渠长及其随从人员。北河的队伍从刘村出发，南河队伍从襄陵县刘庄出发，路经各河，均有渠长骑马等候，随即加入队伍向龙子祠行进。队伍最前面有持铁铳者一路鸣炮不断，吹鼓手紧随其后，之后是抬供品的队伍。供品一般包括四类，一是血食，如整猪、整羊、活兔等。整猪整羊要去除内脏，褪净皮毛；活兔则是将兔子的前后腿缚于小木板上，使其不能动弹。二是素食，如蒸的花馍、馒头等。三是果品、酒类等。四是纸制祭品如纸马、香烛、黄表等。渠长骑马在队伍最后。他们身着袍子、马褂、头戴礼帽，左肩垂挂一小串东西，包括胡梳、牙签、挖耳勺等。人数多达百人，浩浩荡荡，气势宏大。临汾、襄陵二县也分别派官员参加。

中午十二时前顺龙祠村中正路进入龙子祠。进祠后，先鸣炮三声，吹鼓手演

① 郭永锐《临汾市龙子祠及其祀神演剧考略》谓之“总渠长”，据笔者考证，此总渠长即为上官首河渠长。咸丰二年（1852）《上官河水规簿》载：“春祭日期俱系首河发帖。”不仅如此，光绪十八年（1892）《为二河霸浇冬水兴词底稿》中又谓：“龙子祠凡有修理工程时皆由首河发帖。”

奏更盛，声势极其壮大。接着，供品桌被抬入龙子殿内，香炉蜡烛在前，猪羊等并列其后。新老渠长下马前往殿内向龙子神行礼，新渠长为首，烧香一炷，三拜九叩，老渠长在其身后并列跟随叩头，新渠长向龙子供酒三杯。而后，一行人仍以新渠长为首通过龙子殿，顺走廊来到龙母殿，给水母娘娘行礼，规矩与前同。礼毕，则祭祀活动宣告结束。接下来是丰盛的宴席，置办酒席所用的菜蔬一般是大家带来的供品①，开宴的场所是一院内山门两侧之公馆，馆内桌椅均由红色绸缎铺盖，异常华丽。宴席规矩为南河一灶，北河一灶，两河众人各享其美。南北两河历来争水不断，因而双方争强好胜的渠众将对抗之风带入了祭祀活动，比起供品质量更注重宴席的精美。龙祠村至今流传着“吃一桌，看一桌”之说，意指若入席的人有五桌之多，便还要另加五桌摆在旁边供人观看，看在眼中的通常比吃进嘴里的丰盛很多。这种独特的筵宴方式目的就在于从排场气势上压倒对方以满足自己争胜的心理，希图在日后用水的过程中也能占得先机。一阵喧闹的杯盏交错之后，祭祀才算完满结束。享宴之后，上官首河渠长主持召开会议，大家商议决定河渠管理诸事项，诸如修理河渠的时间、人力物力的分配、经费的筹措等。②

如果说农历四月十四日的祭祀活动规模宏大，对水利管理组织的意义更为重要的话，那么久旱不雨时由燕村人为主进行的求雨活动在百姓心中更具实效性。很久以来，龙子祠泉域一带只要遇到旱情，祠内就会燃起祷雨的香火。若全境大旱，政府高官亦会躬身以试。康熙四十六年（1707），平阳知府刘棨为“防民饥修荒政”，而“立起布衣草履，走赤日中三十里祷祠下”③。不过，官方祭祷的对象主要是龙王，民间祭祷的则是水母娘娘。其中，最负盛名的是襄汾县燕村人，他们求雨通常在龙母殿中进行，这一切均源于前文所述之水母娘娘的传说。

燕村百姓称水母娘娘为“姑姑”，在他们看来，她是拯救众生的神灵，特别是能将甘露降于人间。他们将去龙子祠的求雨活动称为“看姑姑”。郭永锐在《临汾市龙子祠及其祀神演剧考略》一文中对民国年间燕村百姓的祈雨活动及其仪式进

① 分胙规定，一般是十分之六留于庙中，让庙内人享用，十分之四则由参加祭祀者当日分享。如整猪的分配方法是将四分之一或二分之一让祭者分享，猪头供奉水母娘娘，其余留给庙里。

② 参见郭永锐：《临汾市龙子祠及其祀神演剧考略》，《中华戏曲》2003 年第 1 期。

③ 《重建平水龙子祠记》，康熙四十六年，民国《临汾县志》卷五《艺文类上》。

行了较为细致的考察；在田野调查中，我们也对此进行了广泛的口述访谈，并收获了尚未正式出版的《燕村村志》，其中对该村1947年赴龙子祠求雨祭祀的活动做了较为详细的描述。兹根据上述资料将燕村民众的祈雨过程概述如下：

“看姑姑”通常在久旱不雨之时进行。1947年的上半年几乎没有下雨，三伏天又是烈日炎炎，不仅麦子没有什么收成，眼看秋苗也难以成活，更不用说冬小麦的下种，百姓急得像热锅上的蚂蚁却无可奈何。这时，村里有几位年长的老者说，咱村从古到今遇到大旱就向龙祠姑姑求雨，从没空过，何不再求一次。他们和村长商量后便按老规矩设坛求雨。

燕村分为北、中、南三社，姑姑庙（也叫水母娘娘庙）位于中社，因其规制较小，故又俗称“小庙”。小庙为二层小楼，楼上为姑姑塑像，楼下为空房。祭台就设在小庙内。

前三日在村内小庙设祭台，请村中德高望重者替众人许愿，祈雨成员由村中的成年男性和寡妇组成。仪仗队则每天要把供桌抬上，由姑姑庙到南社的玉皇庙（大庙）祭祀。一路上寡妇双手合十，口中用道情调唱着“天爷爷地爷爷，庄稼苗害死了，娃娃女女饿死了，不过三天下雨吧”等祈祷之语，气氛肃穆庄严。如三天内没有下雨，便会在第三天下午两三点钟集合去龙子祠祈求水母娘娘。

出发后，走在最前面的是敲锣打鼓的壮年男子，一人击大鼓，四人敲锣，两人持钹。随其后为姑姑神位一个，一人双手捧在胸前。接下来是以寡妇为主的祈雨队伍，他们头戴柳条编就的帽子[①]，手持柳棍，领头人的柳棍上端还挑有一个小水罐。每人都带有被称为“神桃”的馒头和黄表作为孝敬“姑姑”的供品，口中还念念有词：“菩萨菩萨，脚登莲花，手拿杨柳，下遍天下。”

燕村位于汾河东岸，距龙祠村约15000米，祈雨队伍沿途要经过温泉、鱼池、东邓、襄陵等地，步行三个多小时方能到达。每经过一个村庄，村口都会聚集众多的老年男女，他们拦住队伍，由一年长男子带头向姑姑神位烧香一炷，再恭敬地磕头三次，希望燕村人能带上他们盼雨的心愿。

队伍到窑院村前一小时，掌事者派人火速去村中报信，村里便有几十人备好

---

① 俗称柳条帽。

鼓乐在村口迎接。看见队伍，众人云："姑姑娘家人来了。"顿时鼓乐大作，窑院村人便带领燕村信众顺大路直奔龙子祠。

入祠后，径直来到水母娘娘殿前，鼓乐顿止，人们在殿外洗手、漱口后肃穆地将盛在竹篮中的"神桃"摆放在娘娘像前的供桌上，将黄表折成长方形压在香炉下。然后，集体磕头三个，由头领上香一炷。待香燃尽时，殿门外一人放炮三响，众人点燃黄表，昭示上升的青烟将载着他们的心愿去寻找"姑姑"。

此后，当天的活动便结束了，燕村人可在庙内食宿，饭食由庙内提供，住处则是水母殿中的大炕。据说，此炕专供"娘家人"住，其他村庄人来，只能席地而眠。

第二天清晨，鼓乐又作，人们同至金龙池边，用陶罐盛满水，然后离开窑院村。窑院村人出于礼节，将他们送至村口。队伍沿原路返回，沿途各村百姓在村口迎接，将备好的一瓢水倒入本已盛满水的陶罐中，罐中水溢出，百姓认为这样便能给他们带来灵雨，祈雨队伍中午即能回到燕村。回村后，来到先前设祭台的小庙内，向神灵报告祈雨归来。此后每天都要定时烧香祷告。

据当地老人回忆，燕村人祈雨异常灵验，有时队伍还没有回村，大片乌云就尾随而至。襄陵县靠近窑院村的各村，遇旱都会去龙子祠求雨，但他们更相信燕村"娘家人"每求必应的传闻。于是，有时还会邀请燕村人出一把力。

每当喜得甘霖之后，燕村人便会还愿。还愿依所许而定，通常为演戏或说书，若经济条件允许，窑院村的父老乡亲则可大过一把戏瘾，娱神娱己，不亦乐乎。戏在庙内戏台上演出，一般唱三日，每日三场，所演多为木偶剧。襄陵县东柴村和浮山县的木偶戏班常来演出。另外，大宁、临汾等地的蒲剧班社亦来此献艺。

献戏与酬神密不可分，村民在看戏的过程中决不忘带来香火，更直接地与神灵亲近。庙内西厢、南厢还有神像数尊，三天之内，凡来看戏的百姓均要逐一上香磕头，庙内香火不绝。

龙子祠原有两座戏台，南北河各掌其一，北河掌东台，南河掌西台。每年四月十四日祭祀时，南北河各请戏班，自定剧目。演出前张贴布告，于农历四月十一日定期开戏，十四日结束，共四天七场，演本戏四五本，折子戏二三折。前三天演出的剧目一般有历史剧《五雷阵》、《骂殿》，绿林剧《三家店》，公案戏《三上桥》，伦理戏《芦花》、《杀庙》、《杀狗》，爱情戏《挂画》、《拾玉镯》等。演出的第四天，即祭祀当天的四月十四日，南北河要向龙神和水母娘娘献戏，两戏班抓阄决定演出顺序，剧目一般为《二进宫》、《大登殿》等，百姓称之为敬神戏。

开戏的信号是庙内的三声炮响，百姓闻声便三五结伴前来观看。观剧场所为戏台与龙子殿之间的空地，由献殿前的花墙将场地分为两部分，花墙前为男性观众站立观看，花墙后为女性观众坐于凳子或方桌上欣赏。民国时期，一场戏所需费用约大洋二十元，由各河在祭祀经费中支付。演员的饭食就近由龙祠和晋掌两村的百姓盛在陶罐里送上舞台，因而常被人们称为“罐饭”。

应当指出，无论是何种祭祀活动，龙子祠已经不单只作为祭祀空间，而是成了泉域内外、水利组织内外各色人等不同心态的交集空间。仪式也不只是水利组织和燕村民众的事情，对不同的群体其意义亦有区别。在此过程中，普通民众尽享了狂欢，向美好的明天祈福，并把它作为一种生活方式。也许，他们会从复杂的仪式当中近距离地接触整个泉域的“风云人物”，目睹权力的分配与交割，他们有一种旁观者的轻松；他们也会热情地招待燕村的“娘家人”，展示出作为主人的厚道。各渠的管理者们则是仪式的主要参与者，主事者也许放大了嗓门安排着各个环节，在众人面前（包括官员）他也许想把嗓门再拉高些；新上任的渠长面对这样的大场面也许有点不适应，但一切有司仪的安排倒也显得从容，如果是迫不得已的上任，那么他可真该多烧几炷香了；沟首们则毕恭毕敬，也许还在为所献祭品是否符合标准而忐忑不安。临襄二县的官员们监督着全部过程，不知他们会不会为“主子”着想：你们这帮家伙可得好好干，老子的粮差就靠你们了；燕村人则是极为自豪的，他们背负着一方民众赋予的艰巨使命，不过，既然是“看姑姑”也倒让他们轻松了许多。若是祈雨成功，其“地位”即得到加强和巩固，而事实也确是如此。窑院村和附近的村民能看到燕村人的还愿戏，自然也对这“娘家人”刮目相看。燕村人住在姑姑的大炕上，心里头也定是美滋滋的，不过屋子最好不要透风漏雨，否则他们又该埋怨那些“道貌岸然”做仪式的“渠上的人”[①]了……

（三）争水：民众对水利制度的挑战

传统时代水利社会的秩序固然有水利管理组织和相应的制度加以保障，但利益的驱使和侥幸心理的存在使水利社会中从不缺乏以身试法者，水利秩序一次又一次地受到挑战，利益双方因此发生纠纷。情节轻者尚能在内部处理，若是集体性的群体纠纷或是酿成命案者往往上升到诉讼程序。这看似乡村社会的非常态，其实也成为水利社会中的一个重要组成部分，像农事节律一样进入乡村社会的岁月轮回中。

文字有载的龙子祠泉域的水利纠纷最早可追溯至元代。至正二十年（1360），河中府知府范国英调任晋宁路担任总管，到任后即赴普应康泽王庙祭祀，以求风调雨顺，五谷丰登。祭祀结束后，范公出龙子祠山门，过云津桥而至清音亭。看着湍流不息的泉水从亭之南北绕行东下，汇为渠道数条，不由感慨道：“此晋民之宝，所以富庶之源乎。”始料未及的是，范公尚未从新官上任的喜悦中平静下来，上官河的水利诉状即递至其案下。这虽非范公所愿，却也成就了其在上官河水利秩序变迁中极为重要的“功业”。六年后，“前翰林国史院编修官杨统”将其事迹以《兴修上官河水利记》为名刊布于石碑之上，碑文开篇写道：

> 上官河水利之不均有年矣，其据上流者专其利，地未干而重溉者以月计之率三四次，昼溉□夜□人佚而财□，播种常及□□极□□□□□□□□□□富羃。其住下流者渴其利，时旱暵而水□下，以岁计不过□□□□□□□□□□劳而财殚，播种□及其时，禾以槁死秕败□□□□□□□□□□□而与斗者百千人，至有致人命于死数起，大狱历□引□尹及临汾之县大夫数十代，或究其狱正于罪人，斯得或系以为荣□自□□□□□□□□□者，岂其才皆不足

① “渠上的人”是当地民众对渠道管理人员的统称。在田野调查中，徐平来、刘红昌都如是说。

耶？不能均其利故也。……于是改纪上官河□□□署文□溉田之。今自下而上，令行禁止。信赏□罚民咸称便，又设四纲以维持之。曰“任人”，曰“行水”，曰“水则”，曰“陡门”。

实际上，龙子祠泉域水利纠纷的发生时间要远远早于元代，甚至可以追溯至渠道开创之时。水利纠纷严重时导致利益双方群体性流血事件发生，并最终进入司法程序，双方也因此结下恩怨，累讼数十代。

如果说元代之前上官河的水利纠纷是由于“自上而下”用水的不合理因素导致分水不均的话，那么，此时由晋宁路总管范国英实行的“自下而上”用水方案和“四纲”制度在一定程度上缓解了纠纷的发生，奠定了此后500余年的用水秩序。但是，水利纠纷并不会因此而绝迹，因为上下游的区位优势所致的心理差异和生存压力所致的利益驱使使得人们对水的占有和争夺永远不会停止。

嘉靖四年（1525），上官河席坊段受山水冲决，泥沙阻塞河道，使渠水全部逼流至上中河，“于是席坊、禄井、麻册南、小榆诸村皆受其利，而麻册涧以东二十余里无复勺水之润矣，于是上官、上中民交讼焉”。诉状告至平阳府太守王溱处，其判决曰：“上中河者私也，上官河者公也。上官河博而远，上中河狭而近，不法不德则守不坚，法则民畏而讼平，德则民化而讼息，究厥病本，其在席坊桥乎？”于是命善行水者刘村人张润疏导上官河，“遂使滋决席坊之壅，浚平水上官河之源，于是上官河滔滔东注，直抵刘村镇以复其旧”[①]。从“三月二十二日工兴，四月四日成”，张润用时14日终于大功告成。为专表其事，王溱于嘉靖七年特撰写碑文《张长公行水记》，此碑至今仍竖立于龙子祠内，高大精美乃他者不可企及。

好景不长，隆庆五年（1571），上官河、上中河再次因分水口一事酿成讼端。与以往不同的是，此次不仅达至临汾县和平阳府，更是惊动了河东道和都察院，并派“钦差兼理兵备山西等处提刑按察司分巡河东道佥事”吴某人和刘岱二人先后受理此案。判定在二河分水口以铸铁固定流量，永绝争端。铁由二河按分水比例分摊，并务必使铸件在水平和高下两个方向确保平直，以显均平。这就是在当

① 《平阳府重修平水泉上官河记》，嘉靖五年。

地相当有名的分水设施——铁底铁帮。其实，在此之前，两河分水口已经“两次铸造铁口”，不过均被毁坏。此次由都察院、河东道、平阳府和临汾县共同勘定，再次铸造铁口[①]，不仅在分水设备上得以改善加强，更是在观念上重申传统，对后世影响深远。

也许铁底铁帮这样的分水设施确实起到了杜绝争端的作用，上官、上中二河间的讼案再不见于水利文书之中。但是，上官河内部的首、二、三河，及其与其他渠道间的纠纷依然不断。

雍正五年（1727）春，天气干旱，地处下游的上官首、二、三河因河远地广，决定缩短程期，官方建议由原来的24个时辰变为18个时辰。农历三月十五日，山水暴发，冲毁河渠。待渠道修复后，上官首、二、三河为避免纠纷，决定重立合同，重申每沟用水时间仍为24个时辰，其内容如下：

上官首二三河奉府县老爷批示：疏泉淘河工程既完，总理渠长公议用水。据上官一河共计三十六沟，自夫定沟起至杨进沟终，每沟用水二十四时，挨次轮流，周而复始，以日出日入为度。诚恐日久弊生，法不能行，故立一样合同三张，永为照用。

公议水至涧头村，起夫捞渣一日，此日不算用水日期。批用

张永进
雍正五年三月十七日　立合同人　乔　珣
李逢金

此约年年传流渠长为照不许失误批照用

兰洪章　系三河
秦于脊　系三河
秦永裕　系首河
吴　瑞　系三河
总理同议人　张　滉　系首河

① 《院道府县分定两河水口》，隆庆六年。

张希载　系首河

张后彦　系二河

张　韬　系首河

张玉言　系二河

姚建功　系三河

据此合同不难推测，上官首、二、三河之前曾因浇地时间问题发生争执，为了维持灌溉秩序，三河渠道管理人员共同协商，订立合同，确保照章行事。这是民间水利管理组织对秩序运行的自我调适。如果说以上合同形式较为温和的话，那么光绪十八年（1892）上官首河与二河间因浇冬水引发的争执却数次惊动官府，你来我往，缠讼不休。

农历九月二十五日，上官二河行浇冬水，由此引发了与首河之水利纠纷，双方互控于县。首河认为二河浇冬水没有依据，且先于首河浇灌更是不该。先前水利簿籍虽没有明文规定浇冬水之秩序，但既成事实已被接受，很可能运行了若干年之久，而首河、三河似乎并无此习惯。首河之理由在于，以簿籍为依据，每年十月初一日四轮浇毕，即应结束行程。其还对二河在讼稿中称其为“一河”大为不悦，再次树立其十六河总发帖人的身份。另外还对二河祭祀提出异议。二河之理由在于浇冬水是为既成事实，之前亦得到首河、三河之默认，因为其势力相对首河为小，固使冬水之事不可能不经过全河之商讨。而且，当日浇冬水并非偷浇，而是有专人说和，乃正大光明行为。至于首河控告所谓祭祀乱规（不与首河、三河一起行动），二河认为此属于两处祭祀，同时控告首河在祭祀活动上的霸道，“伊等每年以猪肉一斤独酬龙神，泯没羊祭”，“至清明节并四月十四日献猪不按沟分摊钱，反因猪小罚人捏言”，“再至七月十五日，五河献羊不以公买，而伊等独霸，格外加摊，从中取利”。最终，“本县始断令每年十月初一日起至十一日止准首河先行放水，以次轮归二河，仍按十日为期，周而复始”[①]。

不按地亩而按时间周期分水，理论上确实不公平。因为首河地广，行程只多

① 《为二河霸浇冬水兴词底稿》，光绪十八年。

一日。这其中可能有个优先权的问题，因为二河最早使用冬水，三河对冬水甚至不怎么感兴趣。这时，首河似乎也意识到冬水之利，故试图通过官司找到平衡，要么都不用，要么按亩均分，这是最好的结果。不料，官府并不完全买首河的账，虽然判定了冬水的使用秩序，但大大限制了首河的使用时间。首河似乎也没有以地多水少为由进行上诉。

上述纠纷主要以上官河为中心，其实龙子祠泉域的每条渠道均有纠纷问题，只不过上官河、南横渠表现最为典型、最为突出而已。田野调查中，笔者了解到，渠道内普遍存在“上霸下”的所谓不合理现象，由此引发的纠纷也常常发生。具有区位优势的上游村庄常常这样说：“水从门前过，想啥时浇就啥时浇。”下游村庄则表现出了极大的忍耐力，非万不得已绝不会选择“武斗”，即使连他们也无奈地讲道：“人家水从门前过，总有个优先权，下游没办法，有意见也不说。”[①]为了长期稳定地获得水资源，下游村庄有时采取更为明智的做法——与上游村庄搞好关系——到上游村庄河段掏河，本村集市时也尽量给足上游人的面子[②]。传统时代，人情世故是乡村社会生活的万金油，下游如此的礼遇，上游也不会过于横行霸道，总也要给自己留几分面子。上下游村庄的关系也就这样持续着。

二、集体化时期的“集权式动员体制”

集体化时期尤其是人民公社化时期的水利建设之所以取得巨大的成就，其根本原因在于人民公社政社合一的集权模式和以生产队为基础的集体经济提供了动员广大农民所必需的政治、经济和文化资源。于建嵘把新中国成立后至1978年十一届三中全会前期间的乡村政治结构称之为“集权式乡村动员机制”，并认为这种体制总的特征是以集体经济为基础，以行政控制为手段[③]。罗兴佐根据研究需要，

① 受访人段庙记，男，70岁，襄汾县襄陵镇双凫村人。时间：2009年5月5日，地点：双凫村。

② 受访人李庭珠，男，82岁，尧都区金殿镇坛地村人。时间：2009年5月2日，地点：坛地村。

③ 于建嵘：《岳村政治：转型期中国乡村政治结构的变迁》，商务印书馆2001年版，第285页。

将这一概念改称为“集权式动员体制”[①]。二者共同揭示了集权在动员体制中的核心作用。这里，我们不妨借用“集权式动员体制”这一概念作为分析集体化时代国家发动民众进行水利建设的理论工具。

集权是一个与分权相对应的概念，它指政治、经济、文化权力集中统一于中央政府，由中央政府控制与分配资源，制定全国性规划并以强力加以实施。动员可从两个方面理解：

（一）政治动员。就是执政党或政府利用拥有的政治资源，动员社会力量实现政治、经济和社会发展目标的运动。就当代中国而言，政治动员主要通过三种途径来实现：一是组织上，体现为中国共产党自身组织内部高度集中统一的领导和组织体制，以及党的组织对社会生活各个领域的广泛而深入的渗透；二是政治上，主要通过思想路线的阶级斗争来引发整个党和整个社会对党的路线、方针、政策和战略目标的支持和拥护；三是思想上，主要通过革命理想主义来激发社会广大群众的革命和建设热情。[②]

（二）社会动员。有两方面含义：其一，社会动员是一个过程，通过它“一连串旧的社会、经济和心理信条全部受到侵蚀或被放弃，人民转而选择新的社交格局和行为方式”[③]；其二，是调动人们参与社会经济、政治、社会生活等方面转型的积极性。“第一种意义上的社会动员，主要通过教育、大众传播等手段来实现，第二种意义上的社会动员，主要通过利益机制以及国家与政府作为一种社会中心的功能的发挥。”[④]

由此可见，政治动员是较社会动员更为急促、猛烈、深刻而全面的动员方式。罗兴佐在分析湖北荆门五村的农田水利建设时，认为“集权式动员体制主要是政治动员”[⑤]。与此不同，集体化时期龙祠水利社区的民众动员同时兼有政治动员和社会动员两种形式，二者孰轻孰重，不能一概而论，而要视当时的时代背景和具

---

① 罗兴佐：《治水：国家介入与农民合作——荆门五村农田水利研究》，湖北人民出版社 2006 年版，第 40 页。

② 林尚立：《当代中国政治形态研究》，天津人民出版社 2000 年版，第 271 页。

③ 这是“社会动员”概念的首创者 Karl W. Deutsch 的观点。转引自〔美〕塞缪尔·P. 亨廷顿，王冠华等译：《变化社会中的政治秩序》，生活·读书·新知三联书店 1989 年版，第 31 页。

④ 郑杭生：《当代中国农村社会转型的实证研究》，中国人民大学出版社 1996 年版，第 51 页。

⑤ 罗兴佐：《治水：国家介入与农民合作——荆门五村农田水利研究》，湖北人民出版社 2006 年版，第 41 页。

体事务而定。那么，在水利建设中，这种体制是如何运作的？它造成了怎样的历史性后果？

（一）多样化的动员方式

1. 思想动员

善于做思想工作并在此基础上发动群众是中国共产党取得革命胜利的重要武器。新中国成立后，中国共产党顺理成章地把这一经验运用到各项事业的建设中，当然也包括水利。在龙子祠灌区，组织者主要是通过各种集会形式进行思想动员的。

传统时代，龙子祠灌区仅有北灌区（北八河）的部分渠道利用冬水灌溉麦田，其余渠道和整个南灌区（南八河）并无此习惯。20世纪50年代初期，龙子祠水委会进行了多次冬浇试验，并最终决定在全灌区推广冬浇。但这一工作遇到了不小的麻烦，不仅是普通民众，即是灌区的水利代表也存在较大的分歧。1955年11月13日，龙子祠灌区第七次水利代表大会讨论冬浇工作时，代表思想抵触很大，怕冬浇后冻死麦苗，造成减产。这一情况是会议组织者早已预见的。为此，他们安排了水委会干部综合介绍各地冬浇的成功经验，并让西麻册农业社代表介绍该社冬浇使小麦增产的典型经验。随后，大会将习惯冬浇和不习惯冬浇村的代表交叉分组进行讨论和辩论。最终，各村代表扭转了保守思想，解除了顾虑，坚定了冬浇信心，并一致表示决心保证进行冬浇。水委会随即将该会试验站依据科学原理和各地试验成果编写的宣传提纲发予各村代表，以便其回村后发动干部群众进行冬浇。为了推动冬浇的进行，水委会还将会内干部派往乡村。各村则利用干部会、群众会、老农座谈会、黑板报、广播筒等宣传方式进行思想动员，贯彻冬浇的好处和不冬浇而早春浇的坏处，取得了一定成效。[①]

以临汾县北杜乡河北社为例，1955年11月20日（小雪前三日），该社接到龙子祠水委会要求进行冬浇的通知，但该社干部和社员思想上抵触情绪很大。

① 龙子祠水利委员会：《晋南专区龙子祠灌区冬季水利工作报告》，山西大学中国社会史研究中心藏，1956年1月10日。

劳动组长李青娃说："咱这里的麦就不习惯冬浇。土质硬，地一裂缝，天气一冻，麦就死了。"社员申家林则说："不管怎样总要天收哩！冬浇不一定就能增产。"干群意见纷纷，冬浇工作进入僵局。社委会为了执行冬浇小麦的指示，保证1956年小麦丰收，由该社政治副主任申海潮领导召开社员大会，对冬浇进行动员。

动员会上，申海潮首先"让社员想想以前，决定现在。说明政府叫干什么，都是为人民打算，不应该有顾虑。比如去年政府叫种517棉籽，大家同样也有顾虑，后来事实证明不是517比斯字棉好吗？现在政府叫冬浇小麦，也正和去年推广517棉籽是一样的道理。咱们应当相信中国共产党和毛主席"。随后，社干部又向社员说明了冬浇小麦的三大好处：一是能防止土壤温度剧烈变化，推迟小麦冬眠期，保证冬季小麦需要的土壤水分，促进麦根的发育，增加分蘖力；二是能疏松土壤，防止寒风侵入冻伤麦根，并能杀死一部分害虫卵，同时又利于土壤内的嫌气性的微生物活动；三是能推迟春浇时间，抑制小麦过早返青、茎节过长的现象，可避免晚霜冻害。

经过反复动员和讨论，社员思想上取得一致，表示同意冬浇。在此基础上，社干部要求全社6个小组分别推选一名思想进步的社员组成一个包浇队，负责全社具体的冬浇工作。如此，该社的冬浇小麦工作才得以推行，并在当年完成冬浇面积152亩。①

除冬浇之外，新中国成立初期水委会进行的一系列改革无不伴随着各种形式的思想动员。如果说这一时期的动员意在进行改革内容（包括制度和技术）本身合理性阐释的话，那么，之后的水利"大跃进"时期的思想动员则更侧重于农民被组织的合理性和劳动的效率方面。在那个轰轰烈烈的时代，思想动员的方式更趋多样，内容极富特色。

例如，1958年3月4日至9日，龙子祠水委会组织了一次群众性的水利展览会。主办者绘制了灌区历史漫画和远景规划漫画，并制作了带光电的模型，共计80余件，对新旧社会的水利工作进行对比，试图向群众展示"封建水规给予人民

① 龙子祠水利委员会：《龙子祠灌区北杜乡河北社小麦冬浇增产单行材料》，山西大学中国社会史研究中心藏，1956年9月13日。

的痛苦”和“解放以来民主改革及今后水利发展给人民带来的伟大幸福”。为便于群众理解接受，水委会还提前训练了一批小学生解说员，给群众现场解说。为吸引群众参观，水委会还组织包括农村业余剧团和光明剧团在内的 8 个剧团演剧助兴。展览会期间，参观的干部、群众、学生等达 5 万余人。[①]

跃进渠建设工地的动员情况更是热闹非凡。1958 年仅新绛县一段就有黑板报 138 块，公布栏 16 块，广播筒 50 个，读报组 203 个，快板队 14 个，歌咏队 16 个，民间艺人说唱组 3 个，文艺创造组 12 个，有线广播站 1 个，流动快板组 16 个。半年多时间，这些宣传组织即创作快板、诗歌、剧目、顺口溜等作品 23540 种。其中的一则快板很有代表性：

苏联卫星能上天，开一条跃进渠有何难。
牛郎盼的织女星，新绛人民盼水通。
头碰破，血可流，坝打不成不甘休。
雄赳赳，气昂昂，挖渠如过鸭绿江。
坚石硬土好比美国兵，不消灭干净，
满头白发，也不回城。[②]

2. 树立典型

“运用典型，指导一般”是中国共产党思想政治工作的一种基本工作方法。集体化时期，这种方法也被广泛运用到水利化进程的各个环节，并被明确写入水利组织的指导性文件中。典型的塑造是从正反两个方面进行的，以正面典型为主。

1956 年 4 月，龙子祠水委会在进行第二季度工作安排时，就要求会内干部职工“深入高级社内发现与培养重点，树立典型，及时总结与推广，并要求各住乡和压程同志，每 5 天报回一件书面新人新事和坏人坏事的典型，以便及时通报和

① 龙子祠水利委员会：《龙子祠灌区灌溉管理工作进展情况》，山西大学中国社会史研究中心藏，1958 年 5 月 20 日。

② 龙子祠水利委员会：《一九五八年水利工作初步检查总结》，山西大学中国社会史研究中心藏，1958 年 8 月 29 日。

批评”[①]。事实也正如管理者所预见的，灌区内出现了很多集体或个人典型。例如前文所提及的西麻册包浇组早在1953年就在灌区小有盛名，成为水委会推广包浇组的典型。之后的冬浇推广中，该村依然作为典型之一成为灌区兄弟村社参观的对象。人民公社时期，在作为水利化配套工程的平田整地运动中，小榆公社小榆大队也被树立为典型在灌区广为宣传。这一时期涌现出的典型个人更是不胜枚举，特别是在大型工程的建设工地。如1965年汾西灌溉管理局组织的大规模清淤工程中，就有很多这样的典型。我们从该工程的宣传资料《清淤快报》中摘录几例：

赞李小穗

刘庄妇女李小穗，贫农女儿年三十。
思想红，干劲大，什么困难都不怕。
穿着单衫把土铲，汗流浃背都不歇。
实为妇女一闯将，完成任务正（整）四方。[②]

赞丁长命

双凫有个丁长命，青年姑娘留美名。
为了抗旱来清淤，她的干劲难形容。

大家休息她在干，满脸红光露笑容。
有人问她为什么，她话我要学雷锋。[③]

看狗花　瞧全亲

看狗花，瞧全亲，她俩干活真有干劲。

① 龙子祠水利委员会：《龙子祠灌区第二季度工作安排》，山西大学中国社会史研究中心藏，1956年4月1日。
② 襄汾县汾西清淤指挥部：《清淤快报》第2期，山西大学中国社会史研究中心藏，1965年11月3日。
③ 襄汾县汾西清淤指挥部：《横渠专刊》（《清淤快报》增刊），山西大学中国社会史研究中心藏，1965年11月6日。

三点就把工来上，被（披）星戴月她不辞累。
二人暗暗下决心，要与男人们比干劲。
任土再多石再硬，吓不倒二位女英雄。[①]

我们发现，《清淤快报》关于模范典型个人的报道大多是像李小穗、丁长命、狗花、全亲这样的女性劳力，男性劳力则很少有专题报道，他们只出现在光荣榜的先进个人名单中（当然该名单中也有女性劳力）。在笔者看来，这并非由于男性的劳动能力和效率不及女性，而是有意将这种性别差异展示出来，在赞美女性的背后，一方面是对一般女性劳力的调动和激发，另一方面更是对男性劳力的鞭策和督促，因为在体力劳动上男性具有天然的优势，满天飞的女性劳动典型或许是为了发挥使男劳力“知耻而后勇”的功能。

正面典型的树立固然与典型本身的突出表现有关，但也与各种形式的宣传和包括水委会在内的国家力量的支持密不可分，对集体典型而言尤其如此。在宣传方面，水委会派往各乡的住乡干部把收集的典型材料进行整理报告水委会，水委会再将此材料“加工”成在全灌区推广的各类型文件，包括向民众分发的通俗易懂的快板、顺口溜等形式的文本，也包括正式的书面总结和通知等。另一方面，为了使典型的作用持续发挥，水委会也对它们给予人力和政策的援助。如西麻册的包浇组，水委会规定实现包浇的社具有优先灌溉权。而在泊段重点包浇乡，水委会更是派该会干部宋百胜进行指导。在他的督导下，该乡建立了包浇委员会，对全乡村庄和农业社的包浇组起到了巩固和提高作用。1955年，水委会曾将宋百胜调往上官河压程。即是宋百胜的短暂离开，泊段乡的包浇工作就受到影响，无法正常运转了[②]，由此可见官方主导力量之重要。

在反面典型的塑造中，管理者利用了同样的方式，此处就集体和个人各举一例。

---

① 襄汾县汾西清淤指挥部：《横渠专刊》（《清淤快报》增刊），山西大学中国社会史研究中心藏，1965年11月13日。

② 龙子祠水利委员会：《泊段重点包浇乡一至八月份工作总结报告》，山西大学中国社会史研究中心藏，1955年9月1日。

1958年4月24日，新绛县预备役师开发龙子祠水利指挥部就跃进渠工程进行中的记工分问题评出正反两个典型在整个工程队伍中进行通报，并抄送该县支前委员会、县委农工部、农业建设局和各乡备查。中苏村分队是这次通报中的反面典型，原因是该分队队员自参加开渠工作一个月以来“始终没有确定工分定额，社内也没有干部前来领导，只是到达工地后乡上临时推选了一个中队长来做领导。具体记工和工分定额等一切重大问题都没有得到适当解决，队员顾虑很大，思想消沉，工作不起劲，严重影响着战斗情绪”。同样的条件下，中苏村比与列为典型的南王马分队相比延长了4天（南王马用了23天），影响到工程进度。为此，指挥部要求各乡、队以中苏村为戒，“必须抓紧将工分评定合理，前方和后方的工分取得密切的挂钩，使前方满意后方高兴”[①]。

个人反面典型方面，主要是针对违犯水利管理法规的情况而确定的。1965年汾西灌区在三、七、十八支渠试行“以水计征”，通过群众讨论，制定了偷水浇地从放水日期起算水费和四停、五不配的几条制度。“四停”为：偷水、争水、霸水停；跑水、漏水停；不执行24小时灌溉停；量水员不到场停。“五不配”，即没有申请不配；包浇组织不健全不配；不整修渠道，不划畦不配；没有申请的面积不配；不按期交纳水费不配。在制度施行过程中，高公大队社员英奎兰偷水浇自留地，被三支渠停了该大队用水。随后，高公大队即召开社员大会进行处理，将英奎兰作为违犯水规的典型。当时驻该大队的四清工作组则利用放电影时在公共场所进行宣传。英奎兰这个典型树立后，在全队甚至整个三支渠都产生了一定的影响，有的群众说：“英奎兰偷水出了名，咱可不敢偷了。”[②]看来，反面典型在制度运行中的作用更为显著。

3. *劳动竞赛*

劳动竞赛是共同劳动的产物。马克思说：“单是社会接触就会引起竞争心和特

① 新绛县预备役师开发龙子祠水利指挥部：《关于古交乡南王马和中苏村两个分队开渠记工分的好坏典型通报》，（58）县施字第6号，山西大学中国社会史研究中心藏，1958年4月24日。

② 汾西灌溉管理局：《关于计划用水以水量计征试点执行情况的总结》，1965年4月15日，山西大学中国社会史研究中心：10-2-6。

有的精力振奋，从而提高每个人的个人工作效率。”[1] 集体化时期的水利建设均是在国家统一的制度安排下进行的，因为有着根本相同的目标任务，自上而下的各级平等主体之间开展了广泛的劳动竞赛运动。由于不同的历史时期和劳动性质，劳动竞赛也有着不同的形式和特点。

新中国成立后到 1957 年水利“大跃进”之前，龙子祠灌区进行过一系列制度和技术改革。在此过程中，上至灌区水委会，下至各生产单位，都进行了劳动竞赛，竞赛的条件多是针对制度和技术改革的指标列出的。竞赛形式方面，既有以“挑战书”和“应战书”方式出现的自发竞赛，又有上级部门依靠行政命令组织的竞赛。如 1952 年龙子祠水委会的《龙子祠水委会对全省各兄弟河系的挑战书》，即是相对自发的竞赛形式。竞赛内容包括成立包浇组、进行灌溉试验和技术培训等。1955 年，灌区水委会在全区组织开展了“爱水节约竞赛”，鼓励各乡、社、村利用各种方式节约用水。以泊段重点包浇乡为例，它们将“浇的地多，费的水少”作为评比条件，“改变了过去水牌不来有水不浇的习惯，采取了上游浇地，下游拾水，节余了很多水量。如泊段村程在头埝，末埝即派二人拾水浇地赶程来，每次总要浇地 70—80 亩。沙桥村两社程在泊段三埝，他们拾漏埝水和稻田水配合起来浇地，每次赶程来就已浇过 100 余亩”[2]。

1957 年开始的水利“大跃进”时期，大规模的工程建设是其主要特征。劳动竞赛的主要内容即是“劳动效率”。当然，诸如前一阶段的制度和技术改革在此时依然是竞赛的项目。例如，1958 年 4 月 18 日，大同御河灌区向全省各兄弟灌区发出挑战书，并提出具体的竞赛条件，包括：（1）改变过去清洪水全渠系轮灌的不合理的制度，划分清洪两用灌区和洪灌区，改变洪淤习惯，实行洪灌制度；（2）全面实行沟畦灌溉；（3）全面实行计划用水，渠系利用系数由去年 36% 提高到 50%；（4）训练量水员 200 人，每社 1—2 人学会量水方法；（5）全局干部学会测流、看水平、计算渠道利用系数、量水、计算灌水定额、识别土壤、测土壤含水

① 《马克思恩格斯全集》第二十三卷，人民出版社 1972 年版，第 362—363 页。

② 龙子祠水利委员会：《泊段重点包浇乡一至八月份工作总结报告》，山西大学中国社会史研究中心藏，1955 年 9 月 1 日。

率。[①]5月25日，龙子祠水委员对此做出回应，发布《应战书与竞赛条件》，还在前者竞赛条件的基础上增加了五项内容：（1）一个水要达到浇10万亩地；（2）全部执行计划用水，实行三定，渠道利用率争取达到70%，全年利用率达到50%；（3）改建田面工程50万亩；（4）产量指标：1957年全灌区平均亩产小麦近140公斤，玉米近200公斤，棉花近27公斤，水稻近215公斤，1958年计划老水田亩产粮千斤，棉百斤，新水田亩产粮125公斤，棉花近20公斤；（5）全灌区植树100万株，保栽保活，……争取一年要绿化灌区。[②]

1958年跃进渠的开凿中，进行了两种方式的劳动竞赛。其一，流动红旗和流动白旗。先进者插红旗，落后者插白旗。得红旗者，由领导干部带领群众锣鼓喧天地到工地贺喜。白旗则人人不爱见，但它的刺激性很大。如跃进渠工地，南社乡7月7日插了白旗，领导干部把它当作促进旗，在工地召开的动员大会上，把白旗插着，群众在白旗下开会激发出满腔热血，都坚决表示要“两天送白旗，五天夺红旗，不达目的不下阵”。会后，“他们人人动脑筋，个个想办法，开辟土路，增加车子，鼓足干劲，提高劳动效率。结果他们就真的在两天送走白旗，四天插上了红旗”。其二，利用公布台公布成绩。跃进渠工地公布台上画有牛车、马车、自行车、汽车、火车、飞机、火箭、卫星等，工程指挥部把各单位每天的战绩公布在适合于自己战绩的画面上，又以极生动的快板附于其下，以资鼓励和赞赏。如新绛工地中社乡7月28日坐上了卫星，在卫星下面写着：

> 中社乡大显神通，今天里坐上了卫星，
> 在长蛇沟大战中，他们占了头名。
> 各大队应派文武将领，到那里盗宝取经。[③]

1959年10月开始，跃进渠建设工地开展了形式、内容更为丰富的劳动竞赛。

---

① 《大同御河灌区向各兄弟灌区的竞赛条件》，山西大学中国社会史研究中心藏，1958年4月18日。

② 龙子祠水利委员会：《应战书与竞赛条件》，山西大学中国社会史研究中心藏，1958年5月25日。

③ 龙子祠水利委员会：《一九五八年水利工作初步检查总结》，山西大学中国社会史研究中心藏，1958年8月29日。

他们采取“一个运动接一个运动，大运动套小运动，大小运动相结合”竞赛方法，在“大战红十月”口号下开展了“英雄团竞赛、三日红赛、超赶英雄赛、标兵对手赛、系统赛”等各种类型的竞赛。每种竞赛又各有重点和要求，如英雄团竞赛中提出“树立旗帜、树立标兵、从点着手、取得经验”；三日红赛中提出“再鼓干劲，迎接新人，做出榜样”；超赶英雄赛中提出“巩固先进，巩固旗帜，集中力量，突破落后”；标兵系统对手赛中提出“动脑筋，想办法，挖潜力”，实行“巧挖、巧装、巧担、巧运土，抢时间，占主动，争分秒，创造纪录”。由于中心明确，重点突出，任务要求各有不同，运动中形成了团与团、营与营、管区与管区、小组与小组、突击队与突击队、男与男、女与女、黄忠队与黄忠队、罗成队与罗成队、模范与模范、标兵与标兵之间相互竞赛，先进帮落后、落后赶先进的劳动场面。掀起了“日出送战表，日落查指标，赛干劲、赛措施、赛思想、赛出勤、赛创造、赛巧干”的风气，使运动经常处于高潮状态。

11月，跃进渠又开展了“虎战役运动”。通过擂台比武、连环赛、放卫星、高产日、赌输赢、排水战、速决战、饱车运动等多种竞赛形式，使运动形成了擂台岗、擂台工地。竞赛的具体做法是：一日三比（比干劲、比任务、比措施）、四看（看领导、看安排、看竞赛、看擂台）、五查（查出勤、查工具、查生活、查宣传、查巧干），这也成为每个工程单位和标兵之间的长期合同。工程进行中，“你争我超、相互学习、相互带动、相互帮助，争时间、赶土方、超任务的新气象到处出现”，“时争上游，日争高产的口号变成了他们的决心”。古城团为取得与南贾团擂台比武的胜利，组织模范三次参观取经，学习先进经验；南贾团怕擂台比武失败，则增添牲口，巧修道路，加快了运土速度。赵康团在与汾城团的擂台比武中，召开模范、标兵会议，研究策略，安装绳索平车机，提高了速度，增加了载运量，节省了劳力。新绛团在比武中掌握了“拉、装、运、倒”四快技能，工地等车现象较少。

通过上述形式，劳动效率得到显著提高，在深挖7米—10米，运输距离50米以外的情况下，每人日均运土5方、6方、8方、10方的纪录不断刷新，工效提高50%以上。

据统计，在1959年冬的跃进渠建设工地，投入竞赛的人数不断增加，在984

个工作单位12000余民工中，参加各种形式的劳动竞赛、擂台比武的即达750个单位8400余人，分别占76.2%和70%。工程指挥部也为劳动竞赛准备了毛巾、袜子、红糖、围巾、纸烟等28种奖品，价值2968元。全师土方任务由10月份每人日完成土方任务的110%提高到11月份的128%。[①]

（二）“集权式动员体制”的功能[②]

集体化时期，“集权式动员体制”在水利工程的组织保证、计划实施、劳力调动和舆论造势等方面发挥了重要功能。

第一，“集权式动员体制”提供了启动、推进水利建设所必需的强有力的组织保证。

通过政治革命取得中国革命胜利的中国共产党被证明是一个强有力的政党，它所具有的高度组织性亦成为建国后政治和社会动员的基础。以农业合作化为例，在主要讨论农业合作化问题的中共七届六中全会上，毛泽东说：“在今后五个月之内，省一级、地区一级、县一级、区一级、乡一级，这伍级的主要干部，首先是书记、副书记，务必要钻到合作社里去，熟悉合作社的各种问题。”“县委对地委，地委对省委、区党委，省委、区党委对中央都要有简报，报告合作社进度如何，发生了什么问题。各级领导接到这样的简报，掌握了情况，有问题就有办法处置了。”[③]因此，农业合作化的速度如此之快，是因为“一切地方的党组织都全面地领导了这个运动”[④]。

人民公社体制的建立为政治动员提供了更为有力的制度化渠道。凡是重大工程都由上级党委书记亲自挂帅，例如，七一渠修建时的工程兴工委员会总指挥即由晋南地委常委、晋南专署第一副专员胡文元担任，洪赵县委书记王绣锦和临汾

① 《侯马市跃进渠关于整个工程进展情况的全貌介绍》，山西大学中国社会史研究中心藏，1959年12月7日。

② 对于“集权式动员体制”在水利建设中发挥的作用，罗兴佐在《治水：国家介入与农民合作——荆门五村农田水利研究》一书中进行了探讨（参见该书第41—48页）。此部分，我们主要参考了罗氏的观点，并用晋南汾西灌区的经验予以证明。

③ 《毛泽东选集》第五卷，人民出版社1977年版，第205—206页。

④ 《毛泽东选集》第五卷，人民出版社1977年版，第223页。

县委书记董登营分别任副总指挥。七一水库的工程指挥部则是由所在地的襄汾县委书记处书记宋澜任总指挥，副县长左保江、水利局刘笃祥及中国民航局支援水库建设的技术指导脉书记任副总指挥。跃进渠的兴工委员会，仍由胡文元任总指挥（主任），宋澜任副总指挥（副主任），龙子祠水委会陈振乾等任股长。各县再分别成立分指挥部，由县委书记挂帅，并按照部队编制将各公社、大队组织起来。这样纵向的组织安排提供了直接而有力的命令与协调机制。

黄宗智注意到这种组织机制的重要意义。他指出："水利过去很大程度上归于地方和乡村上层人士的偶然的引导和协调。解放后，水利改进的关键在于系统的组织，从跨省区规划直到村内的沟渠。基于长江三角洲的地质构造，盆地中部有效的排水要求整个盆地的防洪与排水系统协调。""很难想象这样的改进能如此低成本和如此系统地在自由放任的小农家庭经济的情况下取得。集体化以及随之而来的深入到自然村一级的党政机关，为基层水利的几乎免费实施提供了组织前提。"[①] 在龙子祠灌区，黄的观点得到了印证。

第二，"集权式动员体制"通过计划将国家与社会连接起来，保证了国家战略目标的实施，将社会的发展纳入到整体规划之中，保证了资源分配的宏观性和有序性。

新中国成立后，面对极其虚弱的国民经济，中国共产党借鉴苏联经验，通过计划经济实现整个经济的复苏。国家对资源的垄断与调控，不仅协调了物资资源短缺及区域分布不均背景下国家建设的宏观性，更重要的是，它充分整合了社会资源，挖掘了一切可以挖掘的力量，如通过"一平二调"克服短时期内区域资源短缺的困境。在水利建设中，国家将水权收归国有，以"全国一盘棋"的思想在一定区域范围重新分配，打破了原来的地方保护主义，进行水资源的调配。由此兴建的大中型水利工程由国家和地方共同投资，小型水利工程建设资金则主要由地方筹措。如引龙子祠泉水的跃进渠水利工程，即是打破原来仅供临汾、襄汾二县部分地区灌溉的水资源分配格局进行总体规划，设计灌溉面积达 365000 余亩，惠及临汾、襄汾和新绛三县的大型水利工程。该工程总造价 5866680 元，其中国

---

① 〔美〕黄宗智：《长江三角洲小农家庭与乡村发展》，中华书局 2000 年版，第 234、236 页。

家投资1690000元，其余4176680元全部由群众投资自办[①]。至于水委会及其后的灌溉管理局主持兴修的一些小型水利工程，经费主要来自水费一项。而无论大中型水利工程还是小型水利工程，其所需民工完全由群众负担。这样的制度安排，一方面实现了资源的有效配置，另一方面也保证了工程建设的顺利进行。

第三，“集权式动员体制”低成本地提供了大规模农田水利建设所需的劳动力资源。

在人民公社体制中，政社合一侧重的是国家对农业经济资源的控制，以生产队为核算单位的队村模式则为组织劳力提供了基础。正如张乐天所指出的，村队模式产生出一种集体生存意识，这种集体生存意识在生产队的农业集体经营中发挥着重要功能[②]。这种集体生存意识有助于在生产队中形成劳动分工，而这种劳动分工为国家进行政治动员提供了组织基础和便利。集体化时期，水利建设任务繁重，公社的通常做法是一部分劳力（有时甚至是大量劳力）被抽调去搞水利建设，另一部分劳力留在生产队搞农业生产，其劳动成果为生产队所有，成为全队劳动力按工分进行分配的源泉。

与传统时代和新中国成立初期工程劳力负担均来自受益区不同，高级社和人民公社时期大型水利工程建设的民工远远超出了受益区范围，而是在更大区域内进行劳力调动。例如1959年跃进渠襄汾连村岭深挖方工地13000余民工分别来自赵康、新绛、泉掌、南贾、古城、古交、汾城等八个公社。其中，汾城公社为非受益区，而其余七个公社亦并非完全受益。指挥部对非受益区的民工采取“等价互利”原则，经济上给予每个工0.4元的劳动报酬[③]。温锐等人在一项研究中指出：“集体化时期，地方政府利用政府的管理力量，广泛组织民众开展了大规模的农田水利设施改造与兴建，填补了旧中国水利设施建设的两个空白：一是兼防洪、灌溉、养殖等多项功能为一体的大中型水库的修建，二是提水工程的兴修和提水机械的广泛实用。这段时期，农田水利设施兴建的力度是非常大的，20世纪末三边

---

① 《侯马市跃进渠关于整个工程进展情况的全貌介绍》，山西大学中国社会史研究中心藏，1959年12月7日。

② 张乐天：《告别理想——人民公社制度研究》，上海人民出版社2005年版，第195页。

③ 侯马市跃进渠工程指挥部：《侯马市跃进渠关于整个工程进展情况的全貌介绍》，山西大学中国社会史研究中心藏，1959年12月7日。

农村运作的水利设施基本上都是这一时期修建的。”①

第四，“集权式动员体制”为农田水利建设提供了强大的舆论氛围和精神支持。

土地改革改变了村庄与外界的关系，旧日的国家政权、士绅或地主、农民的三角关系被新的国家政权与农民的双边关系取代了，国家权力第一次大规模地直接伸入到自然村，伸入到农民的生活中。②

尽管合作化运动成功的一个重要原因是“中国共产党精心制定的农村经济政策不但给大多数农民带来好处，而且也使全体农民除了合作化几乎没有其他的选择”③，但“各项成就还由于中国共产党领导人在取得服从时巧妙地把说服、强迫和具体的要求结合起来。经常用党的观点大力说服民众的做法，使许多个人和集团相信中国共产党政策的正确，并且甚至使更多的人对接受的行为方式有了认识”④。由于党给农民描绘的美好未来，使社会意识形态所构造的舆论氛围成为国家建设与管理的有效手段。

正是由于党和政府塑造的意识形态居于支配性地位，且在各级水利建设中，组织者还通过广播、板报点名批评等形式惩罚那些违规者和偷懒者，也通过光荣榜、广播、板报宣传、发奖品等形式对先进劳动者予以表扬，使落后者与先进者在现场形成鲜明对比。这些文化与精神上的正负激励保证了思想上的统一，降低了组织与管理成本，大大提高了人们行动上的一致性。

总之，集体化时期之所以在水利建设上取得了巨大成就，其根本原因在于集体化体制提供了水利建设所需的一切资源。这一体制的核心在于“国家行政权力冲击甚至取代了传统乡村自治体制的社会控制手段，国家及农村干部通过各种方式实现了对乡村社会权力的垄断和对社会政治化生活及其他一切领域的控制”⑤。

---

① 温锐、游海华：《劳动力的流动与农村经济社会的变迁——20世纪赣闽粤三边地区实证研究》，中国社会科学出版社2001年版，第170页。

② 〔美〕黄宗智：《长江三角洲小农家庭与乡村发展》，中华书局2000年版，第173页。

③ 〔美〕R.麦克法夸尔、费正清编：《剑桥中华人民共和国史（1949—1965年）》，中国社会科学出版社1990年版，第122页。

④ 〔美〕R.麦克法夸尔、费正清编：《剑桥中华人民共和国史（1949—1965年）》，中国社会科学出版社1990年版，第148页。

⑤ 于建嵘：《岳村政治：转型期中国乡村政治结构的变迁》，商务印书馆2001年版，第284页。

通过这一垄断与控制，国家全方位地介入乡村社会的生产与生活。这样一来，农民合作问题转换成国家的一个组织问题，从而为水利建设提供了牢固的组织基础。当然，这并非说农民的合作是心甘情愿，完全与国家队意志步调一致的。在每一次合作中，他们都或多或少表现出一些“反行为”①，即使是无组织、非系统、无声地反抗，他们依然拥有“弱者的武器”②。我们也不能否定集体化时期农民合作确实存在的巨大热情。他们坚信党中央和毛泽东的决策会带来一个崭新的社会，他们对未来充满着无限憧憬，并为此投入了极大的狂热和激情。由此，我们很难说农民是道义的还是理性的，也许他们本来就在二者之间进退徘徊。

三、集体化时期水神信仰的变迁

一种社会制度必然要求相应的社会意识形态，新社会的建立也伴随着对旧社会精神世界的改造过程。中国共产党是无产阶级政党，马列主义是其意识形态的主要内容，共产主义是其理想和信仰，辩证唯物主义是其理论基础和方法。因此，中国共产党在对旧的社会制度改造的同时，还着手改造人民的思想和精神面貌，试图用社会主义和共产主义的崇高理想教育农民放弃对小农家庭致富的渴望，用对国家和领袖的敬仰代替对神仙和祖先的崇拜。正像有人所说的那样，人民公社改变着自然面貌和社会面貌，也改变着人们的思想。人民公社引导人民在自己原来“一穷二白”的地方更快更好地“写更新更美的文字”，“画最新最美的图画”。在这种伟大的变革下面，谁的思想能不发生变化呢？私有观念、个人主义、迷信落后、狭隘保守等一切旧东西都要从人们的头脑中连根拔掉。③

然而，人们的旧观念和旧思想并非轻易就能够清除掉，中国共产党在进行新的意识形态建设的过程中，民间信仰也显示了它“顽强”的生命力。

---

① 参见高王凌：《人民公社时期中国农民“反行为”调查》，中共党史出版社 2006 年版。

② 参见〔美〕詹姆斯·C. 斯科特：《弱者的武器》，译林出版社 2007 年版。

③ 伍仁编著：《人民公社和共产主义》，工人出版社 1958 年版，第 19 页。

前已述及，1948年临汾解放后，龙祠水利社区的管理形态发生了重大转变，原来民间自治性质的管理方式被新的水委会代替，水权也逐步归于统一。水委会的主要领导由国家委派，工资、福利亦由国家解决。传统意义上的以渠长和督工为首的水利管理组织被取缔，与之相伴的换届、选举及具有重要象征意义的龙子祠仪式也一并被扔进了历史的垃圾桶。新中国成立后，为了巩固政权，全国范围内开展的声势浩大的“镇反”、“肃反”等运动再次对旧势力残余进行了清扫。应当说，具有组织性的由传统水利管理组织主导的龙子祠祭祀活动从此绝迹。但是，所谓的“封建迷信”和“反动思想”不可能从民众的大脑中彻底清除，传统也不会就此中断，农民的敬神拜佛活动只是从公开转入了秘密。

据当地民众回忆，集体化时期燕村之外其他人的祈雨活动确实几近绝迹，“不是水利局不让去，是社会形势让你不敢去。合作化以后，政治挂帅，老百姓都怕”。但是，燕村民众的祈雨活动却从来没有停止过。“燕村人天旱就祈雨，而且祈雨极灵，经常是人还没回去，雨就下起来了。”不过，祈雨的规模和形式也经历了一个变化的过程。公社化之前，祈雨活动基本沿袭民国的仪式，公社化以后特别是社会主义教育运动和“文化大革命”时期，燕村的祈雨活动就不像之前那样的规模，渐渐转为秘密的活动，人数减少，时间缩短，附近村庄民众也没有了之前“捎愿”行为，龙祠村更是不见了敲锣打鼓的祈雨者。但是，基本的形式——头戴柳条帽，手执柳木棒，棒上系一水罐，赤脚而至龙子祠，烧香，放鞭，磕头——依然保留了下来[①]。

需要特别注意的是，解放后龙子祠作为水委会及其后的汾西灌溉管理局的办公场所一直存续到20世纪80年代中期[②]。这期间，龙子祠内的建筑布局发生了较大的变化。水委会及管理局不但在祠内建设了办公区、住宿区，还将水母殿作为其存放各种工具的仓储之所。当然，原有的神像及其他相关物饰是早已“灰飞烟灭”了，即使现在村中的很多老人也未曾见过水母娘娘的本来面目[③]。

---

① 受访者刘红昌，时间：2009年5月1日；地点：龙祠村刘红昌家中。

② 1986年，汾西灌溉管理局从龙子祠搬迁至今址——临汾市尧都区勤蜀路。不过，此搬迁过程并非一蹴而就，局主要机关搬迁后，部分科室依旧暂住龙子祠，之后又在龙子祠设泉源管理站，直到2006年泉源管理站方最后搬到新址——今龙子祠北泉西侧。

③ 据龙祠村王大孝、刘红昌等人说，他们小时候亦未见过水母娘娘的神像，可能是被水委会毁掉的。

那么，作为国家管理机关的水委会、水利局如何面对此种民间的祭祀活动？作为国家明令禁止的“封建迷信”活动又何以继续在已经成为国家机关办公区的龙子祠内上演？这实在是一个有趣的话题。我们不妨听听几位当事人的声音。

第一位是贾守华，他是临汾市汾西水利管理局退休员工，1976年从部队转业到管理局工作，曾担任管理局泉源管理站站长，党支部书记等职务。以下是笔者就“文化大革命”时期龙子祠的民间信仰问题对贾守华进行的访谈记录：

问：“文化大革命”的时候燕村的人去庙里烧香吗？

答：“文化大革命”的时候破四旧，还不敢明目张胆，也有人去烧香。八几年以后，改革开放，慢慢放开了。

问：76年您工作的时候还有吗？

答：有。

问：76年有拜送子娘娘[①]的吗？

答：有。

问：您不是说送子娘娘庙已经成了书记、局长的住处了吗？

答：对，他们就在房子外面正对着娘娘的地方烧香。

问：你们单位的人不管吗？

答：对人家当地老百姓的事情不能过多干涉，要不人家有意见，也不好。[②]

看来，水利局在当地民众的祭祀方面采取的是“睁一只眼闭一只眼”的态度，一般不与老百姓发生正面冲突，只要不影响到他们的正常办公即可。因为他们毕竟是“寄人篱下”，生活在村庄之中，即使没有业务关系，日常生活中也不免有打交道的时候，建立和谐的人际关系非常必要，也是顺利开展工作的重要保障。

---

① 据贾守华介绍，紧靠水母殿西侧的殿堂原有送子娘娘神像，是当地民众求子拜神的地方。解放后，水委会在原址位置重建二层砖窑，为水委会和管理局领导的住所。

② 受访人贾守华，男，62岁，临汾市汾西水利管理局退休员工，曾担任泉源管理站站长，党支部书记。采访时间：2009年5月4日；采访地点：临汾市贾守华家中。

对燕村民众而言，天旱的时候去“看姑姑”已经成为一种传统和生存逻辑。虽然国家明令禁止“迷信思想”，但生存的压力和祈雨的灵验使他们勇敢地走了出去。而水利部门的“不闻不问”或没有实际效果的排斥也成为他们“屡教不改”的客观原因。说到这里倒是有一段小插曲颇值得品味：

> “文化大革命”期间，有一次燕村的人来祈雨，全是妇女。他们在庙里烧香、放鞭，让当时的局长芦为礼极为恼火，就将妇女呵斥了一顿，妇女很害怕。可是祈了雨还没回去就下雨了（这种情况居多数），于是就在门楼下避雨一夜，第二天才回去。燕村人说，回去后，芦为礼的腿折了。实际上，呵斥完后，芦为礼上水母殿西边的二楼住处时把暖瓶打了，是烧伤的，不过很厉害，四五个月跛着脚走路，以为是断了。[①]

通过这则小插曲不难看出，“文化大革命”期间，燕村的祈雨队伍由原来的以男性为主变成了以女性为主，说明此类活动确实受到国家的打压，而不得不转入“地下”；在此方面，女性作为民间与官方处理棘手问题时的特殊作用被派上了用场，专由女性组成的祈雨队伍很可能即是出于这样的目的。从中我们也窥探到了燕村民众对所谓“亵渎神灵”者的心态表达，在他们看来，对祈雨者的不敬即是对“姑姑”的不敬，就必然遭到报应。芦为礼究竟是怎么烫伤的已经变得不重要，重要的是他烫伤的时间和程度，燕村“受欺负”的人们就必然会按“因果报应”说将二者联系起来，并成为一个“炒作”的话题，以获得更多的舆论支持，使自己在心理上占据优势。

综上所述，新中国成立后，新生的人民民主政权代替了封建主义和资本主义的旧政权，全民所有制和集体所有制代替了中国数千年来的私有制。虽然绝大部分农民在中国共产党领导的革命中享受了胜利的果实，然而他们长期以来形成的小私有者的思想特性却依然根深蒂固，时常冒出来与新的集体经济作对，所以，中国乡村的集体化过程也是一场用新的意识形态代替旧的传统信仰的斗争过程。

① 受访者刘红昌，时间：2009 年 5 月 1 日；地点：龙祠村刘红昌家中。

这一过程需要长时期的艰苦努力，甚至需要用强制的、激烈的政治手段才能使新的意识形态得到贯彻。如果说公社化前的斗争略显缓和的话，那么公社化后，由于公社的制度安排与小农传统意识格格不入，农民的家族主义、民间信仰都对公社制度的存在和巩固带来威胁。因此，公社时期的意识形态灌输和阶级斗争不断加强，并在“文化大革命”中走向顶点。不过，即使在这样的政治高压期，民间信仰依然没有完全消失，而是通过各种“反行为”进行抗争，通过“反行为”进行一种关于生存和生活意愿的表达。这种表达是发自内心的，是人性的，因此在那个时代依然能够“苟延残喘”。从它的另一面，我们也可以看到国家政策的执行力，它并不是“药到病除”的良方，而是有着具有“中国特色”的灵活性，正像人们常说的——“什么都是活的”，即使是国家机关，若不影响社会稳定，不予过多干涉，他们也不得不在自身的生存发展和极有可能的“出力不讨好”（但符合国家利益）之间进行选择和平衡。

四、集体化时期的水利纠纷

临汾解放后，龙子祠灌区进行了广泛的民主改革，取缔了传统的水利管理组织，特别是对乡村社会所谓的“地主豪强”进行了彻底的改造，水权收归国有，由国家机关统一进行分配和管理。传统时代水利纠纷频发的现象在这一时期得到了明显好转，特别是公社化以后，水利受益单位从个体变为集体，权利义务双方由“私对公”变为“公对公”，更便于自上而下式的管理，水利纠纷更是罕见。不过，由于集体化时期本身的阶段性特征和灌区不同村庄的区位差异，水利纠纷亦呈现出显著的时空特征，彰显着从传统到现代的变与不变。

1956年之前，由于水权的统一分配和管理，水源供应基本满足了相对平稳的农业发展态势，水利纠纷比解放前大大减少。1956年至1957年，随着农业合作化的逐步完成，农民生产积极性的高涨，各地对灌溉排水事业有着迫切的要求。但由于水利的全面规划工作赶不上农业发展需要，在群众急于引水和排水以求得增产或保产的情形下，用水和排水纠纷问题日益增多。据水利部统计，1957年上半年，“省与省之间发生用水排水纠纷报请中央解决的已有8起，县与县、乡与乡之间纠纷估计不下数百起”①。水利部对这些案件的事发原因进行总结，并提出了处理纠纷的指导性意见：

> 我们分析灌溉用水与防涝排水发生纠纷的原因，主要是：
>
> （一）在灌溉方面，多数是由于水源不足，上游无计划的扩大灌溉面积，影响了下游原有灌区的用水。在防涝排水方面，由于排水出路困难，上下游左右岸发生矛盾，常常是上游要多排，下游要拦堵。
>
> （二）在兴建灌溉排水工程时，未经与有关地区进行充分协商取得一致意见，即单方面开工，改变历史自然情况，影响对方的利益。
>
> （三）有些地方干部和群众存在本位主义思想，缺乏从整体出发的互助互让精神，只强调自己一方面的利益，忽视对方的意见，以致在协商时僵持不下，不能达成协议。
>
> （四）有些地方领导，对情况了解不深入，不具体，对群众意见和要求缺乏认真的研究分析，调查处理不全面、不及时，甚至采取推托态度，以致事态扩大。
>
> （五）协议达成后，不注意及时向群众进行充分的说服解释工作，以致在执行协议过程中，节外生枝，不能贯彻执行。
>
> 为了正确及时的处理水利纠纷，特提出以下意见：
>
> （一）凡举办灌溉、排水工程，对上下游和相邻地区发生利害关系时，应先进行充分协商，取得同意，才能开工。
>
> （二）上游兴修灌溉工程时，必须保证下游原有灌区用水。兴修防涝排水工程时，未经有关方面同意，不能单方面改变历史自然情况。
>
> （三）达成协议后，双方必须坚决执行协议，如一方有不同意见时，也应一面执行协议，一面提出意见，另定时间进行协商。
>
> （四）纠纷范围在一县以内的，由县负责解决，在一个专区以内的，由专

① 中华人民共和国水利部：《关于用水和排水纠纷的处理意见报告》，1957年7月27日。

区负责解决，在一省以内的，由省负责解决，省与省间的纠纷，先由两省进行协商，如不能达成协议时，由中央有关部门协助解决。各级领导对已发生的纠纷，必须主动地及时地协商处理，不得稍有拖延，达成协议后，还应向群众进行说服解释工作。

（五）如纠纷经过多次协商，仍不能达成协议时，得由上一级领导做出裁定，双方遵照执行。

水利纠纷是人民内部矛盾，它与人民的生命财产直接相关，纠纷发生时，往往很紧急，很复杂，所以党政领导，必须充分重视这一问题，本着小利服从大利，大利照虑小利的原则，教育干部群众，发扬互助互让精神，克服本位思想，及时加以解决。

文件为各级水利主管单位解决纠纷提供了指导性纲领，它也如政策命令一般层层下达至最基层水利管理部门。同年 8 月 24 日，山西省农业建设厅水利局向全省各专署，各市、县人民委员会，大、中河系管理局（水委会）以《（57）农水灌字第 130 号》文转发了国务院对此文件的批复报告，并要求各地对国务院指示认真贯彻执行。批示指出“各级领导在防涝排水和抗旱用水这两个方面，必须本着上下游、左右岸统筹兼顾的精神，妥善进行安排，谨防因处理不当而引起纠纷。对于已经达成的各项协议，应该认真执行，不准任意违犯，借故不执行。如果在执行过程中发生了新的情况和问题，也应该主动地从团结友好互助互利的愿望出发，协商解决。要求各级领导部门，认真地检查协议执行情况，向干部、群众反复地进行说服教育工作，使其自觉地执行协议。尤其在汛期，对于这方面发生的问题，更应注意及时调处，以免造成不应有的灾害”[①]。

现存资料关于龙子祠泉域集体化时期水利纠纷的记载主要集中于 20 世纪 60 年代，仅 1963 年就有十数起之多。在此不妨试举几例：

---

① 山西省农业建设厅水利局：《关于转发国务院批转水利部“关于用水和排水纠纷的处理意见报告”的通知》，（57）农水灌字第 130 号，1957 年 8 月 24 日。汾西水利管理局档案室：40-48.25-3。

案例1　1963年6月29日，洪洞县白石公社西李村大队第十三生产队队长程某某带领社员二人，晚上撬开启闭机枕木，砸坏启闭机，盗走启闭机立轮一个，放水灌路600余米，使400多个麦捆推迟运输，淹麦5亩，推迟收割，造成麦粒脱落减产，并将十一队三捆小麦当闸板堵水。事后，程某某等并未主动“投案自首”，汾西灌溉管理局第一分局与公社在无法处理的情况下，将其起诉到洪洞县法院。法院判决程某某除修复启闭机、赔偿农业生产中所受损失外，罚工100个，并令其在白石公社做反省检查，保证不再重犯。[①]

案例2　1963年7月21日上午9时许，汾西灌溉管理局三分局南辛店管理站管水人员张某某（护养组长）、陈某某、崔某某等3人正在跃进渠堵口往贾罕公社压水，隔河盗水偷浇横渠河地亩的北陈大队第二生产小队王某某发现正浇地的渠内没了水，即带领王某福、王某田二人顺斗渠巡上，便扒口放水。时值巡渠人员张某某等3人过来劝阻，指出先往下游送水，一律不准开口，尤其隔河偷盗水，更是违法行为。但王某某等3人并不听劝阻，便夺了巡水人员的铁锨工具，强行扒口。张某某等3人要夺回铁锨工具之时，被激怒的王某某将张某某脖部挤住，打伤胸部和臂部，并扯乱夏衫。事发后，三分局与北陈大队党支部取得联系，由于王某某等不能主动认错，研究决定“给以王某某、王某福、王某田三人每人罚款30元，七日内交回我局外，并令主犯王某某写检讨书100张，实贴全局各大队和负责赔偿张某某同志的衣衫及全部医疗费”[②]。

案例3　1963年夏收后，二分局结合灌溉展开了水费征收的高潮，实行干部分片包队进行回收。小榆公社西麻册大队系局内干部张某某负责包干，张连去过西麻册五、六次，大队队长、支书都积极态度。该队欠水费1800元，答应在七天内先交1000元。8月2日，张某某又前去大队取款，当时队长、支书都不在队，只有会计张某强（共产党员）。张某某前几次都是和张某强接头，当然这次也不例外。张某强见到张某某便说：“我就不愿见你

---

① 参见山西省晋南专员公署汾西灌溉管理局：《关于严肃处理偷水霸水等违犯水规情况的通报》，1963年7月27日，山西大学中国社会史研究中心：9-12。

② 晋南专属汾西灌溉管理局第三分局：《关于北陈大队第三小队社员王某某等人行凶殴打灌水人员的通报》，（63）汾三办字第44号，1963年7月23日，山西大学中国社会史研究中心：8-3。

来。”张某某说：“你是会计，我不找你我找谁呢？你要不是会计，我就不找你了。”张某强又说：“你来了我嫌你恶心。”二人这样拌了几句，张某强便动手就打了张某某一个耳光，二人就此厮打起来。事情发生后，张某某立即回局进行汇报，局内着人前往。情况了解后，确系属实。经和大队党支部研究，报公社党委，大队支部对此行为进行了批评，让张某强当晚在支部会议上做了检查，随即党支部又责其本人和大队长葛某某到局内给张某某赔情道歉，做了检查。因张某强系初犯，同时能认识错误，深刻检查，对此行为有改过的决心，公社党委又进行了批评教育，让其本人写检查书和口头检查外，在全公社范围内进行通报批评，教育本人。①

案例 4　1965 年 3 月，七一渠第三支渠试行“以水计征”，第一水从 3 月 11 日早晨 8 时 17 分开始起闸，截至 15 日，历经五天时间，共浇地 2740 亩，占本次需灌面积的 94%。本此灌溉进度快、质量高，各大队一般也能按制度办事，基本克服了以往争水、抢水的混乱现象。但是，个别社队仍有偷浇自留地的现象。14 日下午 3 时左右，高公大队第二生产队队长並某某带领该队 24 名社员偷水浇自留地，不仅影响了下游辛北大队的灌溉，又打乱了全支渠的整个安排。针对这一问题，一分局除立即停止该大队的用水外，并协同驻队社教工作队和贫协，要求其在群众会上做检查，并共同写了检查书②。

案例 5　小榆大队系列违规事件。1965 年 8 月 24 日晚，小榆大队第八生产队私自将七一渠大桥南水口开放，强行浇麦地。第二天仙洞沟配水站发觉后，派人闭口停止用水。小榆大队不但不承认错误，反将水利人员的启闭机钥匙夺走，并大骂水利干部，在公社派人指令下才将水口关闭。问题还没有得到处理，下午该大队又将水口开放，继续浇地。七一渠此次轮灌规定只准浇秋苗，不准浇休闲麦田，但小榆大队拒不执行，该队有数百亩棉花，旱象严重，他们不浇秋苗而浇麦田，显然违犯了抗旱救苗的原则。8 月 28 日是录

---

① 山西省晋南专员公署汾西灌溉管理局第二分局：《关于小榆公社西麻册大队会计张某强因抗拒水费不交行凶打人的经过和处理情况》，1963 年 8 月 8 日，山西大学中国社会史研究中心：8-4。

② 晋南专属汾西灌溉管理局第一分局：《关于三支渠高公大队並某某等人霸水偷浇自留地的通报》，1965 年 3 月 18 日，山西大学中国社会史研究中心：10-2-1。

井大队浇地时间，小榆第四生产队尚有三四亩地未浇完，于是向录井大队提出先让其浇完再让录井接水浇地。录井大队的干部当时答复可以，但社员不同意。小榆大队没有采取和善的态度进行协商解决，而是集结了40多个社员与录井大队打架，用土块、钢铣等打伤了录井4个社员。当天晚上，公社党委规定了五条浇水制度，尤其不准在七一渠拦河打坝。但小榆大队并未遵守执行，第三生产队继续在七一渠拦河打坝进行浇地，"以上霸下"[①]。

案例6　1965年12月5日，汾西灌溉管理局襄汾段配管站站长陈某某和干部徐某某二人至七一渠下游南辛店公社巡察，至南各大队时，发现该大队第一生产队队长带领社员9人在干渠填方渠堤上私自破口浇地，当即进行劝阻，但队长、社员并不听从。副队长王某喜借故拉陈某某去大队讲理，将其甩入七一河水中。当时，水深流急，两岸陡滑，陈已无力自救，随时有生命危险。但王某喜"见死不救"，多亏该队一老社员和徐某某两人将陈某某急救出水，才未酿成重大事故[②]。

通过以上案例可以看出，与传统时期相比，集体化时期的水利纠纷发生了诸多变化。纠纷双方主要是发生在用水单位（生产队、大队）与水利管理单位之间，而不是上下游的用水双方。水规的违犯者多是社队的干部，他们或明或暗地带领本社队社员霸水、偷水，破坏水利配套设备，在最大限度为本社队或个人的利益"奋斗"时也损害了其他社队的利益，影响到代表国家形象的水利管理单位的权威。利益受损者不再直接面对违规者，而是由水利管理组织出面解决。因为国家已将水权收归国有，由国家统一管理，维持水利运行秩序成为管理机关的应尽之责。

对违规行为的处理方式也发生了新的变化，注入了法制化理念，突出了思想教育。新中国成立前，泉域内一般的违规行为多采取科罚的方式，将所罚之钱物充作龙子祠祭祀或渠道维修时备用。新中国成立初期，水管单位依然沿袭传统水

① 中共临汾县小榆人民公社党委会：《关于小榆大队不遵守用水制度屡犯水规的通报》，1965年8月29日，山西大学中国社会史研究中心：9-2。

② 山西省晋南专员公署汾西灌溉管理局致襄汾县人委会的信函，1965年12月14日，山西大学中国社会史研究中心：10-2-1。

利管理组织的做法，直至1955年方得以转变。是年8月3日，山西省晋南专员公署农林水利局就霍县人民委员会农林水利局“请示将违犯水规罚工办法，改为以工资标准折为罚款办法，以作渠系开支，减少受益户的负担问题”一事做出如下批示：“水利委员会系群众性的组织，它的任务是做好本渠系的工程管理和灌溉管理等具体工作，根本没有处罚的权利，因此，我们认为水委会对违犯水规的处理问题，不仅不能采用罚工办法，而且更不能采用罚款办法，应该是着重于思想教育，如果情节严重者，可送政府酌情处理。”此外，还对该县“过去规定处罚办法为检讨、坦白，及三至五个罚工”的做法进行批评，要求该县及有类似规定之河系迅速予以纠正[①]。批复下达后，龙子祠水委会对纠纷的执行力也不得不发生变更，由原来的思想教育与行政处罚相结合变为单纯进行思想教育的权利。

所谓思想教育，主要是通过与事发大队所在公社或驻队之四清工作队、村贫农协会等组织进行联系，让违规者在口头和书面上认识错误及其危害性，并将其危害事件在灌区范围内进行通报，从舆论上造势。如临汾县小榆人民公社党委会于1965年8月29日针对上述案例5之小榆大队系列违规事件专门下发了《关于小榆大队不遵守用水制度屡犯水规的通报》。书面检讨则采取《悔过书》和《检讨书》的形式。1965年2月10日，晋掌大队一小队队长派社员贾某某和郝某某去浇麦地，不料河垅被水冲决，为保证本队浇地，贾将河岸一棵柳树砍下堵塞决口。此事被管理局发现后，责令其进行悔过，并以书面形式进行检讨，以下是二人的检讨材料：

悔过书

我在1929年到甘肃平凉太昌魁做买卖，到1933年返回家里，住半年又到甘肃灵武县吴英铺太兴魁做买卖。1935年又到平凉协和丰□□公司，直到解放后才回家。1949年招亲来晋掌村，一贯忠诚老实。昨天队长派我和郝某某去浇地，将渠岸一颗柳树砍掉堵上了口子。这一种坏思想完全违背了政府

① 山西省晋南专员公署农林水利局批复，（55）农水字第一一九号，山西大学中国社会史研究中心藏，1955年8月3日。

绿化泉源的目的。我今后不但不再破坏，同时更要负责看管所有的树木，不让任何人破坏。

晋掌一队贾某某

2月11日

检讨书

郝某某，男，57岁，贫农成分，文盲。从幼年至今以劳动为生，自17岁就给峪里王洪文、北杜李玉台等地富扛过30多年长工，后来被闫匪拉丁捉去当兵3年，一生受地富反动派的剥削压迫，过着疾苦的牛马生活。幸得毛主席和共产党的领导，我们全家人才和全国人民一样在政治上、经济上翻了身，才过上幸福的生活。

在1965年2月10日生产队找我与贾某某浇麦田，因河道未有整修好，在灌溉中间，河垅被冲断，小河的水就倾入大河，为了完成浇麦田任务，贾用斧头将大河垅边的一颗柳树砍下，我拉去挡水堵堰，拦水灌溉麦田。经水委会领导发现后提出了批评，深深地提醒了我，使我认识到昨天的做法是极端错误的，是只管个人完成任务，不顾集体；只管小集体，不顾大集体，这是资本主义的单干倾向，严格地说是挖社会主义的墙根，破坏集体经济，破坏水利基本建设，确实情节是严重的，性质是恶劣的，为了保护社会主义的建设成果，请领导给以应得的处分。

今后，我在此次社会主义教育运动中，认真地学习，进一步提高自己的思想觉悟，彻底挖掉资产阶级思想，只管个人，不顾集体的恶劣做法，坚决地树立起无产阶级思想，处处都要为集体、为国家、为整个社会主义建设着想，做一个真正的红色的贫农，坚决不做损公肥己、损大集体肥小集体的坏事，同时还要和破坏集体事业、社会主义建设的坏人坏事做坚决地斗争。

检查人：晋掌大队郝某某

2月11日[①]

① 山西大学中国社会史研究中心藏：10-2-7。

从内容来看，检讨书已经远远超出了“砍伐树木”的事实本身，而将自身历史的交代作为一个重要组成部分，不可谓不深刻。

如果违规情节轻微尚能以思想教育达其目的的话，那么遇到破坏水利设施，甚至伤及人命者，则必须与司法机关取得联系方得进行科罚或刑事处罚。应当说，这是中国法治进程中的一个重大改革和进步。但它却大大削弱了水利管理单位的权威性，管理效力也随之降低，对日后水利秩序的运行产生了重大影响。对管理人员来说，面对用水单位的屡次冲击，他们的人身安全受到了极大的挑战，工作中增加了惧怕感。如针对案例 6 中陈某某被推入河中一事，水管人员纷纷议论道：“站长出去检查挨打，险些让人甩在水里淹死，咱这一般干部和护养工，人家更不放在眼里。”有的甚至提出不愿再干灌溉管理工作，有的不仅黑夜不敢出发巡渠检查，白天也不敢一人上渠，特别在冬浇抗旱的关头，对工作影响甚大[①]。

直至今日，这一问题也没有得到有效地解决。田野调查中，处于基层的管理人员也向笔者表达了这种无奈。因为他们直接与用水单位和用水户打交道，感受最为真切。位居上游者随意开口浇地，即使管理人员进行劝阻，最多也只能是一时之功，待管理者离开后，违规行为再次发生。为了整治此类行为，管理单位不得不与当地派出所保持联系，由派出所出面进行干预。但是，派出所并不能时常保证警员充沛，渠道违规者就不能被有效震慑。为此，水管单位曾多次请示配备执法队，以拥有行政执法权，但由于多方面原因，此项工作至今依然未能落实。对违规行为之管理不得不在“睁一只眼闭一只眼”中继续前行。

---

① 山西省晋南专员公署汾西灌溉管理局致襄汾县人委会的信函，1965 年 12 月 14 日，山西大学中国社会史研究中心：10-2-1。

第七章　环境、景观与区域互动

自然环境既是人类社会赖以生存和发展的基础，也直接参与到了人类历史的创造过程当中，二者从来都是相互作用，共同前行。在以往的水利社会史研究中，自然环境往往以背景因素的姿态出现，为社会各要素的展演提供一个空间舞台，它直接参与历史过程并充当重要角色的那一面被忽视了。本章分别从环境和景观两个视角探讨了水利社区的历史进程，前者着重考察了泉水之外的另一种水资源——洪流，在不同利益人群之间的响应，及其引起的区域互动；后者则重点分析了在“国家的视角”下水利社区的景观变迁。

一、趋利避害：龙子祠泉域对洪流的响应与地域互动

在山西高原，盆地与山脉交汇处的山前断裂带往往有大型岩溶泉出露，泉水以其恒定的水温、清凌的水质和稳定的流量早为人们所识，在当地的生产生活中扮演着重要角色。同时，山脉与盆地的地势差异还形成了很多季节性河流——洪流（flood current）。每年汛期，这些洪流汇集大量的天然降水，夹杂着泥土、砂石及各种动植物腐殖质顺流而下，经过沿途的侵蚀、沉淀，与泉水一起排入盆地内的上一级河流，成为它最主要的水源补给。

如果说泉水的特性更便于人们开发利用，形成稳定渠系的话，那么洪流的突发性则更具瞬时威力，它夹杂的泥土、腐殖质可以为人们以淤灌肥田的同时，也伴随着相当的危险性。若泉水与洪流共处于一个较小的区域，人们在布设、开挖引泉渠系时就不得不考虑尽量避免洪流带来的危害，用一系列技术、制度措施解

决渠道与洪流交叉、并行等问题，确保渠道通畅。如果说引泉渠系仅仅面对的是一条洪流的话，那么这里只是一个区域人群如何应对自然环境的问题；当同一洪流成为另一个区域人群的可用资源时，问题不仅涉及人与自然，同时也在两个区域人群之间建立了联系，使其成为一个共生共存的系统。

（一）引泉灌区对洪流的防治和利用

在临汾盆地的边山地带，有诸多洪流从吕梁山的山谷中流出，当地民众多以“沟”、“涧”来命名。洪流的形成年代与地质构造运动相仿佛，每当降水，山水在沟口汇集，顺地势下泄，形成山前洪积冲积扇。因山沟深远不一，汇集的水量就各不相同，于是在山前出现了长短、宽窄各异的洪流河道。其规模大者，长达数万米，宽逾数十米，从山口汇集最终奔流入汾，有的甚至派为若干支流，流域面积亦随之增加；规模小者，百米或数里不等，宽度也在几米到十几米之间，非强大暴雨不能形成洪水之势，有的河道在阶地内中途消失或导入其他涧河河道。

据史料记载，龙子祠泉域内流经的主要洪流自北而南分别为：八沟涧、三涧、仙洞沟、大郎沟、席坊沟（又名山神沟、石槽涧）、窑院沟、晋掌沟、峪里沟、胡家涧、龙澍峪以及其他无名山水。结合实地考察及今日地形图，我们对龙子祠泉和洪流的具体位置进行了复原，见图 7-1。

如图所示，洪流自北而南几乎遍布整个区域，其中以仙洞沟、峪里沟、龙澍峪三条洪流规模最大，其主流从山间发源，直通汾河，横穿全区。在诸多洪流中，席坊沟和窑院沟是最特别的两条，因为它们与泉水相连，并最终汇入平水。其中，窑院沟水流入龙子祠泉源，席坊沟水则在鳖盖滩注入平水。这样，暴雨来临时，泉水收受洪流，洪流携带的砂石、泥土等物进入泉源、渠道，雨量小时尚不形成威胁，雨量大时甚至壅塞泉源，断绝河道。

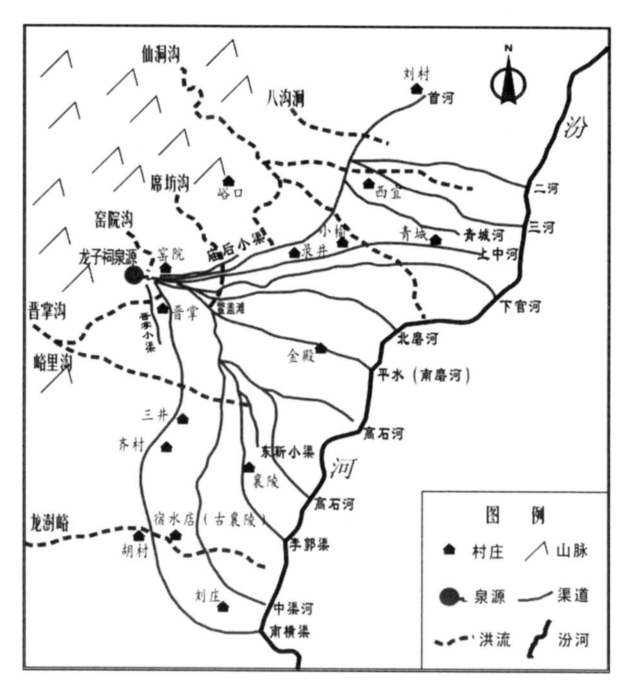

图 7-1　明清以来龙子祠泉域渠系与周边洪流分布示意图

以上呈现的是平水尚未得到大规模开发时区域内两种水资源的大致状态和关系，这一局面持续了多久尚无资料可考，不过可以断定的是，人们必然会在已有经验、技术条件下趋利避害，使泉水和洪流均“为我所用”，并由此开启了一段智慧而缤纷的区域发展史。

龙子祠泉南北十六河渐次开发的过程中，除了要解决渠道自身的设计、渠系建筑物的设置等技术问题外，还面临着横亘于区域东西的数条洪流的阻拦和威胁。如表 7-1 所示，龙子祠泉域及其渠道系统遭遇了不同程度之洪流的威胁。

表 7-1　龙子祠泉源及南北十六河所遭遇的洪流

清流		所遇洪流	清流	所遇洪流
龙子祠泉源		窑院沟	北磨河	席坊沟
上官河	首河	八沟涧	南磨河	席坊沟
	二河	——	晋掌小渠	小堎涧
	三河	三涧	南横渠	小堎涧、峪里沟
	青城河		中渠河	胡家涧
	上中河	仙洞沟	高石河	胡家涧
	干渠	三涧、仙洞沟、仙洞沟南支流、石槽涧	李郭渠	胡家涧
下官河		仙洞沟、席坊沟	东靳小渠	胡家涧
庙后小渠		席坊沟		

资料来源：嘉靖七年（1528）《张长公行水记》，万历四十二年（1614）《平阳府襄陵县为水利事》，康熙三十三年（1694）《按地分水总簿》，乾隆三十二年（1767）《龙子祠疏泉掏河重修水口渠堰序》，光绪八年（1882）《中渠河渠条》及相关田野调查资料。

泉源的威胁主要来自北侧的窑院沟水。窑院沟水发源于姑射山，出山口后顺势南下，挟带大量砂石、泥土奔流至泉源，极易造成泉源壅塞。乾隆三十二年（1767）农历七月二十八日，窑院沟“涧水汪洋”，“将泉眼壅成沙岭”[①]。民国三十二年（1943）夏，该沟再发洪水，将众泉口淤堵，所灌地亩减少二万余亩，影响生产至巨[②]。

南北十六河几乎均面临洪流的威胁，有的渠道甚至须穿过数条洪流。换句话说，一条洪流可能涉及数条渠道的布设和运行。区域的洪流环境对引泉灌区发展的影响不言而喻。故而，欲使渠道穹远，发挥泉水的最大功能，就必须合理有效地解决渠道与洪流的交叉问题，并同时对洪流之于渠道的危害予以防治。

泉域社会对洪流的防治措施可以归纳为技术和制度两个方面。技术层面，主要通过避、堵、疏三种方式进行应对；制度上，各渠将相关措施载入渠册，形成一个具有强制力、规范化的应对体系。

---

① 《龙子祠疏泉掏河重修水口渠堰序》，乾隆三十二年。

② 《临汾县组政经军统一委员会代电》，统县建字第三六号，民国三十二年十月十七日；《第二战区代电》，民国三十二年十一月四日；山西省档案馆：B13-2-138。

“避”是用来解决引泉渠道与洪流的交叉问题的。渠道开挖过程中，为了尽可能减少洪流的威胁，确保渠系畅通，就必须使二者相分离，而不能共享河道。其方法有二：一是从洪流河床底部开凿涵洞，洪流在上，泉水在下。二是在洪流之上架设渡槽，洪流在下，泉水在上。二者互不相干，各行其道。龙子祠泉的开发进程中多是采用第一种方法，即让泉水通过涵洞横穿洪流。在龙子祠泉域，人们俗称涵洞为“洞子”。因洪流宽度不一，渠道规格各异，洞子的长度、宽度、高度也各不相同。其规模最大者当属上官河洞子，即上官河通过仙洞沟之涵洞，长“四百四十尺”[①]，宽1米有余，高约2米，系砖石拱砌。下官河洞子长约20米，宽、高各约2米，亦系砖石拱砌。砖石材质的选择及拱券方法的运用使涵洞最大限度经受了渠水冲刷和来自洪流河床的压力。直至今日，各渠系依旧沿用了原有的涵洞。

开凿涵洞虽然解决了横穿洪流的问题，但并没有驯服暴虐的洪水。每当暴雨来临，水势大涨，若河道不能容纳，洪水即决开河道，形成泛滥之势。洪水挟带大量砂石、泥土进入渠道，使渠道壅塞受阻，影响下游灌溉。要之，随着时间的推移，洪流河道不断沉积垫高，洪水水位亦渐抬高，甚至出现河床高于地面的状况。洪流对泉域社会的威胁愈发严重。

为此，人们在涵洞所经洪流河道两侧筑起石堰，以“堵”的方式防止洪流进入引泉渠道内。更有甚者，在渠道所受洪水的来水方向沿渠道一侧修建堤堰，以更有效地杜绝洪流的威胁。例如，上官河洞子、下官河洞子两侧均有堤坝防护。其中，上官河洞子系以石头垒砌，下官河洞子则为砖砌。

明嘉靖三年（1524），席坊沟洪水大发，冲破上官河洞子堤堰，将渠道淤塞。次年春二月中旬，刘村著名绅士张滋（长公）督导疏渠，在席坊沟两侧沿上官河西岸筑起黑龙堰一道，“以坊（防）山水之冲”[②]。不过，此堰并非一劳永逸，乾隆三十二年（1767）农历七月二十八日，席坊沟再次发难，冲毁黑龙堰，壅塞渠路。上官河绅董不得不组织人力重新修复。

---

① 《按地分水总簿》，康熙三十三年。

② 《张长公行水记》，嘉靖七年。

泉源的情况并不比渠道好。为应对窑院沟洪水的威胁，上官河的绅董们早已在泉北涧口处筑起石堰一道。然而，窑院沟水势凶猛之时，仍能冲破石堰或从石堰两侧溢出进入泉源。同样在乾隆三十二年，窑院沟水汪洋，视石堰为无物，径直奔泻入泉。事后，上官首、二、三河及青城河之总理、督工、渠长等人合议重建，不仅将石堰修复，“又于泉北涧口石堰之旁东西用炭石填起两道石帮，以图坚固。此又创前人之所未有者也”[①]。进入19世纪，石堰被冲决的记载依然屡见不鲜，不过，此时对石堰的修复已不只是上官河的事情，而是涉及引泉灌区与引洪灌区两个不同的受益群体，此当后文详论。直至20世纪80年代，泉源所受洪水之威胁仍未彻底根除[②]。人与自然在建设一破坏一建设的轮回中进行着“较量”。

既然洪流壅塞渠道、泉源在所难免，那么，适时地掏泉挖渠就成为泉域社会的一项重要事务，我们称之为“疏”。顾名思义，疏即是将渠道和泉源内影响水流和泉水出露的杂物清除，使之疏通顺畅。淤塞渠道、泉源的主要物质为砂石、泥土。若洪水流量巨大，堤堰不能阻挡，渠道、泉源淤积情况就愈加严重。“疏”可分为两种情况：一是每年定期的清淤，由各受益村庄分段负责；二是当洪水淤塞渠道时，由渠道管理者组织的临时兴工，本章所论系为后者。嘉靖三年，席坊沟洪水冲破堤堰，使上官河壅塞，渠水尽入上中河。次年，张滋受命疏导上官河，其治理方法如下：

> 自席坊西为堰，以坊（防）山水之冲，北过禄阱桥至于小榆桥。又北夹岸而西出麻册涧北，于是乎溉麻册诸村之田。北之腾槽而东，分斗门，于是乎溉界谷（峪）诸村之田。北过西宜桥，分汧东流。又北夹西宜观东流为二汧，又北为计家沟，于是乎分溉东宜诸村之田。北为涧北沟，又北为八沟涧，东流而北西过小桥，于是乎溉段村之田。北为石桥，东流分汧，北东过卫家

---

① 《龙子祠疏泉掏河重修水口渠堰序》，乾隆三十二年。

② 此处并非在说石堰的一无是处，对于常年的洪水，石堰的抵挡作用不容忽视。较大洪水的发生当有一定周期，据龙祠村刘红昌先生介绍，20世纪80年代之前，大约每十余年发一次较大洪水，即使建有退水渠道，仍不能容纳，鹅卵石在泉源北部随处可见。80年代以后，山洪水量渐少，也极少泄入泉源。此当与气候变化及其他人为因素有关，兹不赘论。

沟分四汧，又北过武亭桥分汧，北历五桥而分为二渠，于是乎溉刘村之田。田计二万有奇，村计三十有六，皆于上官河有赖焉。渠之广一丈二尺，深倍之，凡四十日告其成功。[①]

除了前文所及筑堤防治洪水外，张滋主要的方法即是疏导分流，而且，其分流方法并非另开渠道，而是在原有渠系基础上进行疏通，最终使上官河重新恢复二万余亩的灌溉面积。

要疏通渠道，其所塞之砂石、泥土堆放于何处，就必须予以考虑。因为土方量较大，置于渠道两岸是行不通的，为此，受益方不得不就近购置地块存放渣石。在田野调查中，我们发现了两份上官河购置土地的契约，均系“推渣”之用。一份为嘉庆十四年（1809）七月九日的《用水执照》，买卖双方为上官五河与河北村段云顺等。上官五河因为上官河洞子之“石渣无所出”，于是“出钱六千为备粮之赏”，以换“段姓将石滩甲子地从北二丈交五河推渣使用”，并允许段姓往东、南各掏渠一道。“倘日后有争论，段姓一面承当，与五河无干。”双方就此达成协议，五河获得推渣之所，段姓不仅以出卖土地得钱六千，还可开渠两道获得灌溉之利。另一份为咸丰六年（1856）七月十三日订立的《立卖石渣荒地基》，买卖双方为上官五河与郭门郑氏。上官五河以“四十千文”的价格购得郭门郑氏两块石渣荒地，双方就此立为死契，若荒地内发生任何纠纷，与出钱人无干。[②]上官河通过不断置地解决了疏导渠道中面临的石渣堆放问题。这说明，洪流的暴发不仅影响到有形的渠道系统，也更深层次地影响了人们的社会经济行为。在此方面，制度上的应对显然更具说服力。

针对泉源和渠道所受之洪水威胁，各渠均制定了严格的制度规范，明文规定相关管理人员和其他受益群体的应负之责。这一规定被载入各渠道的最高权威文本——渠册之中，得到官方认可，具有相当的强制性和执行力。表7-2摘录了各渠渠册中应对洪流的相关记载。

---

① 《张长公行水记》，嘉靖七年。

② 两份契约均藏于临汾市档案馆。

表 7-2　引泉灌区诸渠册有关防治洪流的规约

<table>
<tr><th>渠道</th><th>相关事项</th><th>资料来源</th></tr>
<tr><td>上官河</td><td>上官河洞子长四百四十尺，北三河该分三百五十二尺，青城河该分南头八丈八尺；石槽涧洞子西口头二丈二尺，该中河掏。</td><td>康熙三十三年（1694）
《按地分水总簿》</td></tr>
<tr><td>下官河</td><td>倘遇雷鸣水发，壅漫河道，冲破渠堰，翻绝水头，使用不便，即时许其督工修备完毕，仍补水程。如遇山峪涧水猛冲坏堰，依例补程。</td><td>康熙二十二年（1683）
《龙祠下官河志》</td></tr>
<tr><td>南横渠</td><td>渠道若有塌坏壅塞并山水涨漫，渠长照依旧规即时督率佃地人户，应开掏者开掏，应补修者补修。虽劳苦于民，实有益于众。如有权豪阻隔不行起工及凶民纠众朋党执持器械决堤夺水，并用强拦水浇田，许渠长验明呈县，踏查是实拟罪申详发落，以警将来。</td><td rowspan="2">道光七年（1827）
《八河总渠条簿》</td></tr>
<tr><td rowspan="3">中渠河</td><td>五六月值猛雨，山水冲破渠堰，涨漫渠道，功力浩大，除差工头之家外，凡有地人户齐起开淘，违者呈究。</td></tr>
<tr><td>五六月值猛雨，山水冲破渠堰，涨漫了渠道，工力浩大，除差工头之家外更猜（差）随渠下应有地之家修掏，谓地在上者，其余亩分少者不猜（差）。</td><td rowspan="2">光绪八年（1882）
《中渠河渠条》</td></tr>
<tr><td>春首开掏河道，工毕，八沟沟首垒堰上水。水过胡家涧写立沟账便准行涅（程）用水，上下轮流，周而复始。</td></tr>
<tr><td>高石河</td><td>但（旦）有山水，一切损坏，动磨人情愿三日内修填了毕，如违元约盗水动磨，呈究。</td><td rowspan="5">道光七年（1827）
《八河总渠条簿》</td></tr>
<tr><td>李郭渠</td><td>西来山水吹破大堰，其用水人户须要即时申□，渠司发帖，集有地人夫修理。</td></tr>
<tr><td>东靳小渠</td><td>山水冲破渠堰，渠长即时发帖送知，水甲差拨人夫共通修理。</td></tr>
<tr><td rowspan="2">晋掌小渠</td><td>时值山水涨漫，河渠流水不通，须要修淘了毕，却从前来不曾用水之处依次补涅（程）。</td></tr>
<tr><td>小凌涧南北五十步系众作，晋掌村西石桥上至压水石一百二十步系晋掌、北杜两村众作。</td></tr>
</table>

由表 7-2 可知，渠系组织对防治洪流的规定极为严格，要求渠道管理人员在渠堰冲破的第一时间纠集人夫进行修复，同时对“违规”操作者亦有严厉的惩罚措施，重者甚至报官究治。对于较为重要的防洪设施，渠系也有明确的分工规定，上官河洞子和石槽涧洞子的修理即是如此。另外，对洪流的防治属于渠道的公共事务，非日常分段掏渠可比。其组织方式一般为：受洪流影响之渠道下游受益地户共同出工，或疏浚，或修复堤堰。因为渠道一旦淤塞，即关系到整个下游地区

的输水安全。龙子祠泉源的掏挖更是如此，无论是每年一次的掏泉活动，还是山水暴发淤塞泉眼，均系整个渠道的公务，由受益地户共同分担。防治洪水、掏挖渠道工程浩大时，受益地户之劳役远不能解决问题而不得不进行摊款。雍正五年（1727）三月十五日，“雷鸣雨降，山水大发，走石流沙，汹涌异常，自龙子祠至席坊诸泉源，河渠冲坏数处，于是席坊以北复无勺水之润，总理分理之人仍照前规疏泉淘河，公修石槽涧、黑龙堰，各照水分而每亩出金二分”[①]。表 7-2 中下官河、晋掌小渠的相关信息显示，因洪流导致的渠道淤塞，致使下游村庄无法灌田的情况，待渠道疏通之后仍可补回原来的水程，这也是泉域社会针对自然灾害在灌溉制度方面所做的调适。而中渠河之所以在水过胡家涧之后才分定水程，也正是出于保持完整水程、稳定灌溉秩序的考虑。

技术和制度上的应对措施虽已至备，但古人认为水由龙王掌控，欲得涧河安澜，就必须“讨好”龙王，牺牲什物当然一个也不能少。祭祀的时间均在山洪多发的夏秋季节，主体为受洪水威胁的渠道内的村庄。每年六月初一，下官河桥村渠、下册渠的受益村庄公备羊一只、杂剧一台，到“涧里”祭祀龙王[②]。七月十五日是民间的鬼节，也是祭祀活动的高峰。这一天，上官河、下官河均要组织大规模的祭祀活动。上官首河、二河、三河、青城河、上中河的管事者们齐聚上官河洞子附近的黑龙堰，献羊一只，略表诚意[③]。下官河则由席坊发帖，全渠共赴涧里献羊，羊公备[④]。轰轰烈烈的祭祀活动虽不能丝毫减少洪峰流量，却在泉域民众心中筑起了一道防线，至少他们心安理得，即使真的洪水汪洋、淤塞泉渠，也只能算是天意，因为该做的都已做尽，当是无所怨悔吧。

以上所论均属泉域社会防治洪水的方法、措施，可谓“软硬兼施”，体系完备。不过，除了防治之外，泉域内的部分渠道因地制宜，对洪流河道大加利用。这一事例来自中渠河下游数村。如图 7-1 所示，发源于吕梁山的龙澍峪出山口后经过十余里的奔流，到达南横渠、中渠河一线时已是强弩之末，非有数十年一遇

---

① 《重修平水上官河记》（雍正五年），民国二十二年《临汾县志》卷五《艺文类上》。

② 《龙祠下官河志》，康熙二十二年。

③ 《上官河水规簿》，咸丰二年。

④ 《龙祠下官河志》，康熙二十二年。

之大洪水很难对渠道造成威胁，一般年份或是干涸的河道，或为已经沿途沉淀过的涓涓细流。对此，位于中渠河下游的东柴、刘庄、北陈等村纷纷选择洪流河道作为分渠渠道[①]，巧妙地利用了这一“自然资源”。

如果说东柴等村只是利用了洪流下游一部分河道的话，那么洪流的真正利用者则是其出山口后边山地带的村庄。他们利用洪水淤灌土地，取得了较好的收成，同时也与洪流所经过的引泉灌区形成了一种微妙的关系，两个不同的利益群体因为一股洪流产生互动。

（二）边山地带对洪流的利用与地域纠葛

1. 边山地带民众对洪流的开发利用

引洪淤灌是指在河道或沟口修堤筑坝，开渠建闸，引取高泥沙含量的洪水淤地或灌溉，它充分利用了洪水中的水、肥、土等有益资源，为农业垦殖和增产服务，是一项与改良盐碱及水土保持相结合的综合性农田水利措施。人类对洪水的这种特性早有认识，古埃及、两河流域与古印度最早发展的农田水利均是引洪淤灌。同样，我国秦汉时期诸如漳水渠、郑国渠、白渠、河东渠、龙首渠等大型农田灌溉工程均具淤灌性质，淤灌构成了我国农田水利发展史上的第一个重要阶段，对中国古代文明特色和地位的确立意义重大[②]。

在吕梁山东麓的边山地带，由于土地坡度较陡，土质较粗，地下水含水层多为砂石砾石，天然排水条件良好，所以引洪淤灌虽在雨季进行，却不会产生渍涝灾害，也不会出现土地盐碱化。因此，这里的引洪淤灌与改良盐碱无涉，而主要是发挥水土保持、灌溉增肥的作用。由于该区暴雨多集中于七八月间，而且每次降水时间短促，洪流“来得快，去得也快”，具有“暴涨暴落”的特点，这对洪流的利用提出了更高的要求。

现有文献关于区内引洪淤灌所涉洪流之记载仅及三涧、仙洞沟和窑院沟。在

---

① 《中渠河渠条》，光绪八年。

② 李令福：《论淤灌是中国农田水利发展史上的第一个重要阶段》，《中国农史》2006 年第 2 期，第 3—11 页。

田野调查中，我们发现山前较大的洪流几乎均被开发利用，引洪淤灌当是边山地带较为普遍的水利类型。

位于仙洞沟出山口附近的峪口村引洪淤灌历史悠久，据民国十六年（1927）《上下二汧根基要据所当保存碑记》载，自该村成立以来即开始引用山水灌溉，其文曰：

> 天地之生人也，居处不同，教育各别。如我峪口村成立以来，地近山麓，渊泉缺少，所赖以谋生活者，惟恃有仙洞沟之水而已。夫此水固无本也。追忆其始，每值五六月间大雨如注，山水骤发，任其所流，似无可用。迨后吾人之心思渐巧知识，愈高一监，于水而有悟焉。以为此水可以兴利，将有所用。

其引用洪水的方法为：在洪流河道内“横筑滚堰两道”，另建“约水桥一孔”，保证足够水量进入引洪渠道，底层挟带滚石、沙砾的水流则可从桥洞顺流而下，若水量太大时则可漫堰而过，尽量防止了滚堰溃决的危险。

同引泉灌区一样，引洪淤灌依然需要开凿干支渠，人们称之为“汧”。各支渠引水时亦须打埝筑坝，不过坝埝的形式与滚堰不同，或打土埝或打板拦水，各有讲究。灌溉峪口村和录井村的仙洞沟汧渠，因为流域面积较大，集水丰富，大致形成了与引泉灌区相类似的灌溉程序，即“从上而下，周而复始，如有不足，下次补水”[①]，一次洪水可轮灌数次。这样，其支渠就可以采用较为灵活的打板引水方式，方便启闭。

但是，对于较为短小的洪流，其支渠引水则是另一种方式。以窑院沟为例，洪水来时，上游支渠先灌，下游支渠在后，以“自上而下”为序进行灌溉，每次洪水只轮一次。因为没有水程规定，各支渠灌多久方为合适？灌区做出如此规定：上游支渠只可打土埝而不得打板，而且土埝一旦被水冲破即不能修复，于是下一支渠接水继续灌溉，同理，若其土埝冲破后亦不得修复。若此，则洪水一级一级

---

① 《公议水利文字碑》，顺治十五年。

达至下游支渠，到最后一道支渠时方可打板引水。为了延长引水时间，并引得尽可能多的水量，上游支渠尽其所能夯实土埝。洪水到达下游时，水量渐小，即使全部被其引用，受益地亩也是极为有限的，无论是土埝还是打板就只是下游支渠自己的选择了，因为与引洪灌区的上游村庄已经没有任何关系。

引洪淤灌的这种技术选择依然需从洪流自身的特性方面找原因。前已述及，洪流“来去匆匆”且无定时，每次的水量和持续时间亦不相同，因此，引洪灌区就不可能像引泉灌区那样按水程分定时刻，而是以特殊的坝埝技术首先保证上游地区的用水权，水量足够大时才可利及下游，为尽可能地达至平均合理，灌区又在制度层面做相应的保障，防止上游无限制地利用。

此外，在灌区兴工、祭祀和实施机制（包括组织机构及奖惩措施）等方面亦有严格的规定。如灌溉辛家庄（即峪口村）和录井村的仙洞沟浒渠规定，“因水大冲坏二官河，照依旧规，禄（录）井一面承当（担）淘（掏）河应承，与辛家庄无干。其浒上兴工，禄（录）井每年帮小麦贰石，以作使之用，其工不足与禄（录）井无干。旧禄（录）修浒灰石银两与辛家庄地亩均摊，不许短欠”[①]。辛家庄灌溉地亩 3000 余亩，录井为 364 亩，浒上每年花费多寡均按二村地亩分摊[②]。

与龙子祠泉域社会相同，引洪灌区亦供奉龙王，不过二者的祭祀心理当是截然相反的。《上下二浒根基要据所当保存碑记》就记载了峪口村在仙洞沟领祀龙王及后来将祭祀地点移至该村一事：

> 该沟内有一碧岩寺，竟以南仙洞著名，由来久矣。寺内玄帝主殿，万神俱备，自我村远祖建筑以来，寺内一切祭祀诸事与下宫馆概由我村管老经理，于他村毫无干涉，惟龙王尊神能以□雨可兴水利，其思最大，理宜持祀毋。岁四、七两月献猪献戏，浒长人等亲履仙洞以奉祭祀。村人每因山路崎岖步履艰难，后将原献移下本村至□□，看水役仍赴仙洞搬请神圣，以享其祀。[③]

---

① 《公议水利文字碑》，顺治十五年。
② 《上下二浒根基要据所当保存碑记》，民国十六年。
③ 同上。

从碑文还可看出，引洪淤灌的组织领袖称为“泒长”，很可能负责包括祭祀在内的一切重大事务。如“倘有截拦用水，每亩罚麦五斗，修泒公用。如泒长不让，罚银拾两”。泒长掌握着灌区内的惩罚大权。不过，最能显示和树立泒长威信的，当是其作为灌区代表与其他群体进行的利益博弈。

2. 引泉灌区与引洪灌区的利益冲突与协调

泉水与洪流本是区域内的自然资源，当其各自特性被人们认识和利用时，原来的水环境发生了较大变化，引泉渠系广布，而引洪灌区仅限于山前一带，两种不同的水资源利用类型形成了不同的区域利益群体。二者的共时性不知始于何时，但可以肯定，趋利避害的共同追求使其产生了不同的营生选择，一条洪流将二者紧紧连在一起，在冲突与调和中寻求共生。在此区域内，上官河诸村与窑院村之间的由洪流引发的利益纠纷最为典型。

由前文可知，窑院村西有洪流一条，名曰窑院沟，沟水出山后，顺势南流，注入龙子祠泉源。在窑院沟河道内，窑院村建有上下两道坝堰，阻水东流淤灌田地，是为第一泒和第二泒。坝堰最初为石渣活堰，它的好处是技术简单，用工较少，浇灌完毕后可随时破堰，用水下流。不利之处在于每年山水来临之前均需纠集人夫打堰，而不得一劳永逸。这种引水方式对下游泉源及上官河影响甚大，因为石渣活堰几乎起不到任何拦渣功效，泉源和渠道的安全就不能保障。为此，上官河一方决定在泉源之北筑起拦渣石堰一道，作为防治泉源和渠道淤塞的最后防线。但若拦渣石堰高无所限，所阻洪水必然东流，危及下游村庄而遭其反对。石堰的选址也异常重要，若距泉太近则作用不大，距离稍远则会进入窑院村的引洪区域。雍正四年（1726），上官河渠绅们最终确定将堰址选在窑院村第二泒引水处，由庠生张希载、总理张士灏、渠长程有德等作为代表与窑院村泒长刘复盛及相关用水人等展开谈判、协商，最后订立合同，达成如下共识：

窑院村同意上官河一方在第二泒引水处修建拦渣石堰一道，但高度不得超过三尺，以防洪水过猛时危及村社；石堰东头须留退水夹口一座，面宽五尺，高三尺。上官河一方同意窑院村于石堰东侧另筑石堰一道，内留回水口一座，可随时启闭，一方面便于浇灌，另一方面则宜于防治水患。另外，第二洴导引洪水时，若水量过小，仍允许其用砂石茅苇另砌活堰尺许，以利灌溉。如果洪水暴发，第二洴可任意从退水口放水下流，如果石渣泥茨冲坏、壅塞上官河，与第二洴无干；若退水不及与村社有碍，亦与上官河无干。在石堰工程摊款和兴夫问题上，窑院村与上官河实行二八分配。①

协议达成后，为永垂久远，杜绝争端，双方将合同内容镌刻于石碑之上，曰《增修石堰碑记》，立于石堰一旁。嘉庆十九年（1814），窑院沟洪水暴发，将石堰、石碑冲坏。次年初春，上官五河照旧重新修复，于三月初八日功成告竣。四月，重立碑文记其事。②

合同的订立是建立在“双赢”基础上的。对上官河而言，石堰的修建将大部分砂石拦阻，大大减轻了洪流对泉源及渠道的威胁，虽仍有浑水进入，当实属难免，因为洪水终归要有去处，不至泉源、渠道，就必然流向窑院村，危及生命财产安全。故而，窑院村对石堰的高度予以硬性规定，不得超过三尺。石堰的修筑对窑院村来说也具有重要意义，它不必年复一年地修筑渣石活堰，从而减轻了人力、财力负担，并且能够利用退水、回水夹口较为灵便地引用洪水，其所得利益不降反升。双方在各自趋利避害的选择上找到了平衡点，求得共生。

还需指出，上官河一方虽是获利的大头，却同样也是出资的主力。窑院村虽出资二分，但坚固的石堰却使其受益良多，容易产生惰性，因为即使自己不出资，上官河一方也不得不努力修筑石堰。出于同样的利己心理，上官河一方则想尽可能地加高石堰，而这对村社的威胁不言而喻。双方又在此一点形成掣肘之势。然而，事情往往总会有一方违约，随而相互攻击，发生冲突。

咸丰元年（1851），距上文重修石堰、碑文36年后，上官河一方即与窑院村发生讼案。案件的起因无从知晓，但在呈稿中双方各执一词。上官河一方谓窑院村用水不修堰，窑院村说上官河一方所筑石堰超过三尺，危及村社安全。双方因此互控，从临汾县、平阳府，直至省府。最后省府断令：

① 《龙子祠合缝碑一案呈稿》，咸丰二年。

② 《上官五河重修龙子祠西石堰原碑文志》及《附记》，嘉庆二十年。

> 该处第二汧石堰兴修之时按工程大小以二八摊钱，上官河出十分之八，窑院村人出十分之二，仍由两村监工夥修，许用活渣砌堰尺许，使窑院村蓄注混水浇地，所有退水口高宽尺寸悉照旧制，汧东回水口许本村人等筑立石堰，内留洞口一个，随时启闭。[①]

咸丰二年（1852）九月二十八日，临汾县府发布《告示》，要求上官河与窑院村按照省府断令执行，并将其张贴于上官河所溉村庄，以广而告之。其文如下：

> 示仰上官河渠长并窑院□□□人等知悉：窑院村西第二汧□□渣石堰尔等务须遵照省断及时兴□□□官河不致受其淤塞，堰旁□□□□混水浇灌，如敢抗违，定行究处。[②]

由此可知，官方对二者纠纷的解决方式仍是率由旧章，遵行传统，雍正四年（1726）订立的合同及相关碑文依然是此案断决的主要依据。因为这个平衡一旦打破，随之而来的将是一系列冲突的爆发点。双方只有再回到原来的位置，互相制约，互利共存。

综上所述，面对同一种水源——洪流，龙子祠泉域和洪灌区的态度、行为截然相反。前者视其为“害”，采取避、堵、疏等主要的技术手段进行防治，并通过相应的制度约束加以保障。虽然洪流的下游河道偶有作为引泉灌区支渠的情况，但其主流毕竟是“害”。相反，在边山一带，洪流却是一种对农业生产极为有利的自然资源，兼具灌溉和肥田两种功能。对洪流的开发利用同样形成了一个相对稳定的灌溉区域，该区域也同样拥有一套保障淤灌顺利运行的技术和制度体系。当同一洪流以不同的“身份”出现在两个区域时，二者也因此建立了联系，双方在趋利避害的不同路径选择上找到平衡点，从而实现互利共生。在应对、利用自然环境和处理区域社会关系上，人类展示了巨大的智慧。

---

① 《上官河碑文簿》，咸丰二年。

② 临汾县正堂《告示》，咸丰二年。

研究表明，区域社会根据不同的水资源类型产生了不同的利用方式、技术形态和制度体系，并由此形成了不同的利益群体，而看似互不相干的两个群体却因为同一洪流捆绑在一起，这一联系成为我们进行区域内或区域间比较研究诸多路径中的一种。需要指出的是，在晋南山麓平原地带，泉水和洪流是普遍存在的两种地表水资源，类似于龙祠周边引泉灌区与引洪灌区相互毗邻、互利共生的情况还有很多，而在山西高原、黄土高原甚至更广阔的范围内，同时利用多种类型水资源的小尺度区域应当不在少数。在这一尺度区域的研究中，多类型水资源利用的综合考察极为必要。

不难看出，无论泉水还是洪流，其作为一种地理要素，不仅仅是人类社会发展变迁的背景因素，也是人类历史大舞台上的一个重要参与者。在这出戏里，人类既有主动，也有被动和无奈。进一步而言，地理环境还从更深层次上影响到人类的社会、经济行为和文化心态。因此，在小尺度的区域研究中，无论地理要素还是社会要素，都应给予同样的重视，而不可失之偏颇。要之，区域研究之真谛在于"综合"，欲把握区域社会变迁发展的脉络，必须从整体上予以考察，而不是各要素之间的分离、割裂。同时，区域内部及区域间的比较研究亦必不可少。唯有如此，区域研究才能真正凸显它的魅力，保持它的生命力。

二、园田化：集体化时期的农田规划与景观变迁

（一）传统时期的农田水利景观

景观（Landscape）一词有多种含义。一是美学意义上的理解：意同"风景"，是风景诗、风景画及园林风景学科的研究对象。二是地理学上的理解：与"地形"、"地物"同义，主要从空间结构和历史演化上研究。三是景观生态学上的理解：作为生态系统的功能结构，是研究景观的整体性及其空间的异质性，并研究景观的经济价值（生物生产力、区位）、生态价值、文化和美学价值综合发挥的科学。本节主要是从地理学角度对传统社会农田水利中的景观进行了空间结构的分

析，并初步探讨了它在景观生态学上的意义。

景观生态学是生态学与地理学之间的综合性边缘科学，也是生态领域中的一个新分支。它以景观为研究对象，研究景观的结构、功能和动态。

景观是由斑块（Patch）、廊道（Corridor）、模地或衬质（Matrix）三者镶嵌而成的镶嵌体。斑块—廊道—本底（基质）理论景观是一个由不同生态系统组成的镶嵌体，而其组成单元称之为景观要素（Element）。按照各种景观要素在景观中的地位和形状，景观要素分成3种类型：斑块（嵌块状）、走廊（廊道）和本底（基质）。

在景观中，斑块是基本组成之一。斑块是一个与包围它的生态系统不同的生态系统，具有相对均质性，其面积大小不等，斑块可以是生物群落或是岩石、土壤、建筑物等。斑块的类型、起源、面积、形状、轮廓、数理、空间格局和动态是景观具有代表性的特征。

廊道是指狭长的线状或带状斑块，如公路、河流、林带、篱带等。廊道影响物质交流，特别是河流廊道，对物质的流失、侵蚀、沉积及污染物的扩散稀释均起明显的作用。景观中的廊道是两边与本底有显著区别的狭长带状斑块，具有双重性质：一方面将景观中不同部分隔开，对被隔开的景观是一个障碍物；另一方面又将景观中不同部分连接起来，是一个通道。

本底或基质是景观中面积最大或最突出的部分，一般指背景植被或地域，在很大程度上决定景观性质。

狭义农业景观即农田景观。农田景观的空间格局，一般是具有清晰边界的许多斑块、廊道及基质的镶嵌组合[①]。具体而言，就是由草地、耕地、林地、树篱及道路等景观要素组成的镶嵌体。在农业景观生态规划中，有的学者又根据景观过程的不同将农业景观分为多个功能区，如生态环境保护功能区、经济园林功能区和农业耕作功能区[②]。这虽是规划师对现代农业发展做出的理想设计，但从根本上讲，也是以该地区原本的农业景观格局为基础的。从传统农业到现代农业，虽然农业景观格局发生了变化，但在大空间尺度上农业景观的

① 王仰麟：《农业景观格局与过程研究进展》，《环境科学进展》1998年第2期。
② 王仰麟、韩荡：《农业景观的生态规划与设计》，《应用生态学报》2000年第2期。

本质没有变。

农田水利景观要素主要包括作为本底或基质的农田，作为廊道的渠道体统以及林带和道路，作为斑块的聚落、桥梁、水力作坊和各类渠系建筑物。

1. 渠道

渠道是农田水利中的主体工程，因此渠道的选址、布设、修建、维护就显得异常重要，进而派生出许多相关工程和事务。渠道的选址、布设大体受地形和人为二种因素的制约。渠道之设计，依地形高下因势利导本无可非议；然“农民则不愿自己田畔有所损伤，而乐将农渠伸入其邻畔者，当灌水时期则又强豪争先，不愿其邻畔灌溉”[①]。若此，则渠道的布设往往增加了许多不确定因素，渠道形态弯曲，也成为用水纠纷的起因之一。

如果把龙子祠泉源比作一棵大树的底部，那么由泉源向北、东、南三个方向延伸出来的渠道就是这棵大树的根系，只不过“营养”流动的方向不是从根部到树干，而是恰恰相反，浇灌民田后的“过剩营养”最终东流入汾。这组根系经过唐宋时代的开发，于北宋末年定格了传统时代的基本形态，从北到南依次排列着庙后小渠、上官河（包括首河、二河、三河、青城河、上中河）、下官河、北磨河、南磨河、高石河、东靳小渠、李郭渠、中渠河、南横渠、晋掌小渠等共15条干渠，灌溉临汾、襄陵两县80多个村庄的8万余亩土地。灌区东西最宽7500米，南北最长30000米。

渠道两旁的树木也是渠系的重要组成部分。渠旁植树不仅风景秀美，而且保护渠岸，数年之后树木成材，还可得些利益，可谓一举数得。龙子祠灌区渠系中的树木种类繁多，有杨、柳、槐、椿、榆、桑、楸、柏、洋槐等普通树种，又有枣、柿、杏、桃、梨、果树等经济树种，二者相加近20种。其中，以杨、柳最多也最为普遍。

2. 渠系建筑物

传统的灌溉工程除以渠道为主体建筑外，还有一些必不可少的“配套”工程，例如桥梁、埝、坝、堰、闸门、分水洞等。这些设施中最常见的要数桥梁了，据

① 刘钟瑞：《灌溉事业与农民心理》，《水利月刊》1948年第15卷第2期。

统计，龙子祠灌区十余条渠道上建有各类桥梁 50 余座。

桥梁位于渠道中部，而埝、坝、堰、引水闸、分水洞等均在渠首或分水处。埝、坝、堰都是用来挡水的，三者之区别大致如此：埝一般为土制，而且横截水源，抬高水位，以便入渠，有窝埝、滚水埝等类型；堰多以石砌成，伸入河道，引水入渠；埝、堰是坝的两种类型，均属坝的范畴。另外，这几种名称可能因地、因时而叫法不同。引水闸用来控制渠道中的水量，使渠水不致太多毁坏渠道，也不致过少而不敷用。

龙子祠灌区地处黄土高原，由于近世以来植被的破坏，水土流失较为严重，灌区范围内的涧河常常成为威胁渠道正常运行的重要因素，因此，当地居民利用涵洞使渠道从涧河底部通过，或修建堤坝以防止洪水冲漫渠道等不一而足，建立了一系列防洪设施。

3. 渠系中的经济、社会景观

传统的农田水利其主要作用是用来灌溉农田以防灾抗旱增产增收的，这是基于人们对“水乃生命之源”的认识结果。此外，水还具有无比的能量，同样是“力量之源”。在渠水富余或灌溉间歇期，有条件的地区往往会建造水磨、油磨等设施发展水利型经济，这则是人们对“水力”的开发。

龙子祠灌区的经济景观以磨最常见。水磨业是泉域最重要的加工业，当地人们又把水磨称为“水硙”。龙子祠泉水量大时可达 8 立方米 / 秒。借水还水，修造水硙，为人们生活提供了极大方便。据统计，明代万历年间，南横渠即有水磨 16 座，水量丰富的南磨河达42 座[①]。解放初期，龙子祠泉域的水磨仍有97 座[②]。水磨大致可分两种，一种供磨面，另一种则是磨香面（柴粉）的柴硙。农忙时种地劳作，农闲时拾柴卖给柴硙磨香面。旧时的人们就这样一代一代走向今天。

伴随着水利的开发，与水相关的民间信仰活动也成为灌区内的重要生活内容，于是龙王庙、关帝庙等祭祀中心便应运而生了。位于今天龙祠村的龙子祠就是传统时期灌区最重要的祭祀场所，此外，诸如西宜、北杜等村的“村庙”也是灌区

① 《平阳府襄陵县为水利事》，万历四十二年。

② 《龙子祠灌溉区水磨等级一览表》，山西大学中国社会史研究中心藏，1952 年 6 月 1 日。

内水利事务的活动空间。在灌区的发展进程中扮演着重要的角色。

如图 7-2 所示，是一个典型的灌区景观格局。虚线以内是灌溉区，亦即农业耕作功能区。本区景观过程以作物生产为主，具有较大的一致性，可视为一个整体单元。区内水浇地为基质，城乡建设用地为斑块，灌渠、树篱、道路、河流等为廊道。斑、廊、基的空间镶嵌格局是本区的基本结构。

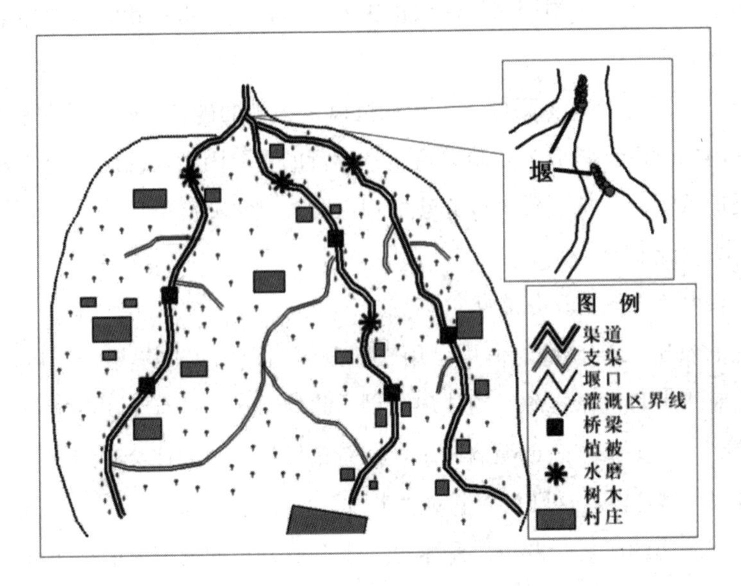

图 7-2 传统时期龙子祠灌区景观示意图

廊道状的渠道把本来相通的区域分割开来，阻断了两地间的各种交流，桥梁的修建却在一定程度上补偿了由此带来的不便。同时渠道的存在又为另一种交流提供了基础，随着沿渠道路的兴建必将会加强渠道上下游之间的联系，而发生于上下游间的水利纠纷则是这种联系的非常态表达。

农田景观格局是生物自然过程与人类干扰相互作用形成的，是各种复杂的自然和社会条件相互作用的结果。同时，农田景观格局也制约和影响着各种生态过程。农田斑块的大小、形状和廊道的构成将影响到农田内农作物和其他物种的丰度、分布、生产力及抗干扰能力。1958 年，随着“大跃进”在全国的蔓延，龙子祠灌区在水利“大跃进”的同时，开展了一场声势浩大的“园田化”建设运动，传统的农业景观发生了巨大变化。

（二）园田化的历史背景

农田规划是现代农业的产物，是根据地区一定时期内农业发展的需要，充分考虑现有生产基础及自然、经济、技术条件和进一步利用改造的潜力和可能性，拟定具有一定年限的、有科学根据的农田利用设想、轮廓指标、投入安排和主要实施措施等。具体而言应包括农田规格、种植结构以及渠道、道路、林带等配套工程的规划。

西方发达国家从18世纪末19世纪初就开始了农业的现代化历程，20世纪70年代农业现代化基本上得以完成。我国的农业现代化历程起始于清末民初，新中国成立后，又经历了集体化时期的探索、起步与曲折发展和人民公社体制解体以后的快速发展两个主要阶段。可以说，每一阶段的农业发展都有一定的农田规划相伴，体现其对现实和未来的指导作用。

园田化是集体化时期被作为一种运动在全国普遍推广的农田规划和建设目标，是“把老农种菜园的经验，扩大运用在各种作物上。它要求：全部是水地，灌溉自流化；地普遍深翻，地平土壤细，划好小畦块，大片连成方；分层施底肥，分期施追肥；良种普及化，密植合理化；种植区域化，播种规格化，管理科学化，无草无病虫，垅垅保全苗，株株保全苗，株株肥又大。这是一种高度的精耕细作，是从种到收一套高标准的耕作方法，是农业‘八字宪法’全面贯彻的集中表现”[①]。这一运动又先后经历了1958—1961年和“农业学大寨”两个阶段，对改革开放以后中国农业的发展产生了深远的影响。

关于集体化时期园田化的研究并没有引起当今学术界的重视，其成果主要集中于集体化时期来自各大主流媒介的舆论造势和部分学术刊物发表的关于园田化的经验总结或相关研究性论文[②]。此类成果与其说是学术史回顾，不如作为我们研

① 《大面积高额丰产的中心环节》，《山西日报》1959年2月23日社论。

② 1959—1960年，全国各省区党委机关报陆续刊登了关于实施耕作园田化的“社论”，各县、公社、大队也纷纷落实，以经验总结的形式撰写成文，逐级上报，并摘其要者刊登于各级主流报纸。1960年6月，

究那个时代园田化规划与建设的重要参考资料加以使用。我们在田野调查中发现的龙祠水利文书和其他基层档案资料则更丰富了本项研究的史料基础。

在中国传统的小农经济体制下，形成了地块面积较小和分布较为散乱的农田景观格局，受自然灾害、人口再生产和土地买卖等因素的影响，这种格局的具体形态也在发生变化，但总的面貌并没有大的改变。与这种农田景观格局相对应，在条件允许的区域布设了一定的灌溉渠道、渠旁树木和田间小路，构成了传统时代广大乡村的田园风光（如图 7-2）。应当说，这种农业景观的规划、布局是历史发展的产物，它在最大程度上适应了当时生产力发展的需求。正如马若孟在研究中指出的，农户经营土地的面积并不是越大越好，“农场超过一定的面积后，每单位面积耕地的收入就开始下降。每亩地的收入或是随着农场面积的上升而上升，然后再下降，或是农场面积最小的一组收入最高，然后随着农场面积的上升而下降”[①]。农户肥料积攒的限制、新作物品种和耕作方式的引进导致牲畜的有限发展等因素成为制约农田规模最主要的原因[②]。这也使小农经济保持长期的稳定状态。

但是，稳定并不一定合理，更不是高效的代名词。例如，在灌溉渠道设计时，

（接上页）农业部土壤肥料局将这些报道、总结加以采选、汇编成册，以《实现园田化确保大丰收》为名在中国农业出版社出版。同时，全国园田化建设的先进地区也编著了一些宣传材料，如由中共河南省长葛县委会编著的《大搞园田化　全面贯彻农业“八字宪法”》（农业出版社 1960 年版）等。以论文形式出现的成果主要有河北省石家庄专区渠道灌溉管理处的《灌溉园田化》（《中国水利》1958 年第 6 期），中共安国县委办公室的《安国县灌溉耕作园田化的技术措施》（《农业科学通讯》1958 年第 13 期），武汉大学经济系园田化问题调查小组的《耕作园田化 —— 高速度发展我国农业生产的途径（长葛与安国两县耕作园田化问题的调查报告）》（《武汉大学学报》）1959 年第 1 期），安新固的《园田化的群众经验之一 —— 畦田种植》（《土壤》1959 年第 12 期），黄委会水土保持处规划科工作组的《对绥德三角坪人民公社耕作园田化措施的初步意见》（《人民黄河》1959 年第 5 期），李桐芳等的《园田化田间渠系规划布置经验》（《中国农业科学》1960 年第 3 期），中共枣阳县委农村工作部工作组、湖北大学农业经济系 560 班枣阳实习队的《关于湖北省枣阳县鹿头公社曙光生产队基本实现耕作园田化调查报告》（《中南财经政法大学学报》1960 年第 3 期），丁传礼的《进行园田化测量的几点体会》（《测绘通报》1960 年第 12 期），德令哈农场的《定垅园田化》（《中国农垦》1960 年第 13 期），中共湖南省安乡县委员会的《大搞园田化建设向生产的深度和广度进军》（《中国农业科学》1975 年第 4 期），玉林县名山公社太阳大队的《整改土地实现园田化》（《广西农业科学》1975 年第 9 期），张义春的《谈谈宝鸡峡灌区园田化规划问题》（《广西农业科学》1975 年第 9 期），以及李杰新的《水稻田的园田化建设》（《自然资源》1978 年第 1 期）等。

① 〔美〕马若孟著，史建云译：《中国农民经济 —— 河北和山东的农民发展，1890—1949》，江苏人民出版社 1999 年版，第 191—192 页。

② 参见〔美〕马若孟著，史建云译：《中国农民经济 —— 河北和山东的农民发展，1890—1949》，江苏人民出版社 1999 年版，第 192—208 页。

依地形高下因势利导本无可非议，然“农民则不愿自己田畔有所损伤，而乐将农渠伸入其邻畔者，当灌水时期则又强豪争先，不愿其邻畔灌溉”[①]。这就使渠道的布设增加了许多不确定因素，渠道形态弯曲，也成为用水纠纷的起因之一。中国农业欲取得新的发展，期待从制度和技术上实现突破。

1949 年新中国的成立为传统农业向现代农业的转变创造了稳定的制度环境，农业现代化历程也开始进入新的探索和发展阶段。

1954 年 9 月，周恩来在一届人大一次会议所作的《政府工作报告》中提出：“如果我们不建设起强大的现代化工业、现代化农业、现代化的交通运输业和现代化的国防，我们就不能摆脱落后和贫困，我们的革命就不能达到目的。”这是新中国政府首次明确提出建设现代化农业的奋斗目标。

那么，什么是农业现代化？毛泽东曾指出：“农业的根本出路在于机械化。”[②]但是，他认为中国农业机械化不能照搬苏联和美国的模式。中国农业的特点和传统是精耕细作，中国农民在土地上耕作，就像在土地上绣花那样细致。1957 年，毛泽东在中共八届三中全会上第一次提出“农业的现代化 ”。他说，“我看中国就是靠精耕细作吃饭”[③]，第一次把农业现代化与中国精耕细作的传统联系起来。他还总结中国农业精耕细作的经验，提出了“以深耕为中心的水、肥、土、种、密、保、工、管”这一著名的“农业八字宪法”[④]。看来，在传统农业精耕细作基础上进行机械化作业某种程度上可以视作毛泽东对农业现代化的认识，这也成为集体化时期农业现代化道路的指导性方针。1961 年 3 月 20 日，周恩来在中央工作会议上指出：必须从各方面支援农业，有步骤地实现农业的机械化、水利化、化肥化、电气化[⑤]。更加明确了实现农业现代化决定性的因素是要掌握和运用现代的科学技术。此农业“四化”也成为日后相当一段时期内对中国农业现代化的理解。

如何将传统农业的精耕细作与“四化”相结合，建设中国的农业现代化？

---

① 刘钟瑞：《灌溉事业与农民心理》，《水利》1948 年第 2 期。

② 《毛泽东文集》第八卷，人民出版社 1999 年版，第 49 页。

③ 《毛泽东文集》第七卷，人民出版社 1999 年版，第 307 页。

④ 《建国以来毛泽东文稿》第七册，中央文献出版社 1992 年版，第 638 页。

⑤ 《周恩来经济文选》，中央文献出版社 1993 年版，第 596—597 页。

1958 年 11 月 28 日，中共八届六中全会通过的《关于人民公社若干问题的决议》中指出，“在农业生产方面，应当逐步改变浅耕粗作、广种薄收为深耕细作、少种多收，实现耕作园田化和生产过程机械化、电气化，大大提高单位面积产量，提高劳动生产率，逐步缩减耕地面积和在农业方面所使用的劳动力”[①]。可见，农业现代化的实现途径即是在园田化的规划基础上进行机械化和电气化作业。换句话说，园田化的规划是应以能够进行机械化和电气化作业为标准的。这样，传统时期呈散乱分布的农田格局就不能适应这种要求，而必须打破地块边界，合小块为大块，并修建可进行机械化作业的田间道路和园田化本身应配套的渠系、林带等，总之，须对传统农田景观进行新的规划和建设。如果说互助组时期的生产资料个体所有制仍是限制土地集中规划的阻力的话，那么农业合作化运动彻底改变了土地所有权，使土地为合作社和人民公社所有，给农田进行大面积规划解除了制度上的后顾之忧。特别是“一大二公”和“政社合一”的人民公社时期，片面强调公社的规模一般以一乡为一社，也可以数乡组成一社，提倡以县为单位组成联社，并提出小社并大社要一气呵成，这不仅使成千上万亩的农田规划成为可能，而且集权式的动员机制保证了园田化建设所需要的大量劳动力。

（三）园田化的规划与建设

园田化运动开始于 1958 年的“大跃进”时期。河南省长葛县和河北省安国县是当时在全国树立的两个典型。1958 年 7 月，中共安国县委办公室即以《安国县灌溉耕作园田化的技术措施》为题公开发表了其园田化经验[②]，1959 年初武汉大学经济系园田化问题调查小组在对长葛和安国两县园田化建设进行调查的基础上，撰写了两县耕作园田化的调查报告《耕作园田化——高速度发展我国农业生产的途径》[③]。应当指出，两县园田化之所以成为典型，并非一蹴而就，而是有着较好的

---

① 《关于人民公社若干问题的决议》，中共中央文献研究室编：《建国以来重要文献选编》第十一册，中央文献出版社 1995 年版。

② 中共安国县委办公室：《安国县灌溉耕作园田化的技术措施》，《农业科学通讯》1958 年第 13 期。

③ 武汉大学经济系园田化问题调查小组：《耕作园田化——高速度发展我国农业生产的途径（长葛与安国两县耕作园田化问题的调查报告）》，《武汉大学学报》1959 年第 1 期。

水利建设基础。以长葛县为例，从1955年开始即大搞农田水利建设，并逐步实现了水利化。与此同时，长葛县还总结了该县马同义（全国深翻土地劳动模范）翻地、分层施肥取得连年增产的经验，从1957年起在全县普遍推广。在此基础上，把其他各项增产措施有机结合起来，使1958年冬播的80万亩麦田全部实现了园田化[①]。由此可见，园田化建设是以水利化为基础，并最早开始于水利条件较好的传统灌区。

山西省的园田化建设最早开始于代县的峨河灌区，其园田化建设曾被作为山西省的典范在全省推广。1958年9月，山西省召开的灌溉管理现场会议就将该灌区作为园田化建设的参观点之一。此次会议还特别强调，“灌溉耕作园田化应作为我们工作上的重点，是增产省水的好办法，也是灌溉农业的发展方向，必须贯彻始终，大搞特搞，要求所有的灌溉耕作地段全部实现园田化。其次，计划用水、工程养护、灌溉试验研究、盐碱地改良也应随之加强，以适应跃进形势的发展需要”[②]。会议后，园田化运动也迅速在全省范围内展开。

1958年9月14日，龙子祠水委会的一个管理站——中站在其编印的《关于实现灌区园田化的意见》中如此“规划”园田化：“园田化就是把现在灌溉地段上的畦幅划成似井水区的菜园地一样，大畦划小畦，长畛截短畛，每亩地要划到10—20个小畦，每畦的面积为五厘到一分。”不难看出，水委会中站对园田化的理解即是将灌溉畦幅划小，改变以往大水漫灌的灌溉方式。当月召开的全省灌溉管理现场会议规定：自流地每亩划30—40个小畦，井灌区70—80个小畦，机灌区30—50个小畦；宽行作物如棉花、玉米、高粱等全部实行畦流沟灌。不仅如此，省局对园田化的规划内容更为丰富：灌溉耕作园田化是省水增产的好办法，是灌溉农业的发展方向，也是灌溉技术与农业耕作技术措施的综合体现；它的标准是：实现“灌溉工程系统化，渠道小型建筑物装配化，量水建筑物齐全化”；并

① 参见武汉大学经济系园田化问题调查小组：《耕作园田化——高速度发展我国农业生产的途径（长葛与安国两县耕作园田化问题的调查报告）》，《武汉大学学报》1959年第1期。

② 龙子祠水委会：《关于省灌溉管理现场会议精神的摘要传达与59年水利工作的意见》，山西大学中国社会史研究中心藏，1958年10月4日。

结合深翻土地，普遍平整土地，划小畦块[①]。在省局那里，划小畦幅只是园田化的内容之一。

在省局会议精神贯彻之后，龙子祠水委会很快制定了园田化规划方案，并于12月对其进行修订，形成《龙子祠老灌区灌溉耕作园田化初步规划方案》。其初步规划结果为："支干渠和蒲河改弯4处，新开和整修斗渠30条，农渠169条，新开截清流渠4条；利用自然地形建筑小型水库23个，挖小水泉43个，恢复水井341眼，新打水井156眼；建筑水电站66座，可发电552个千瓦；利用和新建养鱼池27个；总共挖填土170824.5方，需用劳动日45324.2个。"[②]1959年12月，龙子祠水委会颁布了《灌溉耕作园田化初步实施方案》，进一步明确了园田化的实施目标。

与此同时，灌区各社队也在进行着园田化的规划和建设。临汾县金殿乡苏村社于1958年11月28日即将该社园田化的进行情况以《大搞园田化工作经验总结》为题上报龙子祠水委会；1959年1月23日，南辛店人民公社第九管理区胡村也向水委会上报了该村的园田化工作总结，题为《群英大战园田化，少种多收产量达》；等等。这种积极性来源于特殊的政治环境，我们称之为思想政治上的"高压"。几乎在每一份园田化经验的总结当中，我们都可以看到，"政治挂帅"无一例外地被放在取得所谓园田化胜利的经验头条。各级党组织和政府对园田化的重视程度无以复加，为了扫清民众在思想上不统一的障碍，组织者更是以"两条道路"进行施压，将对园田化存有异议者称为"走资派"。如此，园田化在舆论上可谓畅通无阻。这里，我们即以胡村大队为例来窥探社队一级园田化的实践历程。

胡村属于龙子祠灌区内南横渠下游的灌溉村庄，1959年"有187户，877人种植着2039.74亩"土地。该村虽属灌区，传统社会常因上游霸水而无法灌溉，

① 参见龙子祠水委会：《关于省灌溉管理现场会议精神的摘要传达与59年水利工作的意见》，山西大学中国社会史研究中心藏，1958年10月4日。

② 龙子祠水委会：《龙子祠老灌区灌溉耕作园田化初步规划方案》，山西大学中国社会史研究中心藏，1958年12月2日。

群众中流传着“胡村胡村太稀和，村南坡上烂地多，天旱成灾无收获，雨涝冲下大堰豁，种棉棉不收，种粮产不多”[①]。1952年，龙子祠水委会组织各受益村庄将南横渠向南开挖15000米，使该村灌溉条件大为改善。1958年“大跃进”时期，该村并入南辛店公社，在灌区水委会的支持下进行了园田化规划：将全大队1070亩小麦按照深翻、密植、宽幅、肥足的要求标准进行园田化建设。其具体做法是：

> 第一，破保守立跃进，抢时间、抓住跃进关键。……在“大跃进”中我们在党的领导下和水利部门具体指导下认真贯彻了农业八字宪法。水是丰收条件之首，实现耕作园田化的重要意义在广大群众中展开了耕作技术革命的大鸣大放大辩论会，群众鸣放贴大字报250张，提出“先化人，后化田”。七十岁白木林说：我种了一辈子地，没搞过什么园田化，庄稼也一样收。部分干部怕麻烦怕费工，认为闹钢铁劳动少，没有时间搞园田化。经过一场大激战，化了心，化了人，化了田。……进一步开展了定时间、定任务、定质量、定报酬，比思想、比干劲、比创造、比效果的“四定四比”运动，抓住跃进关键，充分发动了群众，掀起了高潮。
>
> 第二，结合播种组织专业队伍大排战场。社成立了园田化指挥部，组织25人的专业队伍，密切配合送肥、犁地、秋收、播种，做到边播种边园田化，种一亩搞一亩，实现了组织军事化、劳动战斗化、生活集体化、管理民主化，办公、鸣放、供应、学习、评比、宣传、文娱、医疗，“四化八到田”。支书白春荣边劳动边督战，全体干部上前线，带动社员一起干。
>
> 第三，政治挂帅，思想领先，依靠群众走群众路线。……于（1958年）12月28号园田化留下了光辉的一页。群众干劲高，战绩辉煌，完成斗渠一条，长698米；农渠5条，长2513米；毛渠20条，长2873米。新建闸口71处，联合建筑物26个，跌水9个，混合建筑物30个。修理斗、农、毛

① 《群英大战园田化，少种多收产量大》，山西大学中国社会史研究中心藏，1959年1月23日。

> 渠14条，长2760米，共搞渠长11708米，连接起来足有23里长，受益面积880亩，实现了坡地园田化，建筑物多样化，渠道标准化，闸口装备自动化，地平如镜，垅直如线。①

不难发现，胡村大队园田化的实践主要是对“农业八字宪法”中各要素的规划和建设，其在水利设施方面的建设尤为突出。应当说，水利化是这一时期园田化建设的主要目标。至于机械化、化肥化、电气化，仍是一个长久的梦想。在1959年的报告中，胡村大队即有这样的宏图：“我村南沟水库将要建成发电站，我们黑胡胡（乎乎）的胡村，要变成亮堂堂的胡村。”只是在高指标、瞎指挥、浮夸风严重泛滥的“大跃进”时期，这一宏图的结果可想而知。机械化和化肥化则同样受制于国家经济实力的约束，无法真正落实到园田化的实践当中。

1960年，随着“大跃进”逐渐走向死胡同和国民经济严重困难时期的到来，园田化建设也大大放慢了脚步，许多宏伟的规划也被放入故纸堆中，静悄悄地入眠了。

1964年2月10日，《人民日报》发表《大寨之路》的报道，同时发表《用革命精神建设山区的好榜样》的社论，介绍了山西省昔阳县大寨大队在贫瘠的山梁上，艰苦奋斗，发展生产的事迹。之后，全国农村掀起了“农业学大寨”运动，直至70年代末。“农业学大寨”运动的出发点就是学习大寨人“自力更生，艰苦奋斗”的精神，发展农业生产，“建设旱涝保收、稳产高产农田”。运动的兴起再一次“激活”了园田化的规划与建设。这一阶段的园田化实践在规划标准、实施内容上基本沿袭了“大跃进”时期的做法，但是也有其自身特点，即在农田规划中逐渐开始重视道路的布设，机械化、电气化的步伐不断加快，这与当时农业机具和发电量的快速发展密不可分。据统计，从1965—1976年，拖拉机和手扶拖拉机的产量分别增长了5.7倍和65倍；农业用电增长4.7倍；农用排灌动力机械拥有量增长4.9倍；1965—1977年，全国机电排灌面积和水电站机电总装机容量分别增长355.58%和643%；1975年全国机井数比1965年增长

① 《群英大战园田化，少种多收产量大》，山西大学中国社会史研究中心藏，1959年1月23日。

935.89%[1]。不过，由于“农业学大寨”运动开始之日，正是“文化大革命”将要发动之时，这就注定它不可避免地被纳入“左”的轨道，造成悲剧。园田化的实践也同样如此。

粉碎“四人帮”后的头两年，由于没有认识到水利建设上的战线长、配套差、受益慢的问题，各地仍然把农田水利建设当作真学还是假学大寨的标志来衡量，真学大寨就是“大批资本主义手不软，改造山河志不短，大干社会主义身不懒”。因而，一到秋冬，不惜工本，全力以赴，各级领导亲自上阵，铺点带面，社社队队都要大干。以山西省为例，高潮时全省出勤达530万人，机关、厂矿、部队支援人员达六七十万。当时可谓“家家锁了门，人人争出勤，一天一大片，几个回合一架山”。特别是组织县社领导赴山东参观后，有的县搞“划干线，切大方”，逢山平山，遇沟填沟，过村移民，削屹峁，搞人造平原。大兵团，大会战，大协作，大搞一条线，围山转，一大片工程，运城提出两年发展水浇地二百万亩的计划。临汾县提出南北“六十华里一条线”。晋东南当时曾提出“从沁县交口至襄垣城关一百华里大会战，综合治理五十万；上党盆地绘宏图，四县连片百万亩；泽州平地换新颜，两县合作五十万；张峰、交口、西营、关河水库配套，磨滩建库修站发电十万”。致使一些老灌区的排灌渠系被打烂，不得不重新配套，重复投资，至今留有很大后遗症。同时还上了一些不切实际的高扬程、远调水的大工程。经过几番折腾，有些大干的社队，集体花了钱，社员投了工，财产被挖空，群众生活得不到改善。以致群众对农田水利建设产生三怕情绪：一怕收不回庄稼就摆战场，吃到嘴边的粮食丢到地里；二怕寒冬腊月两头抹黑六对六，干到腊月二十九，吃罢饺子再动手；三怕大会战给队里压负担，投工多，收入少，分配不合理。可以说，这一时期的园田化建设不仅直接伤害了群众的积极性，而且使园田化本身变质，从工程规划到具体建设都大大脱离实际，在造成物资、财富巨大浪费的同时也对农业生产和农民生活产生了不良影响。

---

① 水利电力部编：《中国农田水利》，水利电力出版社1987年版，第25—43页。

（四）园田化的绩效与反思

园田化建设要求“大”、“小”兼顾：“大”即是从整体规划而言，使土地成方成块，路、林、渠形成网络，达到配套；“小”则是要求精耕细作，科学种田，提高水、肥利用率。园田化的根本目的就是通过“大”、“小”配合，实现农业稳产、高产。经过集体化时期20余年的努力，全国在园田化建设方面取得了显著成绩，以山西省为例，截止1979年，该省已建成园田化农田950万亩，约占当时全省有效灌溉面积的50%。园田化农田的建成对农业增产、节水灌溉、水土保持、土壤改良、农业技术推广和农村景观的改造等都产生了良好的效应。

1. 投入多，增产高。园田化建设是一项系统工程，需要大量的人力、物力和财力投入。人力和物力主要来自园田化建设所在地区，财力来源可分为国家投资和村社自筹两方面。一般而言，村社小规模的园田化建设主要以人力、物力投入为主，财力投入微乎其微；国家投资主要用于较大规模的园田化建设，但也有以“自力更生”为名被“婉拒”的情况。以山西省汾西灌区为例，20世纪70年代的10万亩丰产方园田化建设总投工395.7万个，投资384万元，完成砖石及混凝土方工程量39万立方米，平均每亩投工近40个，投资38.4元。[①] 这在当时应是不小的投入。

高额的投入也换来了作物增产的回报。在各项工程基础上，将水、土、肥、种等“农业八字宪法”的措施结合在一起，做到精耕细作，综合地发挥了各增产要素的作用，使农作物显著增产。据调查，园田化麦田比一般麦田增产50%左右，最高增产110.3%，最低增产31.4%（见表7-3）；园田化的棉秋田同样增产。

比较说来，园田化建设具有长期受益性，其投入会随着园田化的建成而减少（一段时期内只需进行相应的维护投入），作物产量却会持续性地稳产、高产，因此具有较高的绩效。

---

① 山西省水利厅：《山西省灌溉耕作园田化技术总结》，山西大学中国社会史研究中心藏，1978年5月。

表 7-3　山西各地园田化小麦增产对比情况表

地名	作物	园田化田地		一般水浇地		园田化增产情况	
		面积（亩）	亩产量（斤）	面积（亩）	亩产量（斤）	斤/亩	%
原平阳武河灌区	春小麦	850	352	720.95	254	98	38.6%
交城西北安大队	冬小麦	125	415	—	213	202	94.8%
忻县智村大队	冬小麦	1 316	318	—	242	76	31.4%
应县西辉耀大队	春小麦	—	315	—	205	110	53.7%
榆次鸣谦大队	冬小麦	885.8	257.6	—	158.8	98.8	62.2%
介休义安大队	冬小麦	—	673	—	320	353	110.3%
翼城下涧峡大队	冬小麦	164	556	—	399	157	39.3%

说明：1. 忻县于 1983 年改为忻州市（县级市），2000 年成为地级市。
2. 资料来源：山西省水利厅《山西省灌溉耕作园田化技术总结》，1978 年 5 月。

2. 减少灌水定额，节约水量，提高灌溉质量。土地园田化后，田间工程配套健全、田面平整、畦块划小，使灌水均匀，不产生表土冲刷，肥料流失减少；同时，在保证作物需水前提下大大减少了灌水定额，节约了水量。山西省翼城县利民灌区在经过全面技术改造特别是实施园田化建设之后，节水效果十分明显。渠首平均亩次毛用水量由过去的 108 立方米降到 80 立方米；田间亩次净灌水量由 56 立方米降至 48 立方米；而田间灌水有效利用系数由 0.74 提高到 0.87。全灌区平均增加灌水次数 1.9 次[①]。

3. 拦蓄径流，保持水土，防旱防涝。山区、丘陵区实现园田化后，由于畦小地平，畦畦有埂，因而可以拦蓄径流，用水不下垣，土不下坡。据山西省高平县三甲大队园田化丰产方的观测，一次降雨 47 毫米未产生径流，全部蓄于地内，从而减少了灌水次数，起到保持水土和防旱防涝的作用[②]。

4. 园田化建设中，进行土地深翻，增施有机肥，有效保持了土壤团粒结构，灌水定额的减少也可以防止地下水位上升引起的土壤盐碱化，从而逐步改良了土

① 参见山西省史志研究院编：《山西通志 · 水利志》，中华书局 1999 年版，第 354 页。
② 山西省水利厅：《山西省灌溉耕作园田化技术总结》，山西大学中国社会史研究中心藏，1978 年 5 月。

壤。灌溉园田化后，畦小沟短，灌溉定额较小，不超过土壤田间最大持水量，因而不易发生深层渗漏，这就有效防止了地下水位的上升，从而改良了盐碱下湿地。据山西各地的调查，一般水浇地灌水一次后，地下水位上升0.12米—0.32米，园田化地区灌水后地下水位稳定。同时，由于灌溉流量较小，易于掌握，不致冲毁庄稼，也不会使土壤板结[①]。

5.培养了一批农民技术员，使农业技术得到推广。园田化的规划与建设是一个系统工程，需要大量的专业技术人员。然而，在当时科技人员极度匮乏的情况下，各地不得不"自力更生"，用各种方法培养专家来推广农业技术。例如平遥县梁家堡生产大队在园田化建设中，采取干部、老农、科学技术人员三结合的办法推广科学技术，这一做法得到时任副省长刘开基的认可，并指示向全省推广学习[②]。洪洞县在修建李堡、师村等电站时，为解决技术干部不足的困难，有计划地采取了召开三匠（铁匠、木匠、泥瓦匠）会议的办法，并吸收中、小学毕业生参加，进行现场训练，以工地为课堂，以工程为教材，师傅做、徒弟看，徒弟做、师傅验，用"母鸡下蛋和滚雪球的办法"培养了八名能够初步掌握勘查、施工、安装和管理等技术的土专家。[③]此外，1958年和1970年拖拉机两次下放公社经营，在农村培养了一批机务技术和驾驶人员。这些农民技术员很快成为园田化建设的骨干，为新中国现代农业的探索与发展做出了自己的贡献。

6.集体化时期的园田化建设大大改观了传统农村的景观格局，土地成方成块、田间林带、田间道路、田间渠系及相关建筑物等景观基本上都是在园田化建设过程中陆续形成的。如图7-3所示，园田化规划时对农业用地（主要是农田）进行统一安排，把原来农户分散经营的土地集中起来，合并为较为规则的大田块，便于机械化作业；同时对水渠、道路、绿化带、公共用地进行相应的规划，使整个乡村景观格局呈现规则化、整齐化，彻底改变了传统时代细碎的"曲线美"。

---

① 山西省水利厅：《山西省灌溉耕作园田化技术总结》，山西大学中国社会史研究中心藏，1978年5月。

② 《平遥县梁家堡大队今冬明春大搞四配套实现园田化的规划》，山西省人民委员会农林办公室编印：《山西农情》第25期，1965年10月16日，山西大学中国社会史研究中心藏。

③ 中共山西洪洞县委会：《万颗明珠照洪洞——介绍山西省洪洞县大办农村小型水电站水力站的经验》，载农业部农田水利局编：《水利运动十年（1949—1959）》，农业出版社1960年版，第114—115页。

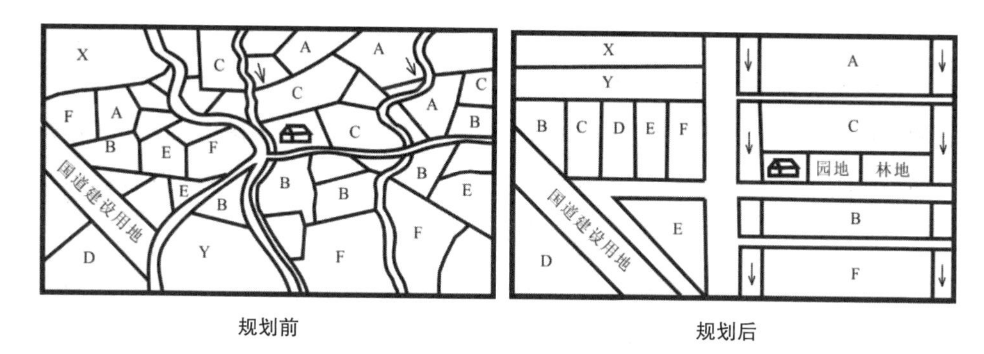

图 7-3　园田化规划前后的景观变化示意图

总之，集体化时期国家利用人民公社高度集中统一的优势进行园田化规划与建设，是对传统时期小农经济体制下进行小块田地规划种植的一个富有现代意义的重大转变，是我国农业现代化的有益实践。园田化过程中大规模的基础设施建设，为人民公社解体后农业现代化的快速发展奠定了坚实基础，也为农村联产承包责任制下的个体经营方式抵御旱涝灾害的侵袭提供了重要保证。

当然，集体化时期的园田化实践也造成了很多负面影响，给我们带来如下启示：

第一，两个阶段的园田化建设都受到了"左"倾思想的影响，没有突出地方特色和照顾区域间不同的环境因素，规划目标盲目贪大，出现很多不切实际的园田化规划；具体建设过程中，一些生产单位对规划的理解过于教条，只重视表面工作，从而造成物力、劳力和资金的大量浪费。美国学者詹姆斯 · C. 斯科特从"国家的视角"对这种大规模的工程规划与建设进行过研究，他指出："所有的社会形式都是为了达到某些人类的目的'人工'建造的。如果这些目的一直很狭窄、简单和稳定，那么那些经过编纂、等级分明的制度就足够了，而且可能在短期内是最有效的。但即使在这种情况下，我们也应明了这些徒劳无功的程序所耗费的人力资本，以及对这种生硬表现的可能反抗。"[①] 园田化建设时期正处于我国"政社

① 〔美〕詹姆斯 · C. 斯科特著，王晓毅译：《国家的视角：那些试图改善人类状况的项目是如何失败的》，社会科学文献出版社 2004 年版，第 489—490 页。

合一”的人民公社时期，园田化的规划和建设作为一种经济行为就无可避免受到政治的干涉。这样，政治决策就成为园田化实践成败的关键因素之一。“大跃进”和“文化大革命”两个阶段，“左”倾思想泛滥，对大小尺度的园田化规划和建设影响甚重。这种“结合”状态的影响一直持续至改革开放后我国市场经济的建设时期。实践证明，减少政府对经济发展过程的具体干预，充分重视区域环境的差异性，确保经济发展相对的独立性，才能真正实现科学发展。

第二，园田化是我国盆地、平原区农业现代化的必由之路，集体化时期的园田化实践有其必然性与合理性。在当今农业现代化理论中，现代农业的特征包括：生产过程机械化、生产技术科学化、增长方式集约化、经营循环市场化、生产组织社会化、生产绩效高优化和劳动者智能化等七个方面。集体化时期，除了在计划经济体制的条件下不可能实现经营市场化和生产组织社会化之外，我国农业园田化的实践基本思路都遵循了现代化农业的基本要求，具有相当的合理性。同时，园田化的实践也是集体化时期特殊政治和经济体制的必然选择，而且也正是在这一体制下，园田化的实践才成为现实。因为，集体化时期（高级社以后）的土地公有制使大规模的园田化规划成为可能，为机械化、集约化、高效化奠定了基本条件，而高度集权式的动员体制则为园田化的建设提供了大量劳动力，保证了各项工程的建设。另一方面，集体化时期严格限制农业人口的流动，造成农村劳动力剩余，某种程度上说，大规模的园田化建设也是确保农村稳定的重要措施。

综上所述，新中国成立后，新生的共产党政权和全国人民都迫切要求改变千疮百孔的经济面貌。在农业经济方面，如何在传统农业基础上，提高作物亩产，确保实现丰产成为摆在政府和农民面前最根本的问题。无论从苏联还是从西方资本主义国家的经验来看，现代化无疑是中国农业的必由之路，共产党政权也义无反顾地选择了这条道路，并将中国传统农业精耕细作的精髓——“农业八字宪法”贯于其中，期待实现质的突破。高级社以后实行的土地公有化制度为农业现代化的进行提供了制度基础，农田得以在现代化理论指引下进行新的规划，使农业生产的机械化、电气化和资源利用的高效化成为可能。在整个集体化时期，农业的现代化历程虽然屡受“左”倾思想的影响，造成许多不必要的创伤，但在农业基础设施建设及其过程中所打造的时代精神成为后世永久的财富。

1982年家庭联产承包责任制实行以后，土地重新下放给个体农户，极大地提高了农民粮食生产的积极性，农业生产技术的不断进步也使农民从事农业和粮食生产的收益不断提升，中国农业进入了一个快速发展的阶段。但是，由于土地是按人口或按劳力平均分配承包，造成地块过于细碎，一定程度上不利于实行机械化作业等先进技术的推行。为此，在个体单干的同时，学界和政府也在重新进行农业现代化道路的探索，不过，它已经无从或者不敢直面曾经造成巨大创伤的集体化时代，而是走“引进来”的路子，从发达国家“取经”。1980年，中国科学院综合考察委员会李杏新就根据1975年在日本召开的有日本和东南亚诸国参加的“稻田用水管理座谈会”上日本代表的相关报告内容进行摘译整理，撰写了《日本水稻田的园田化建设》一文，较早地关注到日本的园田化建设①。1999年，国土资源部、水利部、财政部、国家计委、国家农业综合开发办公室及上海、浙江、江苏、广西水利部门联合组成“农村园田化和灌溉水管理技术考察团”赴日本考察，学习日本农业现代化的建设经验。回国后，部分考察人员撰写考察报告进行总结，有的甚至对我国目前的园田化建设提出建议②。无论是日本的经验还是我国集体化时期的教训均表明，农业现代化的实现必须采取集约化、规模化的生产方式。

与此同时，个体单干的弊端也开始显现。随着从事农业和粮食生产的机会成本快速提升，农民种粮的积极性逐步下降，传统精耕细作的生产方式不断被抛弃，粗放式的生产方式反被重拾，农田的抛荒现象日益严重，即使国家实行粮食生产的补贴政策仍难以提高农民的积极性。只有改变农业和粮食种植的生产方式，使个体农民进行规模生产，才能使其投入的成本不至于上升得太多，确保其进行粮食生产的积极性。而现有的土地所有制限制了粮食生产的规模经营。

2008年10月13日，中共第十七届三中全会审议通过的《中共中央关于推进农村改革发展若干重大问题的决定》明确了农民可以多种形式流转土地承包经营权，发展适度规模经营。2014年11月，中共中央办公厅、国务院办公厅印发的

---

① 参见李杏新：《日本水稻田的园田化建设》，《农业现代化研究》1980年第2期。

② 参见秦晓峰：《日本农村园田化建设考察报告》，《上海水利》1999年第3期；李仁：《日本的园田化建设》，《中国土地》1999年第9期。

《关于引导农村土地经营权有序流转发展农业适度规模经营的意见》，对农村土地流转的乱象进行规范，设计顶层红线，定调“三个不能搞”，划出三条红线，以引导农村土地健康流转。进一步而言，中央政策的出台为盆地、平原区在规模经营基础上全面实现农业现代化的各项特征指标提供了制度支持，以科学理念为指导的园田化建设也可以大有作为。

结 论

本书以水利制度为切入点，运用历史学、社会学、制度经济学、地理学等相关学科的研究方法，将晋南龙祠水利社区放在长时段的视角下进行考察，得出了以下三个方面的认识。

一、水利开发与管理的阶段性特征

龙子祠泉域的大规模开发利用始于唐代初年，到北宋时期基本定型，奠定了此后800余年的渠系用水格局。这说明，该区域并没有在学界普遍认可的我国水利开发的第一个高潮期——秦汉时期完成大规模开发，表现了区域时间的特殊性。在渠系开发完成后，水利制度也开始逐渐完善、确立，并被作为一种传统延续了整个封建时代。国家在这一时期的水利开发和制度安排上发挥着主导作用。一方面，国家通过全国大法、综合性水利法规和专项水利法规等正式制度的出台从原则上对水利的运行加以保障；另一方面，地方政府在初始水权的分配上也进行了干涉，确保各渠水分相对公平。各渠内部则形成了一系列非正式制度，即在国家法规的原则下以民间的习惯性行事原则为基础逐渐形成的习惯法性质的水利规约和民间水神信仰。国家确立的分水原则和各渠具体的用水秩序由渠长—沟头这一民间的水利管理组织保障执行。在此组织体系中，渠长具有绝对权威，负责该渠一切重大事宜，沟头或堰子听从渠长领导，而乡间的耆老则是以“参政议政”的角色参与其中，这一格局持续了整个宋、金、元时期。

金、元、明、清时期，国家再无综合性水利法规和专项水利法规颁布，水利管理之正式制度集中于国家大法之中。这体现了宋代以来水利建设和管理的长期稳定。非正式制度方面，除上官河于元代由官方主导进行过一次制度调整外，其余渠道基本保持了原样。但是，乡村水利的管理组织在明清时期发生了一场静悄悄的革命”，随着“帮贴制”的逐步建立和完善，渠道管理之分工趋于职业化，管理组织中出现了总理、督工、公直等职，并逐渐壮大。研究表明，18世纪后半期到19世纪的一百多年间，这些精英人数和比例发生了较大的变化，人数从无到有、从少到多，比例从小到大，在19世纪后半期迎来它的黄金时代，甚至在一些职务中占得半壁江山，体现了精英集团在水利事务中发挥的作用和影响日益增强，成为渠系管理中真正的权威。究其原因，一方面是由于精英集团本身规模的膨胀所致，另一方面则因为水的实际意义和象征意义越来越突出，成为各类精英趋之若鹜的对象。

中华民国的成立开启了中国历史的新纪元，也首次为传统水利带来新生。国家通过自上而下的行政手段对传统水利机构进行改组，并试图将利益关系重大、复杂的民间性河渠收归国家管理。同时，加强了水利法规的建设，在正式制度方面予以保障。乡村社会也在对传统之管理制度进行着自觉反思，并在实践层面迈出了具有突破意义的一步。水利的现代化进程是这一时期的明显特征，无论从水利工程的规划上还是从水利行政、法规的建设上均是如此。国家在这一进程中起着主导作用，这也是后发外生型国家现代化进程的特征之一。但是，日本的入侵阻断了这一现代化进程。另一方面，由于官方决策和制度安排的失误，许多改革措施收效甚微，有的甚至仅仅停留在规划阶段。更重要的是，传统在这里显示了巨大的张力，它不可能被完全取代。相反，最基层的水利秩序还要靠传统来维持，水权仍然掌握在地方权威手中，水利社会的结构没有发生质的变化。

新中国的成立给水利制度和乡村社会带来了翻天覆地的变化，但其间又经历了不同的阶段过程。1957年前，水利工程建设规模较小，只是在原有渠系基础上加以改造，新增灌溉受益面积数量有限。对传统水利制度的颠覆是这一时期的突出特征。地方政府首先通过土地改革重新分配地权，水权也随之发生变化。在此基础上建立专门水利管理组织——龙子祠水利委员会对龙子祠泉域水权进行统一管理，改变了传统时期渠系之间松散的关系格局。新成立的水利专管组织被纳入到地方政府的事业编制体系，属于自收自支的公益性事业单位。在乡村一级，传统时期的渠长一沟头体系被取缔，渠长、沟头、堰子、督工等传统水利管理者的名称一去不复返，取而代之的是乡村新政权的管理者。这一时期，国家自上而下进行了大量的正式制度安排，完全覆盖了传统的水利规约和水神信仰等一系列非正式制度。应当说，民国时期关于水利开发和加强水利管理的设想和尝试在新中国才真正得以实现。需要指出的是，国家自上而下的制度安排也受到来自地方社会的挑战，传统秩序的维护者不可能束手就擒。但是，中国共产党在革命中树立的威望及其强大的思想攻势和不断强化的社会组织很好地解决了这一问题。水利制度和乡村社会重新稳定，它的基础是强大的国家力量。

1957年开始的水利建设"大跃进"是我国历史上又一次大规模的水利建设高潮。工程建设完全由国家主导，组成临时性的工程建设指挥部（或称兴工委员会），所在行政区党政领导任总指挥。参加工程建设的民工则以军队编制进行编排，将工程战争化。同时，国家也试图对老灌区的基层水利组织进行改造，使之逐步专业化，以加强对乡村水利的管理。在工程建设者的来源方面，与以往相比发生了重大变化，他们不仅来自受益区，也包括非受益区民众。国家的"集权式动员体制"是实现这一人员调动的制度基础。水利"大跃进"时代结束后，临时的工程建设指挥部撤销，新建工程的管理成为灌区的头等大事。因为新工程不仅涉及数县的利益问题，也涉及新灌区和老灌区的利益问题，原有之水管单位已经不能满足整个灌区管理的需求，水权的统一、管理的统一问题再次被提上日程。为此，在地方政府主导下对原来之水委会进行改组，筹建新的灌溉管理局。由于初创之时对诸多利益关系考虑欠妥，管理局之组织权限又经过了多次调整，直至1965年终得确定方案。不幸的是，"文化大革命"的来临再一次使它陷入窘境。

纵观龙祠水利社区的发展历程不难发现，国家力量在其形成和转型过程中扮演了极为关键的角色。公元10世纪中叶，官河的开凿是国家力量在龙祠水利社区生成中的首次出现，其后水利制度的设计，直至新中国成立后，国家力量的再次介入对水利工程系统进行升级改造以及水利管理制度的转型，这种自上而下的每一次介入都成为区域社会发展进程中的重要节点。区域社会是节点之外大多数历史时间的主体，一方面是国家制度的践行者，另一方面也在对制度进行调适，形成了一套灵活适用的民间习惯法，它与区域的经济、伦理、文化相辅相成，共同构成一个稳定的社会结构。这在一定程度上显示出中国社会变迁的基本特质——国家引领，社会调适。

二、水利社会的变与不变

龙祠水利社区千年的水利开发史为我们从长时段检视区域社会的发展变迁提供了很好的范本，或许我们可从中窥探出中国社会的内在逻辑。

水利社会之变化体现在泉水、灌溉面积、水利制度（包括制度约束类型，资金、劳力来源等）、水的意义等多个方面。其变化历程主要开始于民国时期，而在集体化时期更为急剧和彻底。

龙子祠泉水作为一种自然资源，有其自身的变化规律，由于干旱等自然灾害势必造成泉水流量的变化。但总体而言，历史时期泉水流量是相对稳定的。流量的持续下降开始于改革开放以后，这与周边环境的人为破坏密切相关。

按照现代水利科学规划，在自流灌区，1 立方米 / 秒流量的灌溉面积可达 10 万亩。解放后龙子祠泉水的流量稳定在 5 立方米 / 秒—7 立方米 / 秒，在满足老灌区用水基础上，还有大量余水付之东流，加之霍州之郭庄泉和汾河大量来水，成为国家进行区域间资源调配的根本条件。1957 年进行的三大水利工程建设正是在这一基础上进行的。工程建成后，新灌区利及洪洞、临汾、襄汾、新绛四县，可灌面积达 50 余万亩，保证面积达 30 余万亩。灌区面积较之前出现重大变化。

制度约束方面，传统时代乡村社会的水利管理主要靠民间的水利规约和水神信仰来维持，渠长—沟头水利组织负责水利规约的执行并对一般的水事纠纷进行处理，奖惩对象为普通民众。官方遵从并支持民间的非正式制度。民国时期，泉域内的部分渠道之水利组织进行了改革，国家力量开始直接介入乡村水利的管理。组织者也曾颁布新的水利条规以取代传统的水利规约，但在水神信仰方面依然延续着传统。新中国成立后，制度约束发生了根本变化。民间延续了上千年的非正式制度不复存在，取而代之的是国家的制度安排。当然，新的水利制度中保留了原来习惯法中的一些积极因素，水神信仰被作为一种迷信淡出水利系统甚至乡村社会的生活中。管理组织的名称被新的水委会组织代替，而水委会之各类机关和职务名称也在随着时代的发展不断变化。集体化时期，大的水利讼案鲜有发生，一般的水利纠纷由水管单位或乡村一级进行解决。赏罚的对象则包括水利官员和普通民众两类。

水利建设的资金、劳力来源发生了变化。传统时代水利事宜之一切经费来源实行“地水夫钱一体化”的原则，即由用水地户按地亩多寡承担水利工程建设、维护和庙宇修葺的摊款，当然，一些斥资巨大的工程建设偶尔也会有地方官员和士绅阶层进行捐助；挖渠、掏河等工程的劳力问题则完全来自地户。集体化时期，大中型水利工程由国家和地方共同投资建设，劳力来源也打破了之前单纯依靠受益区民众的格局，由受益区和非受益区共同承担。小型工程建设的资金和劳力来源依然由受益区民众负担。

水的意义也发生了转变。中国是农业大国，而水是农业的命脉，在以农业立国的传统时代，水对每个人的意义都异常重要。由于传统技术条件的制约，虽然水量总体并不缺乏，但其利用效率极低，水仍然被视作一种稀缺资源。在乡村社会，对水的占有就代表着财富和权力，水在一定程度上成了地位和身份的象征。特别是明代以后人口与土地的矛盾愈发严重之际，地方士绅集团不断介入到水利事务当中。在地方官员那里，水也作为一种上下联通的媒介存在，他们通过对水册的验收备案、参与水神祭祀和处理水事纠纷，以达到稳定社会秩序和彰显国家权力的目的。对用水农户而言，水关系着日常的生产、生活。为了灌溉，他们甚至不惜将家中仅有的钱粮充作水费上交。为了灌溉，他们也冒着被处罚的危险违规作弊。集体化时期，水作为一种国有资源纳入到国家的统一调配计划中。特别是在合作化之后，受益单位由之前的分散的农户变为大大小小的社队集体，水对农户的意义发生彻底改变，他们不再是水“利”的直接受益者，对水的“兴趣”也大不如从前；而社队用水又由水管单位根据用水计划进行调配，水利纠纷鲜有发生。对乡村的新权威而言，水资源也不再是一种权力资本，他们的权力来自公社制度的安排，对水的管理成为其职责之一，或直接交由水利员负责，水权的多少对他们自身而言没有太多意义，最多在其自留地的灌溉上得些便宜。在地方政府那里，直接通过国家制度安排将权力延伸至基层社会，其权力的表达、国家的在场以空前的强势存在。水利在此也只是作为国家公益性事业之一对其加以管理，当然具体到每一位专管机构和水行政机构的当权者而言，水利也许为他们带来了比权力更为丰富的意义。

水利社区千百年来的历史进程中，也有许多亘古不变的内容和元素。第一，“地水夫钱一体化”的原则没有发生变化，无论传统时期还是集体化时代，灌溉亩数是决定水费和出夫数量的根本依据，水利“大跃进”时期国家对非受益区劳力的调征属于特例，为此，国家也采取了适当的补贴措施。第二，地方精英作为乡村水利管理者的局面没有变。传统时代，渠长、沟头等管理者的选举均须“家道殷实，素服乡里”，总理、督工等人更是乡村社会的精英人物。集体化时期，国家虽然通过一系列政治运动改变了传统社会的权力格局，但水利依然交由村庄的有能力者进行管理，他们中的文盲极少，文化程度普遍在初小以上，这与水利对乡村社会的重要意义和民众的心理预期不可分割。第三，由区位差异生成的利益关系没有发生质的变化。河渠灌溉中最突出的利益关系即在上下游之间，它主要体现在两个层面，一是因渠道跨越数县引起的受益县之间的利益关系，二是一县之内村庄之间的利益关系。民国时期南横渠水利管理局恢复时期的系列纠纷就是临襄二县利益关系最集中的体现；新中国成立后统一水权的过程中，上游之临汾县村庄仍然试图维护其用水特权；人民公社化时期，上下游间的水利纠纷虽然不复存在，但上游之“水从门前过，想啥时浇就啥时浇”的心理优势没有更改。位于泉源的龙祠、晋掌二村更是长期拥有灌溉特权，此二村之“空心田”一直以来享受“优惠政策”，常年流水不断。第四，水利事务中所体现的人际关系没有发生变化。从民国和人民公社化时期水费征收的场景中可以发现，即使在我们看来处在矛盾对立双方的征收者和交纳者之间，仍需顾及人们日常交往中的基本情面。因为中国社会归根结底是个“熟人社会”，人们在乡村社会中长期居住、生活，低头不见抬头见，“守中”、“和合”是人们最基本的生存准则，勿说水利只是作为生活中的一个面向。故而，制度虽变，人情犹在。

三、集体化时期水利建设与管理的得失

20世纪中叶，传统水利还留有多少潜力可供开发，已经在新中国建立初期的水利开发实践中找到答案，即在民国8万亩灌溉面积的基础上通过截弯取直、顺势延长渠道，开挖排水沟改造盐碱下湿地等技术措施和统一收回水权进行重新分配等制度保障新增2万余亩，达到10万余亩。应当说，新中国稳定的政治、社会环境已经为水利的开发和农业的发展起到了积极作用。但是，在现代化科技的指导下，新中国的建设者们有着更加宏伟的设想。因为他们有足够的权力从宏观角度进行资源的开发与调度，实现资源利用效能的最大化。于是，在临汾汾西地区，一个包括龙子祠泉、郭庄泉、汾河三大水源在内的新灌区进入地方政府的蓝图之中。他们最初的设计灌溉面积达80余万亩，是龙子祠老灌区的10倍。仅仅是一颗雄心，我们也不能不表示崇敬。

由于技术、设备和资金的紧缺，国家只得以“人海战术”应对，而“集权式动员体制”为劳力的大范围调动和积极性的发挥提供了保证。这一体制把政府号召、行政调控、奖罚推动、统一会战等融为一体，实现了水利工程的跨队、跨社、跨县大会战，从而建成了比较完整的农田水利体系。

与珀金斯所谓中国20世纪50年代水利工程的“修建工作和治水技术本身几乎没有改变”不同，龙子祠灌区在这一时期无论对大型工程建设还是田间日常灌溉都非常重视新技术的运用。为此，国家通过组织优势最大限度的进行技术试验和培训，将技术推广至最基层，许多农民技术员即是诞生于这一时期。而民众也用自己的智慧进行技术创新，发明了很多新式工具，大大提高了劳动效率。

在组织管理方面，新中国成立后由地方政府主导成立的统一管理机关——龙子祠水委会为灌区的水利开发、秩序的稳定和技术的试验推广发挥了关键作用。这一管理方式的特点是专管与群管相结合，通过政府将乡村社会和水利管理单位在水利工程的建设、管理、使用、维护和灌溉管理等方面的工作纳入政府的日常管理工作中，节省了大量管理成本。

这一时期的水利组织形式还体现了中国的民主进程，分别在乡和灌区一级召开水利代表会议，讨论、决议乡村和灌区的一切重大水利事宜。水利代表的提案也会成为管理组织制订工作计划的重要参考。

当然，集体化时期的水利建设和管理也存在诸多不足而被后人诟病。如水利建设中的急于求成和设计本身的缺陷导致工程质量无法得到保证。在新建工程的管理上，由于工程指挥部系临时组织，工程结束后即告解散，给日后工程之管理留下诸多问题。管理局起初管得太多，管得太死，与各县之利益关系不够合理，曾一度出现工程及用水管理不力，致使灌溉效益和水费征收率出现下滑，影响了灌区的正常发展。为此，不得不进行机构的调整、改革以适应形势的需要。

集体化时期对以水神信仰为代表的民间文化的否定也值得我们深思。水神信仰是诞生于民间的文化现象，它用来解释现实和祈福未来，能够满足人们的心理需求，对水利社会秩序的稳定具有重要意义。集体化时期，前所未有的国家强力侵吞了这一精神寄托。如果说农民的精神世界被意识形态充斥的话，那么人民公社解体后，随着国家的组织和思想控制逐渐松散，人们的精神世界顿时空虚，仅仅在水利规约约束下的水利秩序很难稳定持续，水利管理曾一度陷入窘困状态，人们对传统文化回归的呼声渐高。2006年，以刘红昌为代表的地方文人以香客投资建庙为契机，组成龙子祠重建筹委会，开始了对龙子祠庙宇工程及其水神信仰的重建，当地的水神信仰也愈加兴盛起来。集体化所带来的民间文化的短暂缺失又重新回到乡间，它的意义也许已经潜移默化到和谐社会的构建当中。

总之，集体化时期的水利建设取得了重大成就，奠定了新中国农田水利的基本格局，为农业的发展提供了重要保障。集体化时期所建立的专管与群管相结合的水利管理体系也被证明是一种极为有效的水利管理方式。这一时期，虽然走过不少弯路，但那个时代不容否定，为之努力、为之付出的人们应该得到我们的理解与尊重。

参考文献

一、历史文献

（一）古籍类

（东汉）许慎：《说文》，中华书局2003年版。

（北魏）郦道元：《水经注》，陈桥驿校证，中华书局2007年版。

（唐）长孙无忌编：《唐律疏议》，刘俊文点校，法律出版社1999年版。

（宋）欧阳修、宋祁：《新唐书》，中华书局1975年版。

（宋）乐史：《太平寰宇记》，王文楚等校，中华书局2007年版。

（清）徐松：《宋会要辑稿》，中华书局1997年版。

（清）刘棨修，孔尚任等纂：《平阳府志》，康熙四十七年，山西古籍出版社1998年重印本。

（清）林弘化修纂：《临汾县志》，康熙三十五年刻本。

（清）赵懋本修，卢秉纯纂：《襄陵县志》，雍正十年刻本。

（清）高塘等修，吕淙等纂：《临汾县志》，乾隆四十四年刻本。

（清）钱墉修，郝登云纂：《襄陵县志》，光绪七年刻本。

（清）王轩等纂修：《山西通志》，中华书局1990年版。

李世祐修，刘师亮纂：《襄陵县志》，民国十二年刻本。

刘玉玑修，张其昌等纂：《临汾县志》，民国二十二年铅印本。

（二）民间文书（水册、碑刻、水案禀稿、家谱等）

《“恩沛伦音”碑》，光绪二年。

《告示》，道光二十九年。

《官员沟均役簿》，光绪十一年。

《康泽王庙碑记》，大定十一年。

《立帮渠长督水合同》，道光二十五年。

《立帮渠长合同》，乾隆五十九年。

《临襄两河分界说》，万历四十三年。

《龙祠下官河志》，康熙二十二年。

《龙子祠大门二门围廊清音亭碑记》，民国四年。

《龙子祠祈雨有应记》，至正二十六年。

《龙子祠疏泉掏河重修水口渠堰序》，乾隆三十二年。

《龙子祠重修碑记》，同治十三年。

《龙子祠重修重铁禁口东石帮序》，乾隆三十年。

《平阳府临汾县襄陵县为违断绝命事》，万历九年。

《平阳府南横渠湖村沟均役簿》，光绪二十二年。

《平阳府上官首二三河使用议文约》，雍正五年。

《平阳府襄陵县南横渠双凫沟均役簿》，民国十年。

《平阳府襄陵县南横渠四注沟均役簿》，道光四年。

《平阳府襄陵县南横渠四注沟均役水利簿》，道光二十二年。

《平阳府襄陵县南横渠职田沟水利均役簿》，乾隆四十年。

《平阳府襄陵县南横渠职田下沟为均造水利事文》，康熙三十五年。

《平阳府襄陵县为水利事文》，万历四十二年。

《平阳府重修平水泉上官河记》，嘉靖五年。

《上官河与稻田兴讼禀稿》，光绪三十三年。

《上官首二三河、青城河四河公事谨志》，道光二十八年。

《上官首二三河分水合同》，嘉庆三年。

《上官首二三河用水规》，雍正五年。

《上官五河渠用水合同》，嘉庆二年。

《用水执照》，嘉庆十四年。

《无题碑文》，正德十六年。

《兴修上官河水利记》，至正二十六年。

《宿水沟均役簿》，光绪十一年。

《院道府县分定两河水口》，隆庆六年。

《增修康泽王庙碑》，至元二十三年。

《张长公行水记》，嘉靖七年。

《重建平水龙子祠记》，雍正年间。

《重修碑》，乾隆十九年。

《重修康泽王龙母神殿序》，道光二十三年。

《重修康泽王庙碑》，元贞二年。

《重修龙祠碑记》，康熙四十一年。

《重修龙祠碑记》，乾隆十一年。

《重修龙子祠创建南马房记》，民国十年。

《重修龙子祠记》，道光八年。

《重修龙子祠记》，民国九年。

《重修龙子祠记》，咸丰七年。

《重修龙子祠水母殿及清音亭记》，民国十六年。

《重修平水龙神庙记》，雍正十三年。

《重修平水上官河记》，雍正五年。

《重修普应康泽王庙庑记》，至正九年。

《重修序》，乾隆二十三年。

《王氏家谱稿》，民国三十六年。

（三）民国时期档案

《呈报勘定局址兼请速发印花图记以资应用由》，1944 年 2 月 5 日，山西省档案馆：B13-2-116。

《呈为呈请速令临襄两县努力协助修渠惩办祸首而水利事》，1945 年 7 月 19 日，山西省档案馆：B13-2-162。

《呈为呈请恢复旧有水利局，以利浇灌，而资加大生产事》，1943 年 8 月 6 日，山西省档案馆：B13-2-116。

《第二战区司令长官司令部：电知南横渠水利局令狐元积撤职，事务暂由临汾李县长负责由》，1944 年 3 月 31 日，山西省档案馆：B13-2-116。

《电送勘查南横渠报告书由》，1944 年 11 月，山西省档案馆：B13-2-116。

《电知南横渠已电饬管理局限期另行计划整修陡口并饬即日释放所扣之王太和五人及车牛器具等交还原主矣》，1945 年 6 月 11 日，山西省档案馆：B13-2-162。

《勘查南横渠报告书》，1944 年，西省档案馆：B13-2-116。

《临汾县委会代电：电复南横渠水利纠纷情形由》（统县建字第五二一号），1945 年 5 月 31 日，山西省档案馆：B13-2-151。

《临襄南横渠水利管理局代电：电报本渠下游渠长王太和等不明水利囿于成见私自行动致与上游人民发生纠纷本局并无扣捕情事由》，1945 年 6 月 29 日，山西省档案馆：B13-2-162。

《临襄南横渠水利管理局代电：电报职局员警役以无粮断炊解体由》，1944 年 4 月 25 日，山西省档案馆：B13-2-116。

《临襄南横渠水利管理局代电：续陈丙级丁不便充当水警理由，仍请准用甲乙级壮丁并添设警额由》，1944 年 3 月 12 日，山西省档案馆：B13-2-116。

《临襄南横总渠代电》（渠役字第拾号），1945 年 5 月 15 日，山西省档案馆：B13-2-162。

《临襄南横总渠代电》，1945 年 5 月 15 日，山西省档案馆：B13-2-116。

《山西省第十四区行政督导专员公署代电》，1943 年 11 月 8 日，山西省档案馆：B13-2-138。

《山西省政府代电：电饬着李县长负责指导南横渠水利局局务并筹借粮款以资维持由》，1944年5月5日，山西省档案馆：B13-2-116。

《山西省政府代电：电示水警不准补用甲乙级壮丁由》，1944年3月31日，山西省档案馆：B13-2-116。

《山西省政府代电：电示委该员为临襄南横渠水利管理局局长并发编制表委状等件仰查将即日设局办公报查由》，1944年2月18日，山西省档案馆：B13-2-116。

《山西省政府代电：电知临襄南横渠水利管理局准予恢复仰转饬遵照由》，1943年12月14日，山西省档案馆：B13-2-116。

《省政府代电：电饬将会商临襄两县成立水利局一案情形具复由》，1943年11月29日，山西省档案馆：B13-2-138。

《襄陵县组政经军统一行政委员会代电：电报南横渠各沟用水情形请鉴核示遵由》，1944年4月10日，山西省档案馆：B13-2-116。

《襄陵县组政经军统一行政委员会代电》，1944年12月28日，山西省档案馆：B13-2-116。

《襄陵县组政军统一行政委员会代电：电覆南横水利局扣下游渠长王太和等五人详情敬请鉴核由》（统政建字第六六八号），1945年6月3日，山西省档案馆：B13-2-162。

《呈请报告》，1943年12月17日，山西省档案馆：B13-2-116。

《呈请报告》，1943年12月3日，山西省档案馆：B13-2-116。

《呈请报告》，1943年12月9日，山西省档案馆：B13-2-116。

《二战区长官部少将参事周庆华呈报》，1945年5月25日，山西省档案馆：B13-2-162。

《关民权呈请报告》，1944年4月9日，山西省档案馆：B13-2-116。

《黄登霄等人呈报》，1945年5月19日，山西省档案馆：B13-2-162。

《建设厅水利建设室主任鲁宗禹呈报》，1945年6月26日，山西省档案馆：B13-2-162。

《襄陵县统委会主委阎谷青，县长王根盛呈报》，1945年8月6日，山西省档案馆：B13-2-162。

（四）集体化时期档案

《1957年水利工作初步计划》，山西大学中国社会史研究中心藏，1956年。

《便函》，（54）省水行字第一一三号，山西大学中国社会史研究中心藏，1954年4月26日。

《泊段重点包浇乡一至八月份工作总结报告》，山西大学中国社会史研究中心藏，1955年9月1日。

《大同御河灌区向各兄弟灌区的竞赛条件》，山西大学中国社会史研究中心藏，1958年4月18日。

《对尾欠水费收不起的主要原因有如下几种情况》，1964年12月19日，临汾市档案馆：40-1.1.1-19。

《关于汾西灌区调整体制实行分级管理的通知》，山西省晋南专员公署文件（65）专水字第309号，1965年9月1日，汾西水利管理档案室：15。

《关于古交乡南王马和中苏村两个分队开渠记工分的好坏典型通报》，（58）县施字第6号，山西大学中国社会史研究中心藏，1958年4月24日。

《关于计划用水以水量计征试点执行情况的总结》，1965年4月15日，山西大学中国社会史研究中心：10-2-6。

《灌区经营管理制度40条意见》，1962年11月28日，山西大学中国社会史研究中心藏：7-1。

《横渠专刊》（《清淤快报》增刊），山西大学中国社会史研究中心藏，1965年11月6日。

《侯马市跃进渠关于整个工程进展情况的全貌介绍》，山西大学中国社会史研究中心藏，1959年12月7日。

《晋南龙子祠灌区重点配水河一至八月份工作总结》，山西大学中国社会史研究中心藏，1955年8月29日。

《晋南专区龙子祠灌区冬季水利工作报告》，山西大学中国社会史研究中心藏，

1956年1月10日。

《晋南专区龙子祠灌区灌溉管理专题报告》，1954年10月25日，临汾市档案馆：40-08.13-245。

《晋南专区龙子祠灌区数年来灌溉管理工作总结》，1954年11月14日，临汾市档案馆：40-08.13-245。

《晋南专区龙子祠水委会灌溉管理暂行办法》，1955年11月10日，临汾市档案馆：40-1.1.1-2。

《晋南专区龙子祠水委会一九五五年工作总结》，山西大学中国社会史研究中心藏，1955年11月1日。

《晋南专区龙子祠水委会一九五五年渠规渠章（草案）》，1955年1月13日，临汾市档案馆：40-1.1.1-2。

《晋南专署汾西灌溉管理局关于灌区当前管理工作中存在的几个问题和意见》，1965年1月，山西大学中国社会史研究中心：10-2-6。

《晋南专属汾西灌溉管理局关于灌区管理制度的修定意见》，1962年11月，山西大学中国社会史研究中心：7-1。

《晋南专属汾西灌溉管理局关于灌区经营管理方案（草案）》，1962年10月11日，山西大学中国社会史研究中心：7-4。

《晋南专属汾西灌溉管理局关于建立与健全灌区各级民主管理组织的方案（草案）》，1963年11月22日，山西大学中国社会史研究中心：10-1。

《晋南专署汾西灌溉管理局关于试办以水量计征水费的方案（草案）》，1965年2月9日，山西大学中国社会史研究中心：10-2-6。

《晋南专属汾西灌溉管理局关于调整灌区管理体制的意见》，1964年9月11日，临汾市档案馆：40-1.2.1-26。

《晋南专署汾西灌溉管理局关于一九六三年灌区工作总结》，1963年12月12日，山西大学中国社会史研究中心：8-3。

《晋南专属汾西灌溉管理局灌区经营管理制度规定（草案）》，1961年11月22日，山西大学中国社会史研究中心：7。

《晋南专员公署汾西灌溉管理局关于汾西灌区调整体制实行分级管理的方案》，

1965年10月13日，临汾市档案馆：40-1.2.1-10。

《临汾县界峪乡五星高级农业社1956年水利工作初步规划》，山西大学中国社会史研究中心藏，1956年3月11日。

《临专龙子祠水委会五三年水利工作总结报告》，1953年9月30日，临汾市档案馆：40-1.2.1-7。

《龙子祠灌溉区水磨等级一览表》，山西大学中国社会史研究中心藏，1952年6月1日。

《龙子祠灌区1959年灌溉管理工作方案（草案）》，1958年，临汾市档案馆：40-1.1.1-5。

《龙子祠灌区北杜乡河北社小麦冬浇增产单行材料》，山西大学中国社会史研究中心藏，1956年9月13日。

《龙子祠灌区当前工作进展情况及今后四个月的工作安排》，山西大学中国社会史研究中心藏，1956年12月4日。

《龙子祠灌区第二季度工作安排》，山西大学中国社会史研究中心藏，1956年4月1日。

《龙子祠灌区水利技术员训练总结报告》，山西大学中国社会史研究中心藏，1956年11月23日。

《龙子祠计划组织包浇组方案（草案）》，1954年7月，临汾市档案馆：40-08.13-245。

《龙子祠水委会对全省各兄弟河系的挑战书》，山西大学中国社会史研究中心藏，1952年。

《南站管理处各种会议记录》，山西大学中国社会史研究中心藏，1953年4—8月。

《清淤快报》第2期，山西大学中国社会史研究中心藏，1965年11月3日。

《山西省晋南专区龙子祠1956年水利工作计划》，山西大学中国社会史研究中心藏。

《山西省农田灌溉管理暂行办法》，1951年11月5日山西省人民政府第58次行政会议通过，山西省档案馆：C78-6-6A。

《山西省人民政府临汾区专员公署通知》（水会字第一三号），山西大学中国社会史研究中心藏，1952年5月6日。

《用水合同》，1955年7月27日，临汾市档案馆：40-1.1.1-2。

《水利技术员训练期学习刍报记录簿》，山西大学中国社会史研究中心藏，1956年11月16日。

《五二年龙子祠水委会全渠灌溉村水田精确统计表》，山西大学中国社会史研究中心藏，1952年。

《西麻册成立包浇组的情况报告》，山西大学中国社会史研究中心藏，1954年。

《一九五八年水利工作初步检查总结》，山西大学中国社会史研究中心藏，1958年8月29日。

《应战书与竞赛条件》，山西大学中国社会史研究中心藏，1958年5月25日。

当年各组《讨论会记录》，山西大学中国社会史研究中心藏，1954年12月。

《龙子祠水委会发至河北村的文件》，山西大学中国社会史研究中心藏，1954年12月。

山西省农建厅水利局1958年6月28日文件，（58）农水灌字第78号。

山西省农建厅水利局1958年8月12日文件，（58）农水灌字第95号。

山西省水利局文件（56）水农孟字第102号。

山西省水利厅：《山西省灌溉耕作园田化技术总结》，山西大学中国社会史研究中心藏，1978年5月。

二、资料集

胡英泽：《山西、河北日常生活用水碑刻辑录》，《山西水利社会史》（《社会史研究》之二），北京大学出版社2012年版。

政协襄汾县文史资料委员会编：《襄汾文史资料——水利专辑》，2002年。

张学会主编：《河东水利石刻》，山西人民出版社2004年版。

张正明、科大卫主编：《明清山西碑刻资料选》，山西人民出版社2005年版。

张正明、科大卫、王勇红主编：《明清山西碑刻资料选》（续一），山西经济出版社2007年版。

张正明、科大卫、王勇红主编：《明清山西碑刻资料选》（续二），山西经济出版社2009年版。

中共中央文献研究室编：《建国以来毛泽东文稿》第七册，中央文献出版社1992年版。

中共中央文献研究室编：《建国以来重要文献选编》第八册，中央文献出版社1994年版。

中共中央文献研究室编：《建国以来重要文献选编》第十一册，中央文献出版社1995年版。

中共中央文献研究室编：《毛泽东文集》第七、八卷，人民出版社1999年版。

中共中央文献研究室编：《周恩来经济文选》，中央文献出版社1993年版。

三、著作

〔德〕马克斯·韦伯著，甘阳、李强译：《经济、诸社会领域及权力》，生活·读书·新知三联书店1998年版。

〔法〕阿·德芒戎著，葛以德译：《人文地理学问题》，商务印书馆1999年版。

〔美〕R.麦克法夸尔、费正清编：《剑桥中华人民共和国史（1949—1965年）》，中国社会科学出版社1990年版。

〔美〕德·希·珀金斯著，宋海文等译，伍丹戈校：《中国农业的发展（1368—1968）》，上海译文出版社1984年版。

〔美〕杜赞奇著，王福明译：《文化、权力与国家：1900—1942年的华北农村》，江苏人民出版社2003年版。

〔美〕黄宗智：《长江三角洲小农家庭与乡村发展》，中华书局2000年版。

〔美〕孔飞力著，陈兼、刘昶译：《叫魂：1768年中国妖术大恐慌》，生活·读书·新知三联书店1999年版。

〔美〕塞缪尔·P. 亨廷顿著，王冠华等译：《变化社会中的政治秩序》，生活·读书·新知三联书店 1989 年版。

〔美〕施坚雅主编，叶光庭等译，陈桥驿校：《中华帝国晚期的城市》，中华书局 2000 年版。

〔美〕魏特夫著，徐式谷等译：《东方专制主义 —— 基于东西方极权力量的比较研究》，中国社会科学出版社 1989 年版。

〔美〕詹姆斯·C. 斯科特著，王晓毅译：《国家的视角：那些试图改善人类状况的项目是如何失败的》，社会科学文献出版社 2004 年版。

〔美〕詹姆斯·C. 斯科特著，郑广怀等译：《弱者的武器》，译林出版社 2007 年版。

〔日〕森田明著，郑樑生译：《清代水利社会史研究》，台湾编译馆 1996 年版。

〔英〕莫里斯·弗里德曼著，刘晓春译，王铭铭校：《中国东南的宗族组织》，上海人民出版社 2000 年版。

董晓萍、〔法〕兰克利：《不灌而治 —— 山西四社五村水利文献与民俗》（《陕山地区水资源与民间社会调查资料集》第四集），中华书局 2003 年版。

高峻：《新中国治水事业的起步（1949—1957）》，福建教育出版社 2003 年版。

高王凌：《人民公社时期中国农民“反行为”调查》，中共党史出版社 2006 年版。

胡英泽：《改邑不改井：沁河流域的水井与民生》，山西人民出版社 2016 年版。

黄竹三：《戏曲文物研究散论》，文化艺术出版社 1998 年版。

黄竹三、冯俊杰等编著：《洪洞介休水利碑刻辑录》（《陕山地区水资源与民间社会调查资料集》第三集），中华书局 2003 年版。

冀朝鼎著，朱诗鳌译：《中国历史上的基本经济区与水利事业的发展》，中国社会科学出版社 1981 年版。

李茂盛、王保国、卢海明主编：《当代山西重要文献选编》第二册，中央文献出版社 2005 年版。

李祖德、陈启能编：《评魏特夫的〈东方专制主义〉》，中国社会科学出版社 1997 年版。

林美容：《妈祖信仰与汉人社会》，黑龙江人民出版社2007年版。

林尚立：《当代中国政治形态研究》，天津人民出版社2000年版。

临汾市志编纂委员会编：《临汾市志》，海潮出版社2002年版。

刘翠溶、伊懋可主编：《积渐所至：中国环境史论文集》，台北“中央研究院”经济研究所，1995年6月。

吕志茹：《“根治海河”运动与乡村社会研究（1963—1980）》，人民出版社2015年版。

罗兴佐：《治水：国家介入与农民合作——荆门五村农田水利研究》，湖北人民出版社2006年版。

农业部农田水利局编：《水利运动十年（1949—1959）》，农业出版社1960年版。

农业部土壤肥料局：《实现园田化 确保大丰收》，农业出版社1960年版。

山西省史志研究院编：《山西通志·水利志》，中华书局1999年版。

水利部农村水利司编：《新中国农田水利史略（1949—1998年）》，水利电力出版社1999年版。

水利电力部编：《中国农田水利》，水利电力出版社1987年版。

睡虎地秦墓竹简整理小组编：《睡虎地秦墓竹简》，文物出版社1978年版。

王瑞芳：《当代农村的水利建设》，江苏大学出版社2012年版。

温锐、游海华：《劳动力的流动与农村经济社会的变迁——20世纪赣闽粤三边地区实证研究》，中国社会科学出版社2001年版。

行龙、杨念群主编：《区域社会史比较研究》，社会科学文献出版社2006年版。

行龙：《近代山西社会研究——走向田野与社会》，中国社会科学出版社2002年版。

行龙：《以水为中心的晋水流域》，山西人民出版社2007年版。

杨国安：《明清两湖地区基层组织与乡村社会研究》，武汉大学出版社2004年版。

姚汉源：《中国水利史纲要》，水利电力出版社1987年版。

于建嵘：《岳村政治：转型期中国乡村政治结构的变迁》，商务印书馆2001年版。

张荷等编：《山西水利史研究论文集》，山西人民出版社1989年版。

张乐天：《告别理想——人民公社制度研究》，上海人民出版社2005年版。

张俊峰：《水利社会的类型：明清以来洪洞水利与乡村社会变迁》，北京大学出版社 2012 年版。

张仲礼著，李荣昌译：《中国绅士：关于其在十九世纪中国社会中作用的研究》，上海社会科学出版社 1991 年版。

郑杭生：《当代中国农村社会转型的实证研究》，中国人民大学出版社 1996 年版。

周魁一：《中国科学技术史 · 水利卷》，科学出版社 2002 年版。

四、论文

〔法〕魏丕信：《水利基础设施管理中的国家干预 —— 以中华帝国晚期的湖北省为例》，载陈锋主编：《明清以来长江流域社会发展史论》，武汉大学出版社 2006 年版。

〔美〕彼得 · C. 珀杜：《明清时期的洞庭湖水利》，《历史地理》1982 年第四辑。

〔日〕井黑忍：《山西翼城乔泽庙金元水利碑考 —— 以〈大朝断定用水日时记〉为中心》，《山西大学学报》2011 年第 3 期。

《最近二十年水利行政概况》，《水利月刊》1934 年第 3 期。

安新固：《园田化的群众经验之一 —— 畦田种植》，《土壤》1959 年第 12 期。

德令哈农场：《定垅园田化》，《中国农垦》1960 年第 13 期。

邓小南：《追求用水秩序的努力 —— 从前近代洪洞的水资源管理看“民间”与“官方”》，载《暨南史学》第三辑，暨南大学出版社 2005 年版。

丁传礼：《进行园田化测量的几点体会》，《测绘通报》1960 年第 12 期。

段友文：《平水神祠碑刻及其水利习俗考述》，《民俗研究》2001 年第 1 期。

傅衣凌：《论乡族势力对于中国封建经济的干涉 —— 中国封建社会长期迟滞的一个探索》，《厦门大学学报》1961 年第 3 期。

郭永锐：《临汾市龙子祠及其祀神演剧考略》，《中华戏曲》2003 年第 1 期。

郝平、张俊峰：《龙祠水利与地方社会变迁》，《华南研究资料中心通讯》2006 年第 43 期。

河北省石家庄专区渠道灌溉管理处：《灌溉园田化》，《中国水利》1958年第6期。

胡英泽：《水井碑刻里的近代山西乡村社会》，《山西大学学报》2004年第2期。

胡英泽：《水井与北方乡村社会——基于山西陕西河南省部分地区乡村水井的田野考察》，《近代史研究》2006年第1期。

胡英泽：《凿池而饮：北方地区的民生用水》，《中国历史地理论丛》2007年第2期。

黄委会水土保持处规划科工作组：《对绥德三角坪人民公社耕作园田化措施的初步意见》，《人民黄河》1959年第5期。

李杰新：《水稻田的园田化建设》，《自然资源》1978年第1期。

李令福：《论淤灌是中国农田水利发展史上的第一个重要阶段》，《中国农史》2006年第2期。

李青如、常杰：《龙子祠水利是怎样整理的》，《晋南日报》1949年5月26日。

李仁：《日本的园田化建设》，《中国土地》1999年第9期。

李三谋：《清代洪洞县的灌溉管理与组织》，《山西水利史志专辑》1987年第3期。

李桐芳等：《园田化田间渠系规划布置经验》，《中国农业科学》1960年第3期。

李文、柯阳鹏：《新中国前30年的农田水利设施供给——基于农村公共品供给体制变迁的分析》，《党史研究与教学》2008年第6期。

李杏新：《日本水稻田的园田化建设》，《农业现代化研究》1980年第2期。

刘红昌：《尧都古村落龙祠初稿》，2008年未刊稿。

秦晓峰：《日本农村园田化建设考察报告》，《上海水利》1999年第3期。

石峰：《关中“水利社区”与北方乡村的社会组织》，《中国农业大学学报》2009年第1期。

王长命：《水案发生的文化衰落分析》，《沧桑》2006年第1期。

王铭铭：《水利社会的类型》，《读书》2004年第11期。

王瑞芳：《“大跃进”时期农田水利建设得失问题研究评述》，《北京科技大学学报》2008年第4期。

王习明：《建国以来成都平原农田灌溉制度的演变——以绵竹射箭台村为例》，《中国农史》2011 年第 4 期。

王仰麟：《农业景观格局与过程研究进展》，《环境科学进展》1998 年第 2 期。

王仰麟、韩荡：《农业景观的生态规划与设计》，《应用生态学报》2000 年第 2 期。

吴守谦：《建国初期山西的灌区民主改革》，《山西水利》1987 年第 2 期《水利史志专辑》。

武汉大学经济系园田化问题调查小组：《耕作园田化——高速度发展我国农业生产的途径（长葛与安国两县耕作园田化问题的调查报告）》，《武汉大学学报》1959 年第 1 期。

谢湜：《“利及邻封”——明清豫北的灌溉水利开发和县际关系》，《清史研究》2007 年第 2 期。

行龙、马维强：《山西大学中国社会史研究中心〈集体化时代农村基层档案〉述略》，载《中国乡村研究》（第五辑），福建教育出版社 2007 年版。

行龙、张俊峰：《化荒诞为神奇：山西“水母娘娘”信仰与地方社会》，《亚洲研究》2009 年第 58 期。

行龙：《从治水社会到水利社会》，《读书》2005 年第 8 期。

行龙：《多村庄祭奠中的国家与社会：晋水流域 36 村水利祭祀系统个案研究》，《史林》2005 年第 8 期。

行龙：《明清以来山西水资源匮乏及水案初步研究》，《科学技术与辩证法》2000 年第 6 期。

许赤瑜：《山西临汾龙子祠泉水利资料》，《华南研究资料中心通讯》2006 年第 42 期。

玉林县名山公社太阳大队：《整改土地 实现园田化》，《广西农业科学》1975 年第 9 期。

张俊峰：《介休水案与地方社会——对泉域社会的一项类型学分析》，《史林》2005 年第 3 期。

张俊峰：《率由旧章：前近代汾河流域若干泉域水权争端中的行事原则》，《史林》2008 年第 2 期。

张俊峰：《明清时期介休水案与“泉域社会”分析》，《中国社会经济史研究》2006 年第 1 期。

张俊峰：《明清以来晋水流域水案与乡村社会》，《中国社会经济史研究》2003 年第 2 期。

张俊峰：《明清中国水利社会史研究的理论视野》，《史学理论研究》2012 年第 2 期。

张俊峰：《神明与祖先：台骀信仰与明清以来汾河流域的宗族建构》，《上海师范大学学报》2015 年第 1 期。

张俊峰：《前近代华北乡村社会水权的表达与实践——山西“滦池”的历史水权个案研究》，《清华大学学报》2008 年第 4 期。

张俊峰、武丽伟：《明以来山西水利社会中的宗族——以晋水流域北大寺武氏宗族为中心》，《青海民族研究》2015 年第 2 期。

张小军：《复合产权：一个实质论和资本体系的视角——山西介休洪山泉的历史水权个案研究》，《社会学研究》2007 年第 4 期。

张义春：《谈谈宝鸡峡灌区园田化规划问题》，《广西农业科学》1975 年第 9 期。

赵世瑜：《分水之争：乡土社会的权力、象征与公共资源——以明清山西汾水流域的若干案例为中心》，《中国社会科学》2005 年第 2 期。

郑振满：《莆田平原的宗族与宗教——福建兴化府历代碑铭解析》，《历史人类学学刊》2006 年第 1 期。

中共安国县委办公室：《安国县灌溉耕作园田化的技术措施》，《农业科学通讯》1958 年第 13 期。

中共湖南省安乡县委员会：《大搞园田化建设 向生产的深度和广度进军》，《中国农业科学》1975 年第 4 期。

中共枣阳县委农村工作部工作组、湖北大学农业经济系 560 班枣阳实习队：《关于湖北省枣阳县鹿头公社曙光生产队基本实现耕作园田化调查报告》，《中南财经政法大学学报》1960 年第 3 期。

周魁一：《水部式与唐代的农田水利管理》，载《历史地理》第四辑，上海人民出版社 1986 年版。

周亚、张俊峰：《清末晋南乡村社会的水利管理与运行——以通利渠为例》，《中国农史》2005 年第 3 期。

周亚：《1912—1932 年关中农田水利管理的改革与实践》，《山西大学学报》2009 年第 2 期。

五、学位论文

柴玲：《水资源利用的权力、道德与扶序——对晋南农村一个扬水站的研究》，中央民族大学博士学位论文，2010 年。

胡英泽：《从水井碑刻看近代山西乡村社会——以晋南地区为个案》，山西大学硕士论文，2003 年。

蒋俊杰：《我国农村灌溉管理的制度分析（1949—2005）——以安徽省淠史杭灌区为例》，复旦大学博士学位论文，2005 年。

刘瑄：《人民公社初期水利建设工地管理与民工日常生活——以 1958—1960 年太浦河工程上海段为例》，上海师范大学硕士学位论文，2010 年。

王长命：《明清以来平遥官沟河水利开发与水利纷争》，山西大学硕士论文，2006 年。

谢丁：《我国农田水利政策变迁的政治学分析：1949—1957》，华中师范大学硕士学位论文，2006 年。

许赤瑜：《水利制度视野下的乡村社会——以山西龙子祠泉流域为个案》，北京师范大学硕士学位论文，2006 年。

六、外文文献

Albert Howard, *An Agricultural Testment*, London: Oxford University Press, 1943.

Canute Vandermeer, Changing Water Control in a Taiwanese Rice-Field Irrigation

System, *Annals of the Association of American Geographers*, Vol. 58, No. 4. (Dec., 1968), pp. 720-747.

Mark Elvin, *Japanese Studies on the History of Water Control in China: A Selected Bibliography*, The Institute of Advanced Studies, Australian National University, 1994.

Maurice Freedman，*Chinese Lineage and Society: Fukien and Kwantung*，London: Athlone Press，1971.

Pasternak, Burton, *Kinship and Community in Two Chinese Villages*，Stanford: Stanford University Press，1972.

Pasternak, Burton, The Sociology of Irrigation：Two Taiwanese Villages, W. E. Willmott ed., *Economic Organization in Chinese Society,* Stanford: Stanford University Press，1972.

Paul Richards, *Indigenous Agricultural Revolution: Ecology and Food Production in West Africa* , London: Unwin Hyman, 1985.

William T. Rowe,Water Control and the Qing Political Process: The Fankou Dam Controversy, 1876-1883, *Modern China*, Vol. 14, No. 4. (Oct., 1988), pp. 353-387.

〔日〕丰岛静英：《中国西北部におけゐ水利共同体について》，《历史学研究》第201号，1956年。

〔日〕井黑忍：《山西洪洞县水利碑考 ——金天眷二年〈都总管镇国定两县水碑〉の事例》，《史林》87-1，2004年。

〔日〕藤田胜久：《中国最近の水利史研究》，《中国水利史研究》第13号，1983年。

〔日〕西冈弘晃：《宋代の水利开发：问题の所在と研究动向》，《中村学园研究纪要》第19号，1987年。

后　记

这本书的基础是我的博士论文，在获得2011年国家社科基金青年项目资助后，又进行了增补、修改和完善，仔细算来，从选题确定到将要付梓出版，前前后后已有十个年头。把它看作是自己十年来学习、研究的一个总结，也不为过。

2003年，我本科毕业于山西大学历史系，在张俊峰老师的指导下完成了毕业论文《清末晋南乡村社会的水利管理与运行——以通利渠为例》（该文之后发表于《中国农史》2005年第3期），从此开始与“水”的研究结下了不解之缘。同年，我考入陕西师范大学历史地理研究所跟随李令福老师攻读硕士研究生，三年后以《环境影响下民国前期关中水利的结构与趋势》为题通过论文答辩，历史地理的视角和方法让我对“水”的认知又进了一步。2006年，我又回到母校山西大学跟随行龙老师攻读博士研究生，“水”的话题自然地成为论文题目的首选，尤其是中国社会史研究中心收藏的一批龙祠水利文书，更是为我继续开展“水”的研究提供了方便。

山西大学是社会史研究的重镇，其特色之一的水利社会史研究自本世纪初开始即走在了学界前列。能否在前辈学人基础上有所突破，是这一题目成功与否的关键所在。行师给我的指导原则是：走向田野与社会，将社会史与历史地理结合起来开展研究。

从那时起，龙祠便成为我的“田野与社会”。2007年秋，我独自一人来到龙祠。由晋语区到官话区，语言上的沟通困难给了我当头一棒。如果不是乡亲们引荐我认识刘红昌先生，这第一次“独闯”田野的经历恐怕就会是另一番景象。刘先生是当地的文化名人，诗、书、画皆通，他个头高大，和蔼可亲，对龙祠的一砖一瓦、一草一木，如数家珍。他对乡土文化的钟爱与我之于龙祠一切的渴望，几乎就是无缝对接。只要下田野，必去龙祠村；只要去龙祠，必找刘先生，成为那几年田野调查的一个"标配"。龙祠让我们成了忘年交。于是，除了一般的口述，刘先生还饶有兴致地带着我一起在龙祠的东泉里抓螃蟹，在泉边的农家乐吃河虾，到泉源的空心田亲自演示灌溉原理，安排我住在龙子祠对面的屋舍，以更好地观察四月十四日的祭祀活动……这样的美好就像是上天的恩赐。可是，当我于 2010 年夏借着在临汾参加学术会议去龙祠拜访先生时，才知道他在几个月前已经永远离开了这个世界。走进家门的那一刻，阿姨抱着我一阵痛哭，这突如其来的变故，换了谁都不可能淡定自如。每想及此，心里不免有几分伤感，也更多了几分思念。后来的日子，刘先生的儿子刘文敏成了我们的田野联络人。2012 年夏，我带着学生赴龙祠考察，文敏兄开着自己的面包车拉着我们一行六人奔走在乡间的小路上……这是田野情谊的延续，更是龙祠文脉的传承。在龙祠，我们真的幸运。

龙祠之外，水利社区内还有七八十个村庄，我多是以徒步的方式逐村考察的。它的好处是可以仔细观察渠系和乡村风貌，方便路边采访；坏处就是效率较低，可能会走冤枉路。选择了精细，就只能放弃效率。每天十公里，三四个村庄，十来个村民，几千字日志，构成了考察的一般状态。不仅文献中的一些问题在考察中得到解决，更重要的是在田野中发现了很多有意思的新问题。而历史之外，让我感受最深的就是民众对现实社会的抱怨和无奈，以及对我这个来自省城象牙塔的年轻人的期许——我能够为他们做点什么？对比我从他们那里所获得的，这些要求显然并不过分。至少在他们眼中，我作为一个外来者，多多少少有那么一丝可能。而这样一个问题，也从内心深处引发我对于良知的叩问：我们这些在村落中汲取学术养分的人，是完成研究后的一去不复返，还是真的能为他们做点什么？

不止于学术，更在乎情怀，也许这才是走向田野与社会的真正收获。我们能够做的，就是把村庄的故事讲好，并尽可能地挖掘村庄历史文化的当代价值，为乡村的全面振兴贡献力量。眼前的这本小书是否达到上述要求，还需要读者和实践去检验。但我坚信，只要捧着一颗心来，就一定会写出有温度的文章。对这本小书而言，它的温度则更多地来自于生于斯、长于斯的乡民耆老的智慧光芒，他们是刘红昌、刘文敏、冯先平、王大孝、王全亮、王安生、徐平来、柴国英、李庭珠、张治平、王德荫、陈振乾、陈琳、张尧、徐天顺、史平安、徐锡川、王银生、杜高升……还有很多不知姓名，却善良宽容的老乡，没有他们，文献只能是沉睡的字眼。仅说声道谢的话，总显得不够分量。

田野调查和资料收集过程中，山西大学历史文化学院院长郝平教授、临汾市政府刘玉平秘书、省水利厅水利发展研究中心龚孟建主任和临汾市汾西水利管理局迪德俊局长等帮我联系调查单位和相关当事人，使我节省了不少时间和精力。好朋友王艳峰及其家人则为我安顿住处，在生活上给予细心照顾，解决了调查的后顾之忧。山西省地方志办公室赵永强师兄、临汾市档案馆沈国印局长、尧都区档案馆高玉平局长、尧都区三晋文化研究会赵红霞主任、襄汾县档案馆张淑爱局长和临汾市汾西水利管理局高伟琴主任等，在资料查阅方面提供了诸多方便。谨向他们表示真挚的谢意。社会史中心所藏龙子祠水利资料本是杂乱纷繁，后经中心师生认真整理归档，查阅极为方便，也向他们的付出表示感谢。

行师所谓将社会史与历史地理结合起来开展研究，很重要的一方面就是要开阔视野，充分借鉴多学科的研究方法。面对山西这样一个学术边缘的境地，他百般为我们创造学术交流的机会，送出去、请进来，接触到国内外很多社会史、经济史、环境史、人类学、社会学等领域的专家学者，从他们的报告、点评和交谈中，不仅在思路上有茅塞顿开之感，更在学术品格和人格魅力上找到效仿。在论文写作、答辩和学术交流中，中国社会科学院曾业英研究员，上海师范大学钱杭教授，陕西师范大学侯甬坚教授，复旦大学安介生教授，南开大学张思教授，山西大学李书吉教授、岳谦厚教授、胡英泽教授等，从不同角度指出问题所在并提出修改意见；在课题结项时，五位匿名评审专家也极为认真地给出评价和见解，让我更加清楚了其中的不足。所以，要向他们道声感谢。

除了在学术方向上的指导，行师对学术一丝不苟、勤奋认真的态度和风格，也成为我的一面镜子，而他不时的询问和鞭策对我这个“拖延症患者”来说无疑是一剂良药。因此，这本小书能够最终完结，要感谢行师多年来的指导和督促。

感谢张俊峰教授和李嘎教授。张俊峰教授于我亦师亦友，他对学术总是充满激情，对问题常常能一针见血，他的启发和建议对今天的文本产生了重要影响。李嘎教授是真正的学人，他对历史的执着、对文献的把握、对朋友的谦和，让我总能在闲谈中得到收获。两位师友还在生活上予以不小的帮助，点点滴滴，铭记心间。

感谢李令福研究员。虽然毕业多年，虽然远隔千里，李老师却还像从前一样关心我的学习和生活，他给我最多的就是鼓励。今年正月去登门拜访，李老师赠我一本去年刚出的专著，说手头还有两本书稿正在校对，即将付梓。先生尚且如此，学生岂能偷懒。

感谢历史文化学院和民间文献整理与研究中心这个大家庭。我自2009年留校工作，即兼任院办秘书，一年后开始兼任本科生辅导员，直至2014年学生毕业。学生工作事无巨细，有时要耗费大量精力，不过，当这所有的付出在面对学生的一声声祝福、一张张笑脸时，显得是那样微不足道。学院是个团结的集体，有着良好的教风、学风，我在其中汲取了不少营养。研究中心虽然成立不久，但团队成员常常在一起解读民间文献，一起参加田野调查，一起进行项目攻关，叫外卖、吃盒饭，已经成为一种工作常态。大家互相帮助，砥砺奋进，期待明天。我想，能从集体中汲取营养，又能为集体有所贡献，是工作中最饱满的幸福感。

而生活中的幸福感，则来自我自己的小家。我出生在黄土高原的一个小村庄，全村五百口人，父母是标准的农民。小时候，母亲会经常教育我要好好学习，不然以后还会像他们一样面朝黄土背朝天。为此，他们不知受了多少苦，把我和妹妹供出大学，帮我们成家立业。可他们从不言苦，甚至在花甲之年重新适应城市的生活方式，为我们照看子女，料理家务。妻子的工作跟我相仿，几年来因为照顾孩子和家庭，又顾及我修改书稿和其他教学科研任务，主动放弃了大量休息时间，又主内，又主外，解除了几乎所有后顾之忧，做出了很大的牺牲。女儿还不懂历史是什么，学术是什么，却能问一连串的为什么，她的天真和好奇，常常成为我快乐的源泉和前行的动力。感谢他们，给了我一颗勇敢而温暖的心。

亲情是永远的牵挂，牵挂是不舍的离别。去年到现在，姥爷、姥姥相继离开了我们。他们是我心头的牵挂，我也最受他们疼爱。如今阴阳两隔，能不痛心！愿此小书代作心香一瓣，寄去我对两位老人永久的思念。

作　者

2018年3月初作

2018年5月修改